普通高等院校土建类专业"十四五"创新规划教材

建筑工程计量与计价

编著　王永萍　孙琳琳
主审　贾宏俊

U0170074

中国建材工业出版社

图书在版编目（CIP）数据

建筑工程计量与计价/王永萍，孙琳琳编著．--北京：中国建材工业出版社，2021.8（2023.2重印）

普通高等院校土建类专业"十四五"创新规划教材

ISBN 978-7-5160-3230-5

Ⅰ.①建… Ⅱ.①王…②孙… Ⅲ.①建筑工程—计量—高等学校—教材②建筑工程—工程造价—高等学校—教材 Ⅳ.①TU723.3

中国版本图书馆 CIP 数据核字（2021）第 111718 号

建筑工程计量与计价

Jianzhu Gongcheng Jiliang yu Jijia

编著 王永萍 孙琳琳

主审 贾宏俊

出版发行：中国建材工业出版社

地　　址：北京市海淀区三里河路 11 号

邮　　编：100831

经　　销：全国各地新华书店

印　　刷：北京印刷集团有限责任公司

开　　本：787mm×1092mm　1/16

印　　张：19.5

字　　数：450 千字

版　　次：2021 年 8 月第 1 版

印　　次：2023 年 2 月第 2 次

定　　价：**69.80 元**

前　言

　　本书依据《建筑安装工程费用项目组成》（建标〔2013〕44号）、《建设工程工程量清单计价规范》（GB 50500—2013）、《建设工程施工合同（示范文本）》（GF—2017—0201）、《建筑工程施工发包与承包计价管理办法》（住房城乡建设部令第16号）、《山东省建筑工程消耗量定额》（SD 01－31—2016）及配套费用定额、价目表等与工程费用、发承包双方计价行为等相关的标准、规范，并结合当前工程造价管理发展的前沿问题编写。

　　本书结合工程建设项目的程序和特点，从工程造价的组成与计价方法入手，以建设项目工程造价全过程管理为主线，全面系统地介绍了建设工程造价构成、计价原理、计价依据、计价模式、建设工程造价各个阶段的管理内容和方法、建筑工程各分部分项工程的计量规则及计价方法。本书共8章，主要内容包括：概述、建设工程造价构成、工程建设定额、工程量清单计价、工程计量、建设项目决策和设计阶段计量与计价、建设项目发承包阶段计量与计价、建设项目施工阶段计量与计价。

　　全书每章开篇设有导读、学习目标、思想政治教育的融入点、预期教学成效，每章结束设有本章小结、思考与练习。本书既可作为普通高等院校工程造价、工程管理、土木工程等本科专业的教材，又可作为高职高专土建类、建筑经济与管理类及相近专业的教材，还可作为工程造价专业人员资格认证考试培训用书，也可供建设工程的建设单位、施工单位、勘察设计单位、监理单位等企事业单位中从事相关专业工作的人员学习参考。

　　本书由王永萍（山东科技大学）、孙琳琳（山东科技大学）编著，陈正磊（烟台职业学院）、刘萌（山东商务职业学院）、李海霞（山东工商学院）也参与了编写。全书由山东科技大学贾宏俊教授担任主审。在此特别感谢山东科技大学王崇革教授和李朋副教授对本书的指导和支持。

　　由于作者水平有限，书中难免存在不足之处，敬请读者提出宝贵意见和建议。

编著者

2021年7月

目　录

01 / 概　述

本章导读：

　　随着我国房地产市场的高速发展，以及社会基础设施建设的兴起，有着丰富的本地资源及人脉与政策资源的工程造价行业发展迅速，其业务类型逐渐完善，工程勘察设计能力提升较快，取得了良好的经济效益和社会效益。本章共分三节，主要介绍了建设项目的相关概念、特征，项目的建设程序和项目分类，以及工程造价和管理的相关知识内容。

学习目标：

　　1. 了解建设项目的相关概念和特征；

　　2. 熟悉工程项目的建设程序；

　　3. 掌握建设项目的划分；

　　4. 掌握工程造价的含义和特征；

　　5. 了解工程造价管理的组织系统和管理内容。

思想政治教育的融入点：

　　介绍我国建筑工程造价的发展历程与现状，引入案例——北京大兴国际机场项目。

　　北京大兴国际机场（以下简称新机场）位于北京市大兴区和河北省廊坊市交界处，于 2014 年 12 月 26 日开工建设，新机场航站楼形如展翅的凤凰，与 T3 航站楼"一"字造型不同，新机场是五指廊的造型，这个造型完全以旅客为中心。新机场采用"双层出发车道边"设计，相当于把传统的平面化的航站楼变成了立体的航站楼。传统的航站楼只有出发和到达两层，新机场实际上是四层航站楼，出发和到达分别是两层，相当于把平房变成了楼房，整个机场节能集约。由于新机场首次采用了双层出发高架桥，因此形成了两个车道边。

　　新航站楼按照节能环保理念建设，是国内新的标志性建筑。方案中，新航站楼设计高度由 80 米降为 50 米，功能分区更加合理，便于屋顶自然采光和自然通风设计，同时实施照明、空调分时控制，积极采用地热能源、绿色建材等绿色节能技术和现代信息技术。

习近平总书记在 2019 年 9 月 25 日出席北京大兴国际机场投运仪式时的讲话中指出：大兴国际机场建设标准高、建设工期紧、施工难度大，全体建设者辛勤劳动、共同努力，高质量地完成了任务，把大兴国际机场打造成为精品工程、样板工程、平安工程、廉洁工程，向党和人民交上了一份令人满意的答卷！共和国的大厦是靠一块块砖垒起来的，人民是真正的英雄。大兴国际机场体现了中国人民的雄心壮志和世界眼光、战略眼光，体现了民族精神和现代水平的大国工匠风范。希望广大建设者在新的征程上再接再厉、再立新功！

预期教学成效：

培养学生工匠精神，做一名有担当、有创新精神的大学生，勇于承担民族复兴重任，同时增强学生的民族自豪感和个人成就感。

1.1 建设项目概述

1.1.1 建设项目的概念及特征

1. 概念

建设项目是指按一个总体规划或设计进行建设的，由一个或若干个互有内在联系的单项工程组成的工程总和。建设项目是指具有设计任务书，按一个总体设计进行施工，经济上实行独立核算，建设和营运中具有独立法人负责的组织机构，并且是由一个或一个以上的单项工程组成的新增固定资产投资项目的统称。

建设项目是以工程建设为载体的项目，是作为管理对象的一次性工程建设任务。它以建筑物或构筑物为目标产出物，需要支付一定的费用，按照一定的程序，在一定的时间内完成，并应符合相关质量要求。建设项目又称工程建设项目，具体是指按照一个建设单位的总体设计要求，在一个或几个场地进行建设的所有工程项目之和，其建成后具有完整的系统，可以独立形成生产能力或者使用价值。通常以一家企业、一个单位或一个独立工程为一个建设项目。

2. 特征

建设项目与其他项目一样，作为管理对象，具有以下主要特征：

（1）单件性或一次性。这是工程建设项目的最主要特征。所谓单件性或一次性，是指就任务本身和最终成果而言，没有与这项任务完全相同的另一项任务。例如建设一项工程，需要单件报批、单件设计、单件施工和单独进行工程造价结算，它不同于其他工业产品的批量性，也不同于其他生产过程的重复性。

（2）具有一定的约束条件。凡是工程建设项目都有一定的约束条件，建设项目只有满足约束条件才能获得成功。因此，约束条件是项目目标完成的前提。建设项目的主要约束条件为限定的质量、限定的工期和限定的造价，通常也称这三个约束条件为工程项目管理的三大目标。

（3）具有寿命周期。建设项目的单件性和项目过程的一次性决定了每个工程建设项目都具有寿命周期。任何项目都有其产生时间、发展时间和结束时间，在不同的阶段都有特定的任务、程序和工作内容。掌握和了解项目的寿命周期，就可以有效地对项目实施科学的管理和控制。建设项目的寿命周期包括项目建议书、可行性研究、项目决策、设计、招标投标、施工、竣工验收、使用运营等过程。

（4）投资额巨大、建设周期长。建设项目不仅实物形体庞大，而且造价数额高昂，工程建设项目消耗资源多，涉及项目参与各方的重大经济利益，对国民经济的影响较大。同时工程建设一般周期较长，受到各种外部因素及环境的影响和制约，增加了工程项目管理及工程造价控制的难度。

1.1.2 工程项目建设程序

工程项目建设程序是指建设工程从策划、决策、设计、施工，到竣工验收、投入生产或交付使用的整个建设过程中，各项工作必须遵循的先后顺序。工程项目建设程序是建设工程策划决策和建设实施过程客观规律的反映，是建设工程科学决策和顺利实施的重要保证。

建设项目必须遵循工程项目建设程序，并严格按照建设程序规定的先后次序从事工程建设工作。同时，建设项目还受到一定限制条件的约束，主要有：建设工期的约束，即建设项目从决策立项到竣工投产应该在规定的工期内按时完成；投资规模的约束，即指建设项目投资额的大小，直接影响建设项目完成的水平，也反映项目建设过程中工程造价的管理程度；质量条件的约束，即指建设项目的完成受到决策水平、设计质量、施工质量等条件的影响，必须严格遵守建设工程各种质量标准，以真正做到又好又快地建设，提高工程质量和投资效益。

按照工程建设内在规律，每一项建设工程都要经过策划决策和建设实施两个发展时期。这两个发展时期又可分为若干阶段，各阶段之间存在着严格的先后次序，可以进行合理交叉，但不能任意颠倒次序。

1. 策划决策阶段的工作内容

建设工程策划决策阶段的工作内容主要包括项目建议书和可行性研究报告的编报和审批。

1）编报项目建议书。项目建议书是拟建项目单位向政府投资主管部门提出的要求建设某一工程项目的建议文件，是对工程项目建设的轮廓设想。项目建议书的主要作用是推荐一个拟建项目，论述其建设的必要性、建设条件的可行性和获利的可能性，供政府投资主管部门选择并确定是否进行下一步工作。

项目建议书的内容视工程项目不同而有繁有简，但一般应包括以下几方面内容：

（1）项目提出的必要性和依据；

（2）产品方案、拟建规模和建设地点的初步设想；

（3）资源情况、建设条件、协作关系和设备技术引进国别、厂商的初步分析；

（4）投资估算、资金筹措及还贷方案设想；

（5）项目进度安排；

（6）经济效益和社会效益的初步估计；

（7）环境影响的初步评价。

对于政府投资工程，项目建议书按要求编制完成后，应根据建设规模和限额划分报送有关部门审批。项目建议书经批准后，可进行可行性研究工作，但并不表明项目非上不可，批准的项目建议书不是工程项目的最终决策。

2）编报可行性研究报告。可行性研究是指在工程项目决策之前，通过调查、研究、分析建设工程在技术、经济等方面的条件和情况，对可能的多种方案进行比较论证，同时对工程项目建成后的综合效益进行预测和评价的一种投资决策分析活动。

可行性研究应完成以下工作内容：

（1）进行市场研究，以解决工程项目建设的必要性问题；

（2）进行工艺技术方案研究，以解决工程项目建设的技术可行性问题；

（3）进行财务和经济分析，以解决工程项目建设的经济合理性问题。

可行性研究工作完成后，需要编写出反映其全部工作成果的"可行性研究报告"。凡经可行性研究未通过的项目，不得进行下一步工作。

3）投资项目决策管理制度。根据《国务院关于投资体制改革的决定》（国发〔2004〕20号），政府投资工程实行审批制，非政府投资工程实行核准制或备案制。

（1）政府投资工程。对于采用直接投资和资本金注入方式的政府投资工程，政府需要从投资决策的角度审批项目建议书和可行性研究报告，除特殊情况外，不再审批开工报告，同时还要严格审批其初步设计和概算；对于采用投资补助、转贷和贷款贴息方式的政府投资工程，则只审批资金申请报告。

政府投资工程一般都要经过符合资质要求的咨询中介机构的评估论证，特别重大的工程还应实行专家评议制度。国家将逐步实行政府投资工程公示制度，以广泛听取各方面的意见和建议。

（2）非政府投资工程。对于企业不使用政府资金投资建设的工程，政府不再进行投资决策性质的审批，区别不同情况实行核准制或备案制。

① 核准制。企业投资建设《政府核准的投资项目目录》中的项目时，仅需向政府提交项目申请报告，不再经过批准项目建议书、可行性研究报告和开工报告的程序。

② 备案制。对于《政府核准的投资项目目录》以外的企业投资项目，实行备案制。除国家另有规定外，由企业按照属地原则向地方政府投资主管部门备案。

为扩大大型企业集团的投资决策权，对于基本建立现代企业制度的特大型企业集团，投资建设《政府核准的投资项目目录》中的项目时，可以按项目单独申报核准，也可编制中长期发展建设规划，规划经国务院或国务院投资主管部门批准后，规划中属于《政府核准的投资项目目录》中的项目不再另行申报核准，只需办理备案手续。企业集团要及时向国务院有关部门报告规划执行和项目建设情况。

2. 建设实施阶段的工作内容

建设工程实施阶段的工作内容主要包括勘察设计、建设准备、施工安装及竣工验收。对于生产性工程项目，在施工安装后期，还需要进行生产准备工作。

1）勘察设计。

（1）工程勘察。工程勘察通过对地形、地质及水文等要素的测绘、勘探、测试及综合评定，提供工程建设所需的基本资料。工程勘察需要对工程建设场地进行详细论证，保证建设工程合理进行，促使建设工程取得最佳的经济、社会和环境效益。

（2）工程设计。工程设计工作一般划分为两个阶段，即初步设计和施工图设计。重大工程和技术复杂工程，可根据需要增加技术设计阶段。

① 初步设计。初步设计是根据可行性研究报告的要求进行具体实施方案设计，目的是阐明在指定的地点、时间和投资控制数额内，拟建项目在技术上的可行性和经济上的合理性，并通过对建设工程所作出的基本技术经济规定，编制工程总概算。

初步设计不得随意改变被批准的可行性研究报告所确定的建设规模、产品方案、工程标准、建设地址和总投资等控制目标。如果初步设计提出的总概算超过可行性研究报告总投资的10％以上或其他主要指标需要变更时，应说明原因和计算依据，并重新向原审批单位报批可行性研究报告。

② 技术设计。技术设计应根据初步设计和更详细的调查研究资料编制，以进一步解决初步设计中的重大技术问题，如工艺流程、建筑结构、设备选型及数量确定等，使工程设计更具体、更完善，技术指标更好。

③ 施工图设计。根据初步设计或技术设计的要求，结合工程现场实际情况，完整地表现建筑物外形、内部空间分割、结构体系、构造状况以及建筑群的组成和周围环境的配合。施工图设计还包括各种运输、通信、管道系统、建筑设备的设计。在工艺方面，应具体确定各种设备的型号、规格及各种非标准设备的制造加工图。

（3）施工图设计文件的审查。根据《房屋建筑和市政基础设施工程施工图设计文件审查管理办法》（建设部令第134号），建设单位应当将施工图送施工图审查机构审查。施工图审查机构按照有关法律、法规，对施工图涉及公共利益、公众安全和工程建设强制性标准的内容进行审查。审查的主要内容包括：

① 是否符合工程建设强制性标准；

② 地基基础和主体结构的安全性；

③ 勘察设计企业和注册执业人员以及相关人员是否按规定在施工图上加盖相应的图章和签字；

④ 其他法律、法规、规章规定必须审查的内容。

任何单位或者个人不得擅自修改审查合格的施工图。确需修改的，凡涉及上述审查

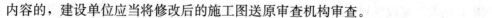

内容的，建设单位应当将修改后的施工图送原审查机构审查。

2）建设准备。

（1）建设准备工作内容。工程项目在开工建设之前要切实做好各项准备工作。其主要内容包括：

① 征地、拆迁和场地平整；

② 完成施工用水、电、通信、道路等接通工作；

③ 组织招标选择工程监理单位、施工单位及设备、材料供应商；

④ 准备必要的施工图纸；

⑤ 办理工程质量监督和施工许可手续。

（2）工程质量监督手续的办理。建设单位在领取施工许可证或者开工报告前，应当到监督机构办理工程质量监督注册手续。办理质量监督注册手续时需提供下列资料：

① 施工图设计文件审查报告和批准书；

② 中标通知书和施工、监理合同；

③ 建设单位、施工单位和监理单位工程项目的负责人和机构组成；

④ 施工组织设计和监理规划（监理实施细则）；

⑤ 其他需要的文件资料。

（3）施工许可证的办理。从事各类房屋建筑及其附属设施的建造、装修装饰和与其配套的线路、管道、设备的安装，以及城镇市政基础设施工程的施工，建设单位在开工前应当向工程所在地县级以上人民政府建设主管部门申请领取施工许可证。必须申请领取施工许可证的建筑工程未取得施工许可证的，一律不得开工。

工程投资额在 30 万元以下或者建筑面积在 300m² 以下的建筑工程，可以不申请办理施工许可证。

3）施工安装。建设工程具备开工条件并取得施工许可后才能开始土建工程施工和机电设备安装。

按照规定，建设工程新开工时间是指工程设计文件中规定的任何一项永久性工程第一次正式破土开槽的开始日期。不需要开槽的工程，以正式开始打桩的日期作为开工日期。铁路、公路、水库等需要进行大量土石方工程的，以开始进行土石方工程施工的日期作为正式开工日期。工程地质勘察、平整场地、旧建筑物拆除、临时建筑、施工用临时道路和水、电等工程开始施工的日期不能算作正式开工日期。分期建设的工程分别按各期工程开工的日期计算，如二期工程应根据工程设计文件规定的永久性工程开工的日期计算。

施工安装活动应按照工程设计要求、施工合同及施工组织设计，在保证工程质量、工期、成本及安全、环保等目标的前提下进行。

4）生产准备。对于生产性工程项目而言，生产准备是工程项目投产前由建设单位进行的一项重要工作。生产准备是衔接建设和生产的桥梁，是工程项目建设转入生产经营的必要条件。建设单位应适时组成专门机构做好生产准备工作，确保工程项目建成后能及时投产。生产准备的主要工作内容包括：组建生产管理机构，制定管理有关制度和规定；招聘和培训生产人员，组织生产人员参加设备的安装、调试和工程验收工作；落实原材料、协作产品、燃料、水、电、气等的来源和其他需协作配合的条件，并组织工装、器具、备件等的制造或订货等。

5）竣工验收。建设工程按设计文件的规定内容和标准全部完成，并按规定将施工现场清理完毕后，达到竣工验收条件时，建设单位即可组织工程竣工验收。工程勘察、设计、施工、监理等单位应参加工程竣工验收。工程竣工验收要审查工程建设的各个环节，审阅工程档案、实地查验建筑安装工程实体，对工程设计、施工和设备质量等进行全面评价。不合格的工程不予验收。对遗留问题要提出具体解决意见，限期落实完成。

工程竣工验收是投资成果转入生产或使用的标志，也是全面考核工程建设成果、检验设计和施工质量的关键步骤。工程竣工验收合格后，建设工程方可投入使用。

建设工程自竣工验收合格之日起即进入工程质量保修期。建设工程自办理竣工验收手续后，发现存在工程质量缺陷的，应及时修复，费用由责任方承担。

1.1.3　建设项目的划分

根据建设项目的组成内容和层次不同，按照分解管理的需要从大至小依次可分为建设项目、单项工程、单位工程、分部工程和分项工程。

1. 建设项目

建设项目是指按一个总体规划或设计进行建设的，由一个或若干个互有内在联系的单项工程组成的工程总和。

工程建设项目的总体规划或设计是对拟建工程的建设规模、主要建筑物、构筑物、交通运输路网、各种场地、绿化设施等进行合理规划与布置所作的文字说明和图纸文件。如新建一座工厂，它应该包括厂房车间、办公大楼、食堂、库房、烟囱、水塔等建筑物、构筑物以及它们之间相联系的道路；又如新建一所学校，它应该包括办公行政楼、一栋或几栋教学大楼、实验楼、图书馆、学生宿舍等建筑物。这些建筑物或构筑物都应包括在一个总体规划或设计之中，并反映它们之间的内在联系和区别，我们将其称为一个建设项目或工程建设项目。

2. 单项工程

单项工程是指具有独立的设计文件，建成后能够独立发挥生产能力或使用功能的工程项目。

单项工程是建设项目的组成部分，一个建设项目可以包括多个单项工程，也可以仅有一个单项工程。工业建筑中一座工厂的各个生产车间、办公大楼、食堂、库房、烟囱、水塔等，非工业建筑中一所学校的教学大楼、图书馆、实验室、学生宿舍等都是具体的单项工程。

单项工程是具有独立存在意义的一个完整工程，由多个单位工程所组成。

3. 单位工程

单位工程是指具有独立的设计文件，能够独立组织施工，但不能独立发挥生产能力或使用功能的工程项目。

单位工程是单项工程的组成部分。在工业与民用建筑中，如一幢教学大楼或写字楼，总是可以划分为建筑工程、装饰工程、电气工程、给排水工程等，它们分别是单项工程所包含的不同性质的单位工程。

4. 分部工程

分部工程是单位工程的组成部分，是按结构部位、路段长度及施工特点或施工任务将单位工程划分成的若干个项目单元。

上述土石方工程、地基基础工程、砌筑工程等就是单位工程——房屋建筑工程的分部工程，楼地面工程、墙柱面工程、天棚工程、门窗工程等就是装饰工程的分部工程。

在每一个分部工程中，因为构造、使用材料规格或施工方法等不同，完成同一计量单位的工程所需要消耗的人工、材料和机械台班数量及其价值的差别也很大，因此，还需要把分部工程进一步划分为分项工程。

5. 分项工程

分项工程是分部工程的组成部分，是按不同施工方法、材料、工序及路段长度等将分部工程划分成的若干个项目单元。

分项工程是可以通过较为简单的施工过程生产出来，并可用适当的计量单位测算或计算其消耗量和单价的建筑或安装单元。如土石方工程，可以划分为平整场地、挖沟槽土方、挖基坑土方等；砌筑工程可以划分为砖基础、砖墙等；混凝土及钢筋混凝土工程可划分为现浇混凝土基础、现浇混凝土柱、预制混凝土梁等。分项工程不是单项工程那样的完整产品，一般来说，它的独立存在是没有意义的，它只是单项工程组成部分中一种基本的构成要素，是为了确定建设工程造价和计算人工、材料、机械等消耗量而划分出来的一种基本项目单元。它既是工程质量形成的直接过程，又是建设项目的基本计价单元。

综上所述，一个建设项目由一个或几个单项工程组成，一个单项工程由一个或几个单位工程组成，一个单位工程又由若干个分部工程组成，一个分部工程又可划分为若干个分项工程。分项工程是建筑工程计量与计价的最基本部分。了解建设项目的组成，既是工程施工与建造的基本要求，也是计算工程造价的组成单元，作为从事工程造价计价与管理的工程造价技术人员，分清和掌握建设项目的组成显得尤为重要。

1.2 工程造价的基本内容

1.2.1 工程造价的含义

根据住房城乡建设部发布的国家标准《工程造价术语标准》（GB/T 50875—2013），工程造价（Project Costs，PC）是指构成项目在建设期预计或实际支出的建设费用。由于所站的角度不同，工程造价有不同的含义。

1. 工程固定资产投资

从投资者（业主）的角度分析，工程造价是指建设一项工程预期开支或实际开支的全部固定资产投资费用。投资者为了获得投资项目的预期效益，就需要对项目进行策划决策、建设实施（设计、施工）直到竣工验收等一系列活动。在上述活动中所花费的全部费用就构成了工程造价。从这个意义上说，工程造价就是建设工程固定资产总投资。

2. 工程承发包价格

从市场交易的角度分析，工程造价是指为建成一项工程，预计或实际在土地市场、设备市场、技术劳务市场以及工程承发包市场等交易活动中所形成的建筑安装工程价格和建设工程总价格。工程造价的第二种含义是以社会主义商品经济和市场经济为前提。它是以工程这种特定的商品形成作为交换对象，通过招投标、承发包或其他交易形成，在进行多次性预估的基础上，最终由市场形成的价格。通常是把工程造价的第二种含义认定为工程承发包价格。承发包价格是工程造价中一种重要的也是较为典型的价格交易形式，是在建筑市场通过招投标，由需求主体和供给主体共同认可的价格。

工程造价的两种含义实质上就是从不同角度把握同一事物的本质。以建设工程的投资者来说工程造价就是项目投资，是"购买"项目付出的价格，同时也是投资者在作为市场供给主体"出售"项目时定价的基础。对于承包商来说，工程造价是他们作为市场供给主体出售商品和劳务的价格的总和，或是特指范围的工程造价，如建筑安装工程造价。

1.2.2 工程造价的特征与形式

1. 工程造价的特征

由工程项目的特点决定，工程造价具有以下特征：

（1）大额性。要发挥工程项目的投资效用，其工程造价都非常高，动辄数百万元、数千万元，特大的工程项目造价可达百亿元人民币。

（2）单件性。任何一项工程都有特定的用途、功能和规模。因此，对每一项工程的结构、造型、空间分割、设备配置和内外装饰都有具体的要求，所以工程内容和实物形态都具有个别性、差异性。产品的差异性决定了工程造价的个别性差异。同时，每期工程所处的地理位置也不相同，使这一特点得到了强化。

（3）多次性。任何一项工程从决策到竣工交付使用，都有一个较长的建设期间。在建设期内，往往由于不可控制因素的原因，造成许多影响工程造价的动态因素。如设计变更、材料、设备价格、工资标准、取费费率的调整，贷款利率、汇率的变化，都必然会影响工程造价的变动。所以，工程造价在整个建设期处于不确定状态，直至竣工决算后才能最终确定工程的实际造价。如图 1.2.1 所示。

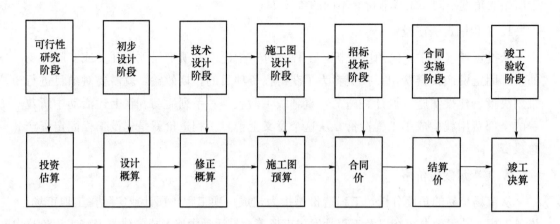

图 1.2.1　工程多次性计价示意图

（4）组合性。工程造价的组合性取决于工程的层次性。一个建设项目往往包含多项能够独立发挥生产能力和工程效益的单项工程。一个单项工程又由多个单位工程组成。与此相适应，工程造价有三个层次，即建设项目总造价、单项工程造价和单位工程造价。如果专业分工更细，分部分项工程也可以作为承发包的对象，如大型土方工程、桩基础工程、装饰工程等。这样工程造价的层次因增加分部工程和分项工程而成为五个层次。即使从工程造价的计算程序和工程管理角度来分析，工程造价的层次也是非常明确的。

（5）兼容性。首先表现在本身具有的两种含义，其次表现在工程造价构成的广泛性和复杂性，工程造价除建筑安装工程费用、设备及工器具购置费用外，征用土地费用、项目可行性研究费用、规划设计费用、与一定时期政府政策（产业和税收政策）相关的费用占有相当的份额。盈利的构成较为复杂，资金成本较大。

2. 工程造价的形式

按工程不同的建设阶段，工程造价具有不同的形式：

（1）投资估算。投资估算是指在投资决策过程中，建设单位或建设单位委托的咨询机构根据现有的资料，采用一定的方法，对建设项目未来发生的全部费用进行预测和估算。投资估算形成于项目的建议书及可行性研究阶段。

（2）设计概算。设计概算是指在初步设计阶段，在投资估算的控制下，由设计单位根据初步设计或扩大设计图纸及说明、概算定额、设备材料价格等资料，编制确定的建设项目从筹建到竣工交付生产或使用所需全部费用的经济文件。

（3）修正概算。在技术设计阶段，随着对建设规模、结构性质、设备类型等方面进行修改、变动，初步设计概算也做相应调整，即为修正概算。

（4）预算造价。也叫施工图预算，是指在施工图设计完成后，工程开工前，根据预算定额、费用文件计算确定建设费用的经济文件。预算造价形成于施工图设计阶段。

（5）合同价。合同价是指在工程招投标阶段，承发包双方根据合同条款及有关规定，并通过签订工程承包合同所计算和确定的拟建工程造价总额。合同价属于市场价格的范畴，不同于工程的实际造价。按照投资规模不同，可分为建设项目总承包合同价、建筑安装工程承包合同价、材料设备采购合同价和技术及咨询服务合同价；按计价方法不同，可分为固定合同价、可调合同价和工程成本加酬金合同价。

（6）结算造价。结算造价反映的是工程项目实际造价。工程结算是指承包方按照合同约定，向建设单位办理已完工程价款的清算文件。结算价一般由承包单位编制，由发包单位审查，也可委托具有相应资质的工程造价咨询机构进行审查。工程结算造价形成于竣工验收阶段。

（7）工程决算造价。建设工程竣工决算是由建设单位编制的反映建设项目实际造价文件和投资效果的文件，是竣工验收报告的重要组成部分，是基本建设项目经济效果的全面反映，是核定新增固定资产价值，办理其交付使用的依据。决算价一般是由建设单位编制，上报相关主管部门审查。

1.3　工程造价管理的组织和内容

1.3.1　工程造价管理的概念

1. 工程造价管理的内涵

工程造价管理是指综合运用管理学、经济学和工程技术等方面的知识与技能，对工程造价进行预测、计划、控制、核算等的过程。工程造价管理既涵盖宏观层次的工程建设投资管理，也涵盖微观层次的工程项目费用管理。

（1）工程造价的宏观管理。工程造价的宏观管理是指政府部门根据社会经济发展需求，利用法律、经济和行政等手段规范市场主体的价格行为、监控工程造价的系统活动。

（2）工程造价的微观管理。工程造价的微观管理是指工程参建主体根据工程计价依据和市场价格信息等预测、计划、控制、核算工程造价的系统活动。

2. 工程造价管理的含义

工程造价管理有两种含义：一是建设工程投资费用管理。二是工程价格管理。

作为建设工程投资费用管理，它属于工程建设投资管理范畴。工程建设投资费用管理，是指为了实现投资的预期目标，在撰写规划、设计方案的条件下，预测、计算、确定和监控工程造价及其变动的系统活动。

工程价格管理，属于价格管理范畴。在微观层次上，是生产企业在掌握市场价格信息的基础上，为实现管理目标而进行的成本控制、计价、定价和竞价的系统活动。在宏观层次上，是政府根据社会经济的要求，利用法律手段、经济手段和行政手段对价格进行管理和调控，以及通过市场管理规范市场主体价格行为的系统活动。

工程造价计价依据的管理和工程造价专业队伍建设的管理则是为这两种管理服务的。

3. 工程造价管理的意义

工程造价管理是运用科学、技术原理和方法，在统一目标、各负其责的原则下，为确保建设工程的经济效益和有关各方面的经济权益而对建筑工程造价管理及建安工程价格所进行的全过程、全方位的符合政策和客观规律的全部业务行为和组织活动。建筑工程造价管理是一个项目投资的重要环节。

我国是一个资源相对缺乏的发展中国家，为了保持适当的发展速度，需要投入更多的建设资金，而筹措资金很不容易也很有限。因此，从这一基本国情出发，如何有效地利用投入建设工程的人力、物力、财力，以尽量少的劳动和物质消耗，取得较高的经济和社会效益，保持我国国民经济持续、稳定、协调发展，就成为十分重要的问题。

工程造价管理的目的不仅在于控制项目投资不超过批准的造价限额，更在于坚持倡导艰苦奋斗、勤俭建国的方针，从国家的整体利益出发，合理使用人力、物力、财力，取得最大投资效益。

1.3.2　工程造价管理的组织系统

1. 政府行政管理系统

（1）国务院建设主管部门造价管理机构。

（2）国务院其他部门的工程造价管理机构。

（3）省、自治区、直辖市工程造价管理部门。

2. 企事业单位管理系统

企事业单位的工程造价管理属微观管理范畴。

（1）设计单位、工程造价咨询单位等按照建设单位或委托方意图，进行造价管理。

在可行性研究和规划设计阶段合理确定和有效控制建设工程造价，通过限额设计等手段实现设定的造价管理目标；

在招标投标阶段编制招标文件、标底或招标控制价，参加评标、合同谈判等工作；

在施工阶段通过工程计量与支付、工程变更与索赔管理等控制工程造价。

（2）工程承包单位的造价管理是企业自身管理的重要内容。

工程承包单位设有专门的职能机构参与企业投标决策，并通过市场调查研究，利用过去积累的经验，研究报价策略，提出报价；

在施工过程中，进行工程造价的动态管理，注意各种调价因素的发生，及时进行工程价款结算，避免收益的流失，以促进企业盈利目标的实现。

3. 行业协会管理系统

中国建设工程造价管理协会是经原建设部和民政部批准成立、代表我国建设工程造价管理的全国性行业协会，是亚太区工料测量师协会（PAQS）和国际造价工程联合会（ICEC）等相关国际组织的正式成员。

1.3.3 工程造价管理的内容及原则

1. 工程造价管理的主要内容

在工程建设全过程各个不同阶段，工程造价管理有着不同的工作内容，其目的是在优化建设方案、设计方案、施工方案的基础上，有效控制建设工程项目的实际费用支出。

（1）工程项目策划阶段：按照有关规定编制和审核投资估算，经有关部门批准，即可作为拟建工程项目的控制造价；基于不同的投资方案进行经济评价，作为工程项目决策的重要依据。

（2）工程设计阶段：在限额设计、优化设计方案的基础上编制和审核工程概算、施工图预算。对于政府投资工程而言，经有关部门批准的工程概算，将作为拟建工程项目造价的最高限额。

（3）工程发承包阶段：进行招标策划，编制和审核工程量清单、招标控制价或标底，确定投标报价及其策略，直至确定承包合同价。

（4）工程施工阶段：进行工程计量及工程款支付管理，实施工程费用动态监控，处理工程变更和索赔，编制和审核工程结算、竣工决算，处理工程保修费用等。

2. 工程造价管理的基本原则

实施有效的工程造价管理，应遵循以下三项原则：

（1）以设计阶段为重点的全过程造价管理。工程造价管理贯穿于工程建设全过程的同时，应注重工程设计阶段的造价管理。工程造价管理的关键在于前期决策和设计阶段，而在项目投资决策后，控制工程造价的关键就在于设计。

长期以来，我国往往将控制工程造价的主要精力放在施工阶段——审核施工图预算、结算建筑安装工程价款，对工程项目策划决策和设计阶段的造价控制重视不够。为有效地控制工程造价，应将工程造价管理的重点转到工程项目策划决策和设计阶段。

（2）主动控制与被动控制相结合。长期以来，人们一直把控制理解为目标值与实际值的比较，以及当实际值偏离目标值时，分析其产生偏差的原因，并确定下一步对策。但这种立足于调查—分析—决策基础之上的偏离—纠偏—再偏离—再纠偏的控制是一种被动控制，这样做只能发现偏离，不能预防可能发生的偏离。

为尽量减少甚至避免目标值与实际值的偏离，还必须立足于事先主动采取控制措施，实施主动控制。也就是说，工程造价控制不仅要反映投资决策，反映设计、发包和施工，被动地控制工程造价，更要能动地影响投资决策，影响工程设计、发包和施工，主动地控制工程造价。

（3）技术与经济相结合。要有效地控制工程造价，应从组织、技术、经济等多方面采取措施。

① 从组织上采取措施，包括明确项目组织结构，明确造价控制人员及其任务，明确管理职能分工；

② 从技术上采取措施，包括重视设计多方案选择，严格审查初步设计、技术设计、施工图设计、施工组织设计，深入研究节约投资的可能性；

③ 从经济上采取措施，包括动态比较造价的计划值与实际值，严格审核各项费用支出，采取对节约投资的有力奖励措施等。

本章小结：

建设项目是指按一个总体规划或设计进行建设的，由一个或若干个互有内在联系的单项工程组成的工程总和。工程建设程序是指建设工程从策划、决策、设计、施工，到竣工验收、投入生产或交付使用的整个建设过程中，各项工作必须遵循的先后顺序。根据建设项目的组成内容和层次不同，按照分解管理的需要从大至小依次可分为建设项目、单项工程、单位工程、分部工程和分项工程。工程造价从投资者（业主）的角度分析，是指建设一项工程预期开支或实际开支的全部固定资产投资费用；从市场交易的角度分析，是指为建成一项工程，预计或实际在土地市场、设备市场、技术劳务市场以及工程承发包市场等交易活动中所形成的建筑安装工程价格和建设工程总价格。工程造价管理是指综合运用管理学、经济学和工程技术等方面的知识与技能，对工程造价进行预测、计划、控制、核算等的过程。工程造价管理既涵盖宏观层次的工程建设投资管理，也涵盖微观层次的工程项目费用管理。

思考与练习

1. 什么是建设项目？它具有什么特点？

2. 工程建设程序包括哪些阶段？写出建设程序和工程计价的对应关系。

3. 写出建设项目、单项工程、单位工程、分部工程和分项工程的含义，并举例说明。

4. 简述工程造价和工程造价管理的概念。

5. 简述工程造价的特点。

建设工程造价构成

本章导读：

本章主要讲解我国建设工程造价的构成内容。同学们学习过程中要充分理解建设工程造价各构成内容的范围，重点掌握设备及工器具购置费、建筑安装工程费、工程建设其他费用、预备费、建设期利息的构成和计算，为后期工程造价的计算做准备。

学习目标：

1. 掌握我国现行建设项目总投资构成及工程造价的构成；
2. 掌握设备及工器具购置费用的构成和计算；
3. 掌握建筑安装工程费用的构成和计算；
4. 熟悉工程建设其他费用的构成和计算；
5. 熟悉预备费和建设期利息的计算。

思想政治教育的融入点：

介绍工程造价的费用构成，引入案例——悉尼歌剧院。

悉尼歌剧院是 20 世纪建筑的杰作，其意义在于其无与伦比的设计和建造，其卓越的工程成就和技术创新，以及作为世界著名的建筑标志的地位。然而，悉尼歌剧院的建造过程充满了曲折坎坷。1955 年 9 月 13 日澳大利亚政府向海外征集悉尼歌剧院设计方案，1957 年，确定设计方案，丹麦设计师约恩·乌松的构思别具一格，富有诗意，颇具吸引力。最终他的设计方案击败其他 231 个竞争对手而被选中。悉尼歌剧院从 1959 年 3 月开始建造，而结构选型获得解决之时已经是开工之后的第五个年头，而音乐厅和歌剧厅的实用功能方案直到 1966 年约恩·乌松辞职时仍没有定案。建设之初，该项目估算的建设经费是 350 万英镑，预期落成和对外开放时间是 1963 年。然而该项目的建设直到 1973 年 10 月，历经 15 年的艰难曲折（从 1957 年设计开始算历时17 年），终于在几度搁浅，几度绝望后建成竣工，落成时工程总花费 5000 万英镑，是设计估算的 14 倍多。

悉尼歌剧院建设事例为工程造价的确定与控制提供了一个鲜活的反面教材：第一，该项目的建设违反工程建设的客观规律，经过长期的实践，工程建设需要遵循建设项目

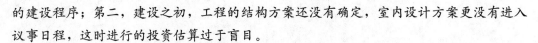

the建设程序；第二，建设之初，工程的结构方案还没有确定，室内设计方案更没有进入议事日程，这时进行的投资估算过于盲目。

预期教学成效：

培养学生的专业认同感，增强学生学好专业知识的动力，明确专业职责，为国家基本建设投资"站好岗，把好关"。

2.1 工程造价构成概述

2.1.1 我国建设项目投资及工程造价的构成

建设项目总投资是为完成工程项目建设并达到使用要求或生产条件，在建设期内预计或实际投入的全部费用总和。生产性建设项目总投资包括建设投资、建设期利息和流动资金三部分；非生产性建设项目总投资包括建设投资和建设期利息两部分。其中，建设投资和建设期利息之和对应于固定资产投资，固定资产投资与建设项目的工程造价在量上相等。工程造价基本构成包括用于购买工程项目所含各种设备的费用，用于建筑施工和安装施工所需支出的费用，用于委托工程勘察设计应支付的费用，用于购置土地所需的费用，也包括用于建设单位自身进行项目筹建和项目管理所花费的费用等。总之，工程造价是指在建设期预计或实际支出的建设费用。

工程造价中的主要构成部分是建设投资。建设投资是为完成工程项目建设，在建设期内投入且形成现金流出的全部费用。根据国家发展改革委和原建设部发布的《建设项目经济评价方法与参数（第三版）》（发改投资〔2006〕1325号）的规定，建设投资包括工程费用、工程建设其他费用和预备费三部分。工程费用是指建设期内直接用于工程建造、设备购置及其安装的建设投资，可以分为建筑安装工程费和设备及工器具购置费。工程建设其他费用是指建设期内进行项目建设或运营必须发生的但不包括在工程费用中的费用。预备费是在建设期内因各种不可预见因素的变化而预留的可能增加的费用，包括基本预备费和价差预备费。建设项目总投资的具体构成内容如图2.1.1所示。

流动资金指为进行正常生产运营，用于购买原材料与燃料、支付工资及其他运营费用等所需的周转资金。在可行性研究阶段用于财务分析时记为全部流动资金，在初步设计及以后阶段用于计算"项目报批总投资"或"项目概算总投资"时记为铺底流动资金。铺底流动资金是指生产经营性建设项目为保证投产后正常的生产运营所需，并在项目资本金中筹措的自有流动资金。

静态投资是以某一基准年、月的建设要素的价格为依据所计算出的建设项目投资的瞬时值。静态投资包括建筑安装工程费、设备和工器具购置费、工程建设其他费用、基本预备费，以及因工程量误差而引起的工程造价的增减等。

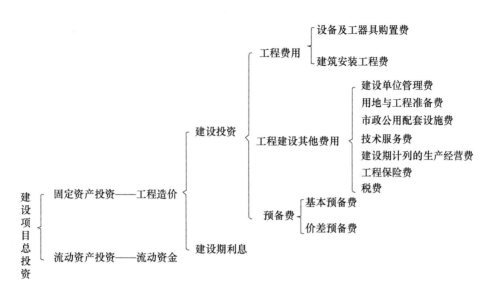

图 2.1.1　我国现行建设项目总投资构成

动态投资是指为完成一个工程项目的建设，预计投资需要量的总和。它除了包括静态投资所含内容之外，还包括建设期贷款利息、投资方向调节税、涨价预备费等。

静态投资和动态投资的内容虽然有所区别，但二者有密切联系。动态投资包含静态投资，静态投资是动态投资最主要的组成部分，也是动态投资的计算基础。

2.1.2　国外建设工程造价构成

国外各个国家的建设工程造价构成有所不同，具有代表性的是世界银行、国际咨询工程师联合会对建设工程造价构成的规定。这些国际组织对工程项目的总建设成本（相当于我国的工程造价）做了统一规定，工程项目总建设成本包括项目直接建设成本、项目间接建设成本、应急费和建设成本上升费用等，具体构成内容如图 2.1.2 所示。各部分详细内容如下。

图 2.1.2　世界银行等国际组织规定的建设工程造价构成

1. 项目直接建设成本

项目直接建设成本包括以下内容：

（1）土地征购费。

（2）场外设施费用，如道路、码头、桥梁、机场、输电线路等设施费用。

（3）场地费用，指用于场地准备、厂区道路、铁路、围栏、场内设施等的建设费用。

（4）工艺设备费，指主要设备、辅助设备及零配件的购置费用，包括海运包装费用、交货港离岸价，但不包括税金。

（5）设备安装费，指设备供应商的监理费用，本国劳务及工资费用，辅助材料、施工设备、消耗品和工具等费用，以及安装承包商的管理费和利润等。

（6）管道系统费用，指与系统的材料及劳务相关的全部费用。

（7）电气设备费，其内容与（4）类似。

（8）电气安装费，指设备供应商的监理费用，本国劳务与工资费用，辅助材料、电缆管道和工具费用，以及营造承包商的管理费和利润。

（9）仪器仪表费，指所有自动仪表、控制板、配线和辅助材料的费用以及供应商的监理费用、外国或本国劳务及工资费用、承包商的管理费和利润。

（10）机械的绝缘和油漆费，指与机械及管道的绝缘和油漆相关的全部费用。

（11）工艺建筑费，指原材料、劳务费以及与基础、建筑结构、屋顶、内外装修、公共设施有关的全部费用。

（12）服务性建筑费用，其内容与（11）相似。

（13）工厂普通公共设施费，包括材料和劳务费以及与供水、燃料供应、通风、蒸汽发生及分配、下水道、污物处理等公共设施有关的费用。

（14）车辆费，指工艺操作所必需的机动设备零件费用，包括海运包装费用以及交货港的离岸价，但不包括税金。

（15）其他当地费用，指那些不能归类于以上任何一个项目，不能计入项目间接成本，但在建设期间又是必不可少的当地费用。如临时设备、临时公共设施及场地的维持费，营地设施及其管理，建筑保险和债券，杂项开支等费用。

2. 项目间接建设成本

项目间接建设成本包括以下内容：

（1）项目管理费。

① 总部人员的薪金和福利费，以及用于初步和详细工程设计、采购、时间和成本控制、行政和其他一般管理的费用；

② 施工管理现场人员的薪金、福利费和用于施工现场监督、质量保证、现场采购、时间及成本控制、行政及其他施工管理机构的费用；

③ 零星杂项费用，如返工、旅行、生活津贴、业务支出等；

④ 各种酬金。

（2）开工试车费，指工厂投料试车必需的劳务和材料费用。

（3）业主的行政性费用，指业主的项目管理人员费用及支出。

（4）生产前费用，指前期研究、勘测、建矿、采矿等费用。

（5）运费和保险费，指海运、国内运输、许可证及佣金、海洋保险、综合保险等费用。

(6) 税金，指关税、地方税及对特殊项目征收的税金。

3. 应急费

应急费包括以下内容：

(1) 未明确项目的准备金。此项准备金用于在估算时不可能明确的潜在项目，包括那些在做成本估算时因为缺乏完整、准确和详细的资料而不能完全预见和不能注明的项目，并且这些项目是必须完成的，或它们的费用是必定要发生的。在每一个组成部分中均单独以一定的百分比确定，并作为估算的一个项目单独列出。此项准备金不是为了支付工作范围以外可能增加的项目，不是用以应付天灾、非正常经济情况及罢工等情况，也不是用来补偿估算的任何误差，而是用来支付那些几乎可以肯定要发生的费用。因此，它是估算不可缺少的一个组成部分。

(2) 不可预见准备金。此项准备金（在未明确项目准备金之外）用于在估算达到了一定的完整性并符合技术标准的基础上，由于物质、社会和经济的变化，导致估算增加的情况。此种情况可能发生，也可能不发生。因此，不可预见准备金只是一种储备，可能不动用。

4. 建设成本上升费用

通常，估算中使用的构成工资率、材料和设备价格基础的截止日期就是"估算日期"。必须对该日期或已知成本基础进行调整，以补偿直至工程结束时的未知价格增长。

工程的各个主要组成部分（国内劳务和相关成本、本国材料、外国材料、本国设备、外国设备、项目管理机构）的细目划分确定以后，便可确定每一个主要组成部分的增长率。这个增长率是一项判断因素。它以已发表的国内和国际成本指数、公司记录的历史经验数据等为依据，并与实际供应商进行核对，然后根据确定的增长率和从工程进度表中获得的各主要组成部分的中位数值，计算出每项主要组成部分的成本上升值。

2.2 设备及工器具购置费用的构成和计算

设备及工器具购置费用是由设备购置费和工具、器具及生产家具购置费组成的，它是固定资产投资中的积极部分。在生产性工程建设中，设备及工器具购置费用占工程造价比重的增大，意味着生产技术的进步和资本有机构成的提高。

提示：这里的积极与不积极是相对而言的，因为设备及工器具是为了创造其他价值而投入的，它们会不断创出其他价值来达到收益的效果，所以说是积极的。而对于厂房来说，建成之后不会生产出产品或带来直接的效益，所以相对可以称之为不积极。

2.2.1 设备购置费的构成和计算

设备购置费是指购置或自制的达到固定资产标准的设备、工器具及生产家具等所需的费用。它由设备原价和设备运杂费构成。

$$设备购置费＝设备原价（含备品备件费）＋设备运杂费$$

式中：设备原价指国内采购设备的出厂价格，或国外采购设备的抵岸价格，设备原价通常包含备品备件费在内，备品备件费指设备购置时随设备同时订货的首套备品备件所发生的费用；

设备运杂费指除设备原价之外的关于设备采购、运输、途中包装及仓库保管等方面支出费用的总和。

1. 国产设备原价的构成及计算

国产设备原价一般指的是设备制造厂的交货价或订货合同价，即出厂价格。它一般根据生产厂或供应商的询价、报价、合同价确定，或采用一定的方法计算确定。国产设备原价分为国产标准设备原价和国产非标准设备原价。

（1）国产标准设备原价。国产标准设备是指按照主管部门颁布的标准图纸和技术要求，由国内设备生产厂批量生产的，符合国家质量检测标准的设备。国产标准设备一般有完善的设备交易市场，因此可通过查询相关交易市场价格或向设备生产厂家询价得到国产标准设备原价。

（2）国产非标准设备原价。国产非标准设备是指国家尚无定型标准，各设备生产厂不可能在工艺过程中采用批量生产，只能按订货要求并根据具体的设计图纸制造的设备。非标准设备由于单件生产、无定型标准，所以无法获取市场交易价格，只能按其成本构成或相关技术参数估算其价格。非标准设备原价有多种不同的计算方法，如成本计算估价法、系列设备插入估价法、分部组合估价法、定额估价法等。但无论采用哪种方法都应该使非标准设备计价接近实际出厂价，并且计算方法要简便。成本计算估价法是一种比较常用的估算非标准设备原价的方法。

按成本计算估价法，非标准设备的原价构成详见表 2.2.1。

表 2.2.1　国产非标准设备的原价构成表

构成	计算公式	注意事项
①材料费	材料净重×（1＋加工损耗系数）×每吨材料综合价	
②加工费	设备总质量（吨）×设备每吨加工费	
③辅助材料费	设备总质量×辅助材料费指标	
④专用工具费	（材料费＋加工费＋辅助材料费）×专用工具费率	（①＋②＋③）×专用工具费率
⑤废品损失费	（材料费＋加工费＋辅助材料费＋专用工具费）×废品损失费率	（①＋②＋③＋④）×废品损失费率
⑥外购配套件费	根据相应的购买价格加上运杂费	
⑦包装费	（材料费＋加工费＋辅助材料费＋专用工具费＋废品损失费＋外购配套件费）×包装费率	（①＋②＋③＋④＋⑤＋⑥）×包装费率

续表

构成	计算公式	注意事项
⑧利润	（材料费＋加工费＋辅助材料费＋专用工具费＋废品损失费＋包装费）×利润率	（①＋②＋③＋④＋⑤＋⑦）×利润率外购配套件费不计算利润
⑨税金	销项税额＝销售额×适用增值税率	主要指增值税销售额＝（①＋②＋③＋④＋⑤＋⑥＋⑦＋⑧）
⑩非标准设备设计费	按国家规定的设计费收费标准计算	

按成本计算估价法，国产非标准设备原价的计算式为：

单台非标准设备原价＝{［（材料费＋加工费＋辅助材料费）×（1＋专用工具费率）×（1＋废品损失费率）＋外购配套件费］×（1＋包装费率）－外购配套件费}×（1＋利润率）＋外购配套件费＋销项税额＋非标准设备设计费

【案例 2.2.1】 一台国产非标准设备，材料费 20 万元，加工费 2 万元，辅助材料费 4000 元。专用工具费率 1.5%，废品损失费率 10%，外购配套件费 5 万元，包装费率 1%，利润率为 7%，增值税率为 13%，非标准设备设计费 2 万元，求该国产非标准设备的原价。

解： 专用工具费＝（20＋2＋0.4）×1.5%＝0.336（万元）

废品损失费＝（20＋2＋0.4＋0.336）×10%＝2.274（万元）

包装费＝（22.4＋0.336＋2.274＋5）×1%＝0.3（万元）

利润＝（22.4＋0.336＋2.274＋0.3）×7%＝1.772（万元）

销项税额＝（22.4＋0.336＋2.274＋5＋0.3＋1.772）×13%＝4.171（万元）

该国产非标准设备的原价＝22.4＋0.336＋2.274＋0.3＋1.772＋4.171＋2＋5＝38.253（万元）

2. 进口设备原价的构成及计算

进口设备原价是指进口设备的抵岸价，即设备抵达买方边境、港口或边境车站，且交完各种手续费、税费后形成的价格。抵岸价通常由进口设备到岸价（CIF）和进口从属费构成。

进口设备原价（抵岸价）＝到岸价＋进口从属费

进口设备到岸价（CIF），即设备抵达买方边境、港口或边境车站所形成的价格。在国际贸易中，交易双方所使用的交货类别不同，则交易价格的构成内容也有所差异。进口从属费是指进口设备在办理进口手续过程中发生的应计入设备原价的银行财务费、外贸手续费、进口关税、消费税、进口环节增值税及进口车辆的车辆购置税等。

（1）进口设备到岸价。CIF（Cost Insurance and Freight），又称到岸价，意为成本加保险费、运费。

CIF 卖方的基本义务有：自负风险和费用，取得出口许可证或其他官方批准的证件，在需要办理海关手续时，办理货物出口所需的海关手续；签订从指定装运港承运货物运往指定目的港的运输合同；在买卖合同规定的时间和港口，将货物装上船并支付至目的港的运费，装船后及时通知买方；负担货物在装运港在装上船为止的一切费用和风险；向买方提供通常的运输单据或具有同等效力的电子单证；办理货物在运输途中最低险别的海运保险，并应支付保险费。买方的基本义务有：自负风险和费用，取得进口许可证或其他官方批准的证件，在需要办理海关手续时，办理货物进口以及必要时经由另一国过境的一切海关手续，并支付有关费用及过境费；负担货物在装运港装上船后的一切费用和风险；接收卖方提供的有关单据，受领货物，并按合同规定支付货款；支付除通常运费以外的有关货物在运输途中所产生的各项费用以及包括驳运费和码头费在内的卸货费。

拓展：

离岸价又称 FOB（Free on Board），装运港船上交货。FOB 是指当货物在装运港被装上指定船时，卖方即完成交货义务。风险转移，以在指定的装运港货物被装上指定船时为分界点。费用划分与风险转移的分界点相一致。

运费在内价又称 CFR（Cost and Freight），成本加运费。CFR 是指在装运港货物在装运港被装上指定船时卖方即完成交货，卖方必须支付将货物运至指定的目的港所需的运费和费用，但交货后货物灭失或损坏的风险，以及由于各种事件造成的任何额外费用，即由卖方转移到买方。

进口设备的到岸价、抵岸价与离岸价关系如图 2.2.1 所示。

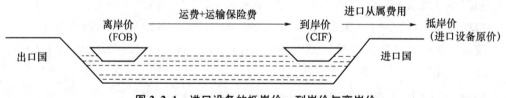

图 2.2.1 进口设备的抵岸价、到岸价与离岸价

（2）进口设备到岸价的构成及计算。

进口设备到岸价（CIF）＝离岸价（FOB）＋国际运费＋运输保险费

＝运费在内价（CFR）＋运输保险费

① 货价。一般指装运港船上交货价（FOB）。设备货价分为原币货价和人民币货价，原币货价一律折算为美元表示，人民币货价按原币货价乘以外汇市场美元兑换人民币汇率中间价确定。进口设备货价按有关生产厂商询价、报价、订货合同价计算。

② 国际运费。即从装运港（站）到达我国目的港（站）的运费。我国进口设备大部分采用海洋运输，小部分采用铁路运输，个别采用航空运输。

进口设备国际运费计算公式为：

国际运费（海、陆、空）＝原币货价（FOB）×运费率

国际运费（海、陆、空）＝单位运价×运量

其中，运费率或单位运价参照有关部门或进出口公司的规定执行。

③ 运输保险费。对外贸易货物运输保险是由保险人（保险公司）与被保险人（出口人或进口人）订立保险契约，在被保险人交付议定的保险费后，保险人根据保险契约的规定对货物在运输过程中发生的承保责任范围内的损失给予经济上的补偿。这是一种财产保险，计算公式为：

$$运输保险费 = \frac{原币货价+国际运费}{1-保险费率} \times 保险费率$$

其中，保险费率按保险公司规定的进口货物保险费率计算。

（3）进口从属费的构成及计算。

进口从属费 = 银行财务费 + 外贸手续费 + 关税 + 消费税 + 进口环节增值税 + 车辆购置税

其中，进口从属费用的详细组成及计算公式见表 2.2.2。

表 2.2.2　进口从属费用的组成及计算表

费用名称	基本情况	计算公式
①银行财务费	一般是指在国际贸易结算中，中国银行为进出口商提供金融结算服务所收取的费用	离岸价（FOB）×银行财务费率×人民币外汇汇率
②外贸手续费	按对外经济贸易部门规定的外贸手续费率计取的费用，外贸手续费率一般取 1.5%	到岸价（CIF）×外贸手续费率×人民币外汇汇率
③关税	由海关对进出国境或关境的货物和物品征收的一种税。 进口关税税率分为优惠和普通两种。优惠税率适用于与我国签订关税互惠条款的贸易条约或协定的国家的进口设备；普通税率适用于与我国未签订关税互惠条款的贸易条约或协定的国家的进口设备。 进口关税税率按我国海关总署发布的进口关税税率计算	到岸价（CIF）×进口关税税率×人民币外汇汇率
④消费税	仅对部分进口设备（如轿车、摩托车等）征收	$消费税 = \frac{到岸价 \times 人民币外汇汇率 + 关税}{1-消费税税率} \times 消费税税率$
⑤进口环节增值税	对从事进口贸易的单位和个人，在进口商品报关进口后征收的税种	（关税完税价格+关税+消费税）×增值税税率
⑥车辆购置税	进口车辆需缴纳进口车辆购置税	（关税完税价格+关税+消费税）×车辆购置税率

注意：到岸价格作为关税的计征基数时，通常又可称为关税完税价格。

【案例 2.2.2】 从某国进口应纳消费税的设备，质量 1000t，装运港船上交货价为 400 万美元，工程建设项目位于国内某省会城市。如果国际运费标准为 300 美元/t，海上运输保险费率为 3‰，银行财务费率为 5‰，外贸手续费率为 1.5%，关税税率为 20%，增值税税率为 16%，消费税税率 10%，银行外汇牌价为 1 美元＝6.9 元人民币，对该设备的原价进行估算。

解： 进口设备 FOB＝400×6.9＝2760（万元）

国际运费＝300×1000×6.9＝207（万元）

海运保险费＝$\frac{2760+207}{1-0.3\%}×0.3\%=8.93$（万元）

到岸价（CIF）＝2760＋207＋8.93＝2975.93（万元）

银行财务费＝2760×5‰＝13.8（万元）

外贸手续费＝2975.93×1.5%＝44.64（万元）

关税＝2975.93×20%＝595.19（万元）

消费税＝$\frac{2975.93+595.19}{1-10\%}×10\%=396.79$（万元）

增值税＝（2975.93＋595.19＋396.79）×16%＝634.87（万元）

汇总：进口从属费＝13.8＋44.64＋595.19＋396.79＋634.87＝1685.29（万元）

进口设备原价＝2975.93＋1685.29＝4661.22（万元）

3. 设备运杂费的构成及计算

(1) 设备运杂费的构成。设备运杂费是指国内采购设备自来源地、国外采购设备自到岸港运至工地仓库或指定堆放地点发生的采购、运输、运输保险、保管、装卸等费用，具体内容见表 2.2.3。

表 2.2.3　设备运杂费构成表

费用名称	基本情况
①运费和装卸费	国产设备由设备制造厂交货地点起至工地仓库（或施工组织设计指定的需要安装设备的堆放地点）止所发生的运费和装卸费；进口设备由我国到岸港口或边境车站起至工地仓库（或施工组织设计指定的需安装设备的堆放地点）止所发生的运费和装卸费
②包装费	在设备原价中没有包含的、为运输而进行的包装支出的各种费用
③设备供销部门的手续费	按有关部门规定的统一费率计算
④采购与仓库保管费	指采购、验收、保管和收发设备所发生的各种费用，包括设备采购人员、保管人员和管理人员的工资、工资附加费、办公费、差旅交通费，设备供应部门办公和仓库所占固定资产使用费、工具用具使用费、劳动保护费、检验试验费等。这些费用可按主管部门规定的采购与保管费费率计算

(2) 设备运杂费的计算。设备运杂费按设备原价乘以设备运杂费率计算。其公式为：

设备运杂费＝设备原价×设备运杂费率

其中，设备运杂费率按各部门及省、自治区、直辖市有关规定计取。

2.2.2 工具、器具及生产家具购置费的构成和计算

工具、器具及生产家具购置费，是指新建或扩建项目初步设计规定的，保证初期正常生产必须购置的没有达到固定资产标准的设备、仪器、工卡模具、器具、生产家具和备品备件等的购置费用。一般以设备购置费为计算基数，按照部门或行业规定的工具、器具及生产家具费率计算。计算公式为：

工具、器具及生产家具购置费＝设备购置费×定额费率

2.3 建筑安装工程费用的构成和计算

建筑安装工程费用是指为完成工程项目建造、生产性设备及配套工程安装所需的费用，包括建筑工程费用和安装工程费用。

建筑工程费用内容包括：

（1）各类房屋建筑工程和列入房屋建筑工程预算的供水、供暖、卫生、通风、煤气等设备费用及其装设、油饰工程的费用，列入建筑工程预算的各种管道、电力、电信和电缆导线敷设工程的费用。

（2）设备基础、支柱、工作台、烟囱、水塔、水池、灰塔等建筑工程以及各种炉窑的砌筑工程和金属结构工程的费用。

（3）为施工而进行的场地平整，工程和水文地质勘察，原有建筑物和障碍物的拆除以及施工临时用水、电、暖、气、路、通信和完工后的场地清理，环境绿化、美化等工作的费用。

（4）矿井开凿、井巷延伸、露天矿剥离，石油、天然气钻井，修建铁路、公路、桥梁、水库、堤坝、灌渠及防洪等工程的费用。

安装工程费用内容包括：

（1）生产、动力、起重、运输、传动和医疗、实验等各种需要安装的机械设备的装配费用，与设备相连的工作台、梯子、栏杆等设施的工程费用，附属于被安装设备的管线敷设工程费用，以及被安装设备的绝缘、防腐、保温、油漆等工作的材料费和安装费。

（2）为测定安装工程质量，对单台设备进行单机试运转、对系统设备进行系统联动无负荷试运转工作的调试费。

根据住房城乡建设部、财政部颁布的《关于印发〈建筑安装工程费用项目组成〉的通知》（建标〔2013〕44号），我国现行建筑安装工程费用项目按两种不同的方式划分，按费用构成要素划分和按造价形成划分，如图2.3.1所示。

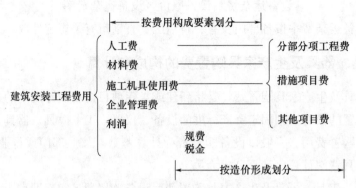

图 2.3.1 建筑安装工程费用项目构成

2.3.1 按费用构成要素划分建筑安装工程费用项目构成和计算

按照费用构成要素划分，建筑安装工程费用包括人工费、材料费（包含工程设备，下同）、施工机具使用费、企业管理费、利润、规费和税金，如图 2.3.2 所示。

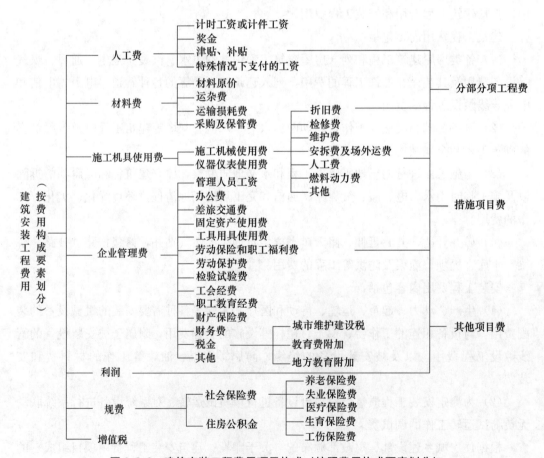

图 2.3.2 建筑安装工程费用项目构成（按照费用构成要素划分）

1. 人工费

建筑安装工程费用中的人工费，是指支付给直接从事建筑安装工程施工作业的生产工人的各项费用。计算人工费的基本要素有两个，即人工工日消耗量和人工日工资单价。人工费的基本计算公式为：

人工费＝∑（人工工日消耗量×人工日工资单价）

（1）人工工日消耗量，是指在正常施工生产条件下，完成规定计量单位的建筑安装产品所消耗的生产工人的工日数量。它由分项工程所综合的各个工序劳动定额包括的基本用工、其他用工两部分组成。

（2）人工日工资单价，是指直接从事建筑安装工程施工的生产工人在每个法定工作日的工资、津贴及奖金等。

2. 材料费

建筑安装工程费用中的材料费，是指工程施工过程中耗费的各种原材料、半成品、构配件、工程设备等的费用，以及周转材料等的摊销、租赁费用。计算材料费的基本要素是材料消耗量和材料单价。

（1）材料消耗量，是指在正常施工生产条件下，完成规定计量单位的建筑安装产品所消耗的各类材料的净用量和不可避免的损耗量。

（2）材料单价，是指建筑材料从其来源地运到施工工地仓库直至出库形成的综合平均单价。由材料原价、运杂费、运输损耗费、采购及保管费组成。当采用一般计税方法时，材料单价中的材料原价、运杂费等均应扣除增值税进项税额。材料费的基本计算公式为：

材料费＝∑（材料消耗量×材料单价）

（3）工程设备，是指构成或计划构成永久工程一部分的机电设备、金属结构设备、仪器装置及其他类似的设备和装置。

3. 施工机具使用费

施工机具使用费是指施工作业所发生的施工机械、仪器仪表使用费或其租赁费。

（1）施工机械使用费，是指施工机械作业发生的使用费或租赁费。构成施工机械使用费的基本要素是施工机械台班消耗量和施工机械台班单价。施工机械使用费的基本计算公式为：

施工机械使用费＝∑（施工机械台班消耗量×施工机械台班单价）

施工机械台班消耗量是指在正常施工生产条件下，完成规定计量单位的建筑安装产品所消耗的施工机械台班的数量；施工机械台班单价是指折合到每台班的施工机械使用费，通常由折旧费、检修费、维护费、安拆费及场外运费、人工费、燃料动力费和其他费用组成。

（2）仪器仪表使用费，是指工程施工所需使用的仪器仪表的摊销及维修费用。与施工机械使用费类似，仪器仪表使用费的基本计算公式为：

$$仪器仪表使用费＝\sum（仪器仪表台班消耗量×仪器仪表台班单价）$$

仪器仪表台班单价通常由折旧费、维护费、校验费和动力费组成。

当采用一般计税方法时，施工机械台班单价和仪器仪表台班单价中的相关子项均需扣除增值税进项税额。

4. 企业管理费

（1）企业管理费的内容。企业管理费是指建筑安装企业组织施工生产和经营管理所需的费用。内容包括：

① 管理人员工资，是指按规定支付给管理人员的计时工资、奖金、津贴补贴、加班加点工资及特殊情况下支付的工资等。

② 办公费，是指企业管理办公用的文具、纸张、账表、印刷、邮电、书报、办公软件、现场监控、会议、水电、烧水和集体取暖降温（包括现场临时宿舍取暖降温）等费用。

③ 差旅交通费，是指职工因公出差、调动工作的差旅费、住勤补助费，市内交通费和误餐补助费，职工探亲路费，劳动力招募费，职工退休、退职一次性路费，工伤人员就医路费，工地转移费以及管理部门使用的交通工具的油料、燃料等费用。

④ 固定资产使用费，是指管理和试验部门及附属生产单位使用的属于固定资产的房屋、设备、仪器等的折旧、大修、维修或租赁费。

⑤ 工具用具使用费，是指企业施工生产和管理使用的不属于固定资产的工具、器具、家具、交通工具和检验、试验、测绘、消防用具等的购置、维修和摊销费。

⑥ 劳动保险和职工福利费，是指由企业支付的职工退职金、按规定支付给离休干部的经费，以及集体福利费、夏季防暑降温、冬季取暖补贴、上下班交通补贴等。

⑦ 劳动保护费，是企业按规定发放的劳动保护用品的支出。如工作服、手套、防暑降温饮料以及在有碍身体健康的环境中施工的保健费用等。

⑧ 检验试验费，是指施工企业按照有关标准规定，对建筑以及材料、构件和建筑安装物进行一般鉴定、检查所发生的费用，包括自设试验室进行试验所耗用的材料等费用。不包括新结构、新材料的试验费，对构件做破坏性试验及其他特殊要求检验试验的费用和建设单位委托检测机构进行检测的费用，对此类检测发生的费用，由建设单位在工程建设其他费用中列支。但对施工企业提供的具有合格证明的材料进行检测不合格的，该检测费用由施工企业支付。

⑨ 工会经费，是指企业按《工会法》规定的全部职工工资总额比例计提的工会经费。

⑩ 职工教育经费，是指按职工工资总额的规定比例计提，企业为职工进行专业技术和职业技能培训、专业技术人员继续教育、职工职业技能鉴定、职业资格认定以及根据需要对职工进行各类文化教育所发生的费用。

⑪ 财产保险费，是指施工管理用财产、车辆等的保险费用。

⑫ 财务费，是指企业为施工生产筹集资金或提供预付款担保、履约担保、职工工

资支付担保等所发生的各种费用。

⑬ 税金，是指企业按规定缴纳的房产税、车船使用税、土地使用税、印花税、城市维护建设税、教育费附加、地方教育费附加等各项税费。

⑭ 其他，包括技术转让费、技术开发费、投标费、业务招待费、绿化费、广告费、公证费、法律顾问费、审计费、咨询费、保险费等。

（2）企业管理费的计算。企业管理费一般采用取费基数乘以费率的方法计算。取费基数有三种，分别是以直接费为计算基础、以人工费和施工机具使用费合计为计算基础及以人工费为计算基础。企业管理费费率计算方法如下：

① 以直接费为计算基础。

$$企业管理费费率（\%）=\frac{生产工人年平均管理费}{年有效施工天数×人工单价}×人工费占直接费的比例$$

② 以人工费和施工机具使用费合计为计算基础。

$$企业管理费费率（\%）=\frac{生产工人年平均管理费}{年有效施工天数×（人工单价+每一台班施工机具使用费）}×100\%$$

③ 以人工费为计算基础。

$$企业管理费费率（\%）=\frac{生产工人年平均管理费}{年有效施工天数×人工单价}×100\%$$

5. 利润

利润是指施工单位从事建筑安装工程施工所获得的盈利，由施工企业根据企业自身需求并结合建筑市场实际自主确定。工程造价管理机构在确定计价定额中利润时，应以定额人工费、材料费和施工机具使用费之和，或以定额人工费、定额人工费与施工机具使用费之和作为计算基数，其费率根据历年积累的工程造价资料，并结合建筑市场实际、项目竞争情况、项目规模与难易程度等确定，以单位（单项）工程测算，利润在税前建筑安装工程费的比重可按不低于5%且不高于7%的费率计算。

6. 规费

1）规费的内容。规费是指按国家法律、法规规定，由省级政府和省级有关权力部门规定施工单位必须缴纳或计取，应计入建筑安装工程造价的费用。其内容主要包括社会保险费、住房公积金。

（1）社会保险费。

① 养老保险费，是指企业按照规定标准为职工缴纳的基本养老保险费。

② 失业保险费，是指企业按照规定标准为职工缴纳的失业保险费。

③ 医疗保险费，是指企业按照规定标准为职工缴纳的基本医疗保险费。

④ 工伤保险费，是指企业按照国务院制定的行业费率为职工缴纳的工伤保险费。

⑤ 生育保险费，是指企业按照国家规定为职工缴纳的生育保险。根据"十三五"规划纲要，生育保险与基本医疗保险合并的实施方案已在12个试点城市行政区域进行

2.3.2 按造价形成划分建筑安装工程费用项目构成和计算

建筑安装工程费用按照工程造价形成由分部分项工程费、措施项目费、其他项目费、规费、税金组成。分部分项工程费、措施项目费、其他项目费包含人工费、材料费、施工机具使用费、企业管理费和利润，如图 2.3.3 所示。

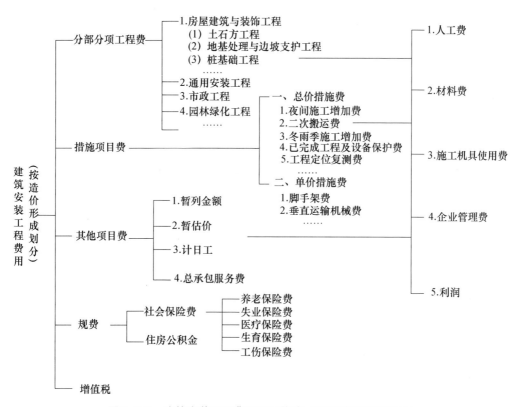

图 2.3.3 建筑安装工程费用项目构成（按照造价形成划分）

1. 分部分项工程费

分部分项工程费是指各专业工程的分部分项工程应予列支的各项费用。分部分项工程指按现行国家计量规范对各专业工程划分的项目。如房屋建筑与装饰工程划分的土石方工程、地基处理与桩基工程、砌筑工程、钢筋及钢筋混凝土工程等。各类专业工程的分部分项工程划分见现行国家或行业计量规范。分部分项工程费通常用分部分项工程量乘以综合单价进行计算。

$$分部分项工程费＝\sum（分部分项工程量×综合单价）$$

综合单价包括人工费、材料费、施工机具使用费、企业管理费和利润，以及一定范围的风险费用。

2. 措施项目费

1）措施项目费的构成。措施项目费是指为完成建设工程施工，发生于该工程施工前和施工过程中的技术、生活、安全、环境保护等方面的费用。其内容包括：

（1）安全文明施工费。安全文明施工费是指工程项目施工期间，施工单位为保证安全施工、文明施工和保护现场内外环境等所发生的措施项目费用。通常由环境保护费、文明施工费、安全施工费、临时设施费组成。

① 环境保护费，是指施工现场为达到环保部门要求所需要的各项费用。

② 文明施工费，是指施工现场文明施工所需要的各项费用。

③ 安全施工费，是指施工现场安全施工所需要的各项费用。

④ 临时设施费，是指施工企业为进行建设工程施工所必须搭设的生活和生产用的临时建筑物、构筑物和其他临时设施费用。包括临时设施的搭设、维修、拆除、清理费或摊销费等。

（2）夜间施工增加费。夜间施工增加费是指因夜间施工所发生的夜班补助费、夜间施工降效、夜间施工照明设备摊销及照明用电等费用。

（3）非夜间施工照明费。非夜间施工照明费是指为保证工程施工正常进行，在地下室等特殊施工部位施工时所采用的照明设备的安拆、维护及照明用电等费用。

（4）二次搬运费。二次搬运费是指因施工场地条件限制而发生的材料、构配件、半成品等一次运输不能到达堆放地点，必须进行二次或多次搬运所发生的费用。

（5）冬雨季施工增加费。冬雨季施工增加费是指因冬雨季天气原因导致施工效率降低加大投入而增加的费用，以及为确保冬雨季施工质量和安全而采取的保温、防雨等措施所需的费用。

（6）地上、地下设施、建筑物的临时保护设施费。地上、地下设施、建筑物的临时保护设施费是指在工程施工过程中，对已建成的地上、地下设施和建筑物进行的遮盖、封闭、隔离等必要保护措施所发生的费用。

（7）已完工程及设备保护费。竣工验收前，对已完工程及设备采取的覆盖、包裹、封闭、隔离等必要保护措施所发生的费用。

（8）脚手架费。脚手架费是指施工需要的各种脚手架搭、拆、运输费用以及脚手架购置费的摊销（或租赁）费用。通常包括以下内容：

① 施工时可能发生的场内、场外材料搬运费用；

② 搭、拆脚手架、斜道、上料平台费用；

③ 安全网的铺设费用；

④ 拆除脚手架后材料的堆放费用。

（9）混凝土模板及支架（撑）费。混凝土施工过程中需要的各种钢模板、木模板、支架等的支拆、运输费用及模板、支架的摊销（或租赁）费用。其内容由以下各项组成：

① 混凝土施工过程中需要的各种模板制作费用；

② 模板安装、拆除、整理堆放及场内外运输费用；

③ 清理模板黏结物及模内杂物、刷隔离剂等费用。

（10）垂直运输费。垂直运输费是指现场所用材料、机具从地面运至相应高度以及职工人员上下工作面等所发生的运输费用。其内容由以下各项组成：

① 垂直运输机械的固定装置、基础制作、安装费；

② 行走式垂直运输机械轨道的铺设、拆除、摊销费。

（11）超高施工增加费。当单层建筑物檐口高度超过 20m，多层建筑物超过 6 层时，可计算超高施工增加费。其内容由以下各项组成：

① 建筑物超高引起的人工工效降低以及由于人工工效降低引起的机械降效费；

② 高层施工用水加压水泵的安装、拆除及工作台班费；

③ 通信联络设备的使用及摊销费。

（12）大型机械设备进出场及安拆费。机械整体或分体自停放场地运至施工现场或由一个施工地点运至另一个施工地点，所发生的机械进出场运输和转移费用及机械在施工现场进行安装、拆卸所需的人工费、材料费、机具费、试运转费和安装所需的辅助设施的费用。其内容由安拆费和进出场费组成。

① 安拆费包括：施工机械、设备在现场进行安装拆卸所需人工、材料、机具和试运转费用以及机械辅助设施的折旧、搭设、拆除等费用；

② 进出场费包括：施工机械、设备整体或分体自停放地点运至施工现场或由一施工地点运至另一施工地点所发生的运输、装卸、辅助材料等费用。

（13）施工排水、降水费。施工排水、降水费是指将施工期间有碍施工作业和影响工程质量的水排到施工场地以外，以及防止在地下水位较高的地区开挖深基坑出现基坑浸水，地基承载力下降，在动水压力作用下还可能引起流砂、管涌和边坡失稳等现象而必须采取有效的降水和排水措施费用。该项费用由成井和排水、降水两个独立的费用项目组成。

① 成井。成井的费用主要包括：准备钻孔机械、埋设护筒、钻机就位，泥浆制作、固壁，成孔、出渣、清孔等费用；对接上下井管（滤管）、焊接、安防、下滤料、洗井、连接试抽等费用。

② 排水、降水。排水、降水的费用主要包括：管道安装、拆除，场内搬运等费用；抽水、值班、降水设备维修等费用。

（14）其他。根据项目的专业特点或所在地区不同，可能会出现其他的措施项目。如工程定位复测费和特殊地区施工增加费等。

2）措施项目费的计算。按照各专业工程量计算规范规定，措施项目分为应予计量的措施项目和不宜计量的措施项目两类。

（1）应予计量的措施项目。与分部分项工程费的计算方法基本相同，公式为：

$$措施项目费＝\sum（措施项目工程量×综合单价）$$

不同的措施项目其工程量的计算单位是不同的，分列如下：

① 脚手架费通常按建筑面积或垂直投影面积按"m²"计算。

② 混凝土模板及支架（撑）费通常是按照模板与现浇混凝土构件的接触面积以"m²"计算。

③ 垂直运输费可根据不同情况用两种方法进行计算：按照建筑面积以"m²"为单位计算；按照施工工期日历天数以"天"为单位计算。

④ 超高施工增加费通常按照建筑物超高部分的建筑面积以"m²"为单位计算。

⑤ 大型机械设备进出场及安拆费通常按照机械设备的使用数量以"台次"为单位计算。

⑥ 施工排水、降水费分两个不同的独立部分计算：成井费用通常按照设计图示尺寸以钻孔深度按"m"计算；排水、降水费用通常按照排水、降水日历天数按"昼夜"计算。

(2) 不宜计量的措施项目。对于不宜计量的措施项目，通常用计算基数乘以费率的方法予以计算。

① 安全文明施工费。计算公式为：

安全文明施工费＝计算基数×安全文明施工费费率（％）

计算基数应为定额基价（定额分部分项工程费＋定额中可以计量的措施项目费）、定额人工费或定额人工费与施工机具使用费之和，其费率由工程造价管理机构根据各专业工程的特点综合确定。

② 其余不宜计量的措施项目。包括夜间施工增加费，非夜间施工照明费，二次搬运费，冬雨季施工增加费，地上、地下设施、建筑物的临时保护设施费，已完工程及设备保护费等。其计算公式为：

措施项目费＝计算基数×措施项目费费率（％）

计算基数应为定额人工费或定额人工费与定额施工机具使用费之和。其费率由工程造价管理机构根据各专业工程特点和调查资料综合分析后确定。

3. 其他项目费

(1) 暂列金额。暂列金额是指建设单位在工程量清单中暂定并包括在工程合同价款中的一笔款项。用于施工合同签订时尚未确定或者不可预见的所需材料、工程设备、服务的采购，施工中可能发生的工程变更、合同约定调整因素出现时的工程价款调整以及发生的索赔、现场签证确认等费用。

暂列金额由建设单位根据工程特点，按有关计价规定估算，施工过程中由建设单位掌握使用，扣除合同价款调整后如有余额，归建设单位。

(2) 暂估价。暂估价是指招标人在工程量清单中提供的用于支付必然发生但暂时不能确定价格的材料、工程设备的单价以及专业工程的金额。

暂估价中的材料、工程设备暂估单价根据工程造价信息或参照市场价格估算，计入综合单价；专业工程暂估价分不同专业，按有关计价规定估算。暂估价在施工中按照合同约定再加以调整。

(3) 计日工。计日工是指在施工过程中，施工单位完成建设单位提出的工程合同范围以外的零星项目或工作，按照合同中约定的单价计价形成的费用。

计日工由建设单位和施工单位按施工过程中形成的有效签证来计价。

（4）总承包服务费。总承包服务费是指总承包人为配合、协调建设单位进行的专业工程发包，对建设单位自行采购的材料、工程设备等进行保管以及施工现场管理、竣工资料汇总整理等服务所需的费用。

总承包服务费由建设单位在招标控制价中根据总包范围和有关计价规定编制，施工单位投标时自主报价，施工过程中按签约合同价执行。

4. 规费

规费的构成与计算与按费用构成要素划分建筑安装工程费用项目组成是相同的。

5. 税金

税金的构成与计算与按费用构成要素划分建筑安装工程费用项目组成是相同的。

2.4　工程建设其他费用的构成和计算

工程建设其他费用是指建设期发生的与土地使用权取得、全部工程项目建设以及未来生产经营有关的，除工程费用、预备费、增值税、建设期融资费用、流动资金以外的费用。

政府有关部门对建设项目管理监督所发生的，并由其部门财政支出的费用，不得列入相应建设项目的工程造价。

2.4.1　建设单位管理费

1. 建设单位管理费的内容

建设单位管理费是指项目建设单位从项目筹建之日起至办理竣工财务决算之日止发生的管理性质的支出。包括工作人员薪酬及相关费用、办公费、办公场地租用费、差旅交通费、劳动保护费、工具用具使用费、固定资产使用费、招募生产工人费、技术图书资料费（含软件）、业务招待费、竣工验收费和其他管理性质开支。

2. 建设单位管理费的计算

建设单位管理费按照工程费用之和（包括设备及工器具购置费和建筑安装工程费用）乘以建设单位管理费费率计算。

$$建设单位管理费＝工程费用×建设单位管理费率$$

实行代建制管理的项目，计列代建管理费等同建设单位管理费，不得同时计列建设单位管理费。委托第三方行使部分管理职能的，其技术服务费列入技术服务费项目。

2.4.2　用地与工程准备费

用地与工程准备费是指取得土地与工程建设施工准备所发生的费用。包括土地使用费和补偿费、场地准备费、临时设施费等。

1. 土地使用费和补偿费

建设用地的取得，实质是依法获取国有土地的使用权。根据《中华人民共和国土地管理法》《中华人民共和国土地管理法实施条例》《中华人民共和国城市房地产管理法》的规定，获取国有土地使用权的基本方法有两种：一是出让方式；二是划拨方式。建设土地取得的基本方式还包括租赁和转让方式。

建设用地如通过行政划拨方式取得，则须承担征地补偿费用或对原用地单位或个人的拆迁补偿费用；若通过市场机制取得，则不但承担以上费用，还须向土地所有者支付有偿使用费，即土地出让金。

（1）征地补偿费。

① 土地补偿费。土地补偿费是对农村集体经济组织因土地被征用而造成的经济损失的一种补偿。征用耕地的补偿费，为该耕地被征用前三年平均年产值的6~10倍。征用其他土地的补偿费标准，由省、自治区、直辖市参照征用耕地的土地补偿费标准制定。土地补偿费归农村集体经济组织所有。

② 青苗补偿费和地上附着物补偿费。青苗补偿费是因征地时对其正在生长的农作物受到损害而做出的一种赔偿。在农村实行承包责任制后，农民自行承包土地的青苗补偿费应付给本人，属于集体种植的青苗补偿费可纳入当年集体收益。凡在协商征地方案后抢种的农作物、树木等，一律不予补偿。地上附着物是指房屋、水井、树木、涵洞、桥梁、公路、水利设施、林木等地面建筑物、构筑物、附着物等。视协商征地方案前地上附着物价值与折旧情况确定，应根据"拆什么、补什么；拆多少，补多少，不低于原来水平"的原则确定。如附着物产权属个人，则该项补助费付给个人。地上附着物的补偿标准，由省、自治区、直辖市规定。

③ 安置补助费。安置补助费应支付给被征地单位和安置劳动力的单位，作为劳动力安置与培训的支出，以及作为不能就业人员的生活补助。征收耕地的安置补助费，按照需要安置的农业人口数计算。需要安置的农业人口数，按照被征收的耕地数量除以征地前被征收单位平均每人占有耕地的数量计算。每一个需要安置的农业人口的安置补助费标准，为该耕地被征收前三年平均年产值的4~6倍。但是，每公顷被征收耕地的安置补助费，最高不得超过被征收前三年平均年产值的15倍。土地补偿费和安置补助费，尚不能使需要安置的农民保持原有生活水平的，经省、自治区、直辖市人民政府批准，可以增加安置补助费。但是，土地补偿费和安置补助费的总和不得超过土地被征收前三年平均年产值的30倍。另外，对于失去土地的农民，还需要支付养老保险补偿。

④ 新菜地开发建设基金。新菜地开发建设基金指征用城市郊区商品菜地时支付的费用。这项费用交给地方财政，作为开发建设新菜地的投资。菜地是指城市郊区为供应城市居民蔬菜，连续三年以上常年种菜地或者养殖鱼、虾等的商品菜地和精养鱼塘。一年只种一茬或因调整茬口安排种植蔬菜的，均不作为需要收取开发基金的菜地，征用尚未开发的规划菜地，不缴纳新菜地开发建设基金。在蔬菜产销放开后，能够满足供应，

不再需要开发新菜地的城市，不收取新菜地开发建设基金。

⑤ 耕地开垦费和森林植被恢复费。征用耕地的包括耕地开垦费用，涉及森林草原的包括森林植被恢复费用等。

⑥ 生态补偿费与压覆矿产资源补偿费。水土保持等生态补偿费是指建设项目对水土保持等生态造成影响所发生的除工程费之外的补救或者补偿费用；压覆矿产资源补偿费是指项目工程对被其压覆的矿产资源利用造成影响所发生的补偿费用。

⑦ 其他补偿费。其他补偿费是指建设项目涉及的对房屋、市政、铁路、公路、管道、通信、电力、河道、水利、厂区、林区、保护区、矿区等不附属于建设用地但与建设项目相关的建筑物、构筑物或设施的拆除、迁建补偿、搬迁运输补偿等费用。

⑧ 土地管理费。土地管理费主要作为征地工作中所发生的办公、会议、培训、宣传、差旅、借用人员工资等必要的费用。土地管理费的收取标准，一般是在土地补偿费、青苗补偿费和地上附着物补偿费、安置补助费四项费用之和的基础上提取 2%～4%。如果是征地包干，还应在四项费用之和后再加上粮食价差、副食补贴、不可预见费等费用，在此基础上提取 2%～4%作为土地管理费。

（2）拆迁补偿费用。在城市规划区内国有土地上实施房屋拆迁，拆迁人应当对被拆迁人给予补偿、安置。

① 拆迁补偿金。补偿方式可以实行货币补偿，也可以实行房屋产权调换。货币补偿的金额，根据被拆迁房屋的区位、用途、建筑面积等因素，以房地产市场评估价格确定。其具体办法由省、自治区、直辖市人民政府制定。

实行房屋产权调换的，拆迁人与被拆迁人按照计算得到的被拆迁房屋的补偿金额和所调换房屋的价格，结清产权调换的差价。

② 迁移补偿费。包括征用土地上的房屋及附属构筑物、城市公共设施等拆除、迁建补偿费与搬迁运输费，企业单位因搬迁造成的减产、停工损失补贴费，拆迁管理费等。

拆迁人应当对被拆迁人或者房屋承租人支付搬迁补助费，对于在规定的搬迁期限届满前搬迁的，拆迁人可以付给提前搬家奖励费；在过渡期限内，被拆迁人或者房屋承租人自行安排住处的，拆迁人应当支付临时安置补助费；被拆迁人或者房屋承租人使用拆迁人提供的周转房的，拆迁人不支付临时安置补助费。

迁移补偿费的标准，由省、自治区、直辖市人民政府规定。

（3）出让金、土地转让金。土地使用权出让金为用地单位向国家支付的土地所有权收益，出让金标准一般参考城市基准地价并结合其他因素制定。基准地价由市土地管理局会同市物价局、市国有资产管理局、市房地产管理局等部门综合平衡后报市级人民政府审定通过。它以城市土地综合定级为基础，用某一地价或地价幅度表示某一类别用地在某一土地级别范围的地价，以此作为土地使用权出让价格的基础。

在有偿出让和转让土地时，政府对地价不做统一规定，但应坚持以下原则：地价对目前的投资环境不产生大的影响；地价与当地的社会经济承受能力相适应；地价要考虑已投入的土地开发费用、土地市场供求关系、土地用途、所在区类、容积率和使用年限等。有偿出让和转让使用权，要向土地受让者征收契税；转让土地如有增值，要向转让者征收土地增值税；土地使用者每年应按规定的标准缴纳土地使用费。土地使用权出让或转让，应先由地价评估机构进行价格评估后，再签订土地使用权出让和转让合同。

土地使用权出让合同约定的使用年限届满，土地使用者需要继续使用土地的，应当至迟于届满前一年申请续期，除根据社会公共利益需要收回该幅土地的，应当予以批准。经批准准予续期的，应当重新签订土地使用权出让合同，依照规定支付土地使用权出让金。

2. 场地准备及临时设施费

（1）场地准备及临时设施费的内容。

① 建设项目场地准备费是指为使工程项目的建设场地达到开工条件，由建设单位组织进行的场地平整等准备工作而发生的费用。

② 建设单位临时设施费是指建设单位为满足施工建设需要而提供的未列入工程费用的临时水、电、路、信、气、热等工程和临时仓库等建（构）筑物的建设、维修、拆除、摊销费用或租赁费用，以及货场、码头租赁等费用。

（2）场地准备及临时设施费的计算。

① 场地准备及临时设施应尽量与永久性工程统一考虑。建设场地的大型土石方工程应进入工程费用中的总图运输费用中。

② 新建项目的场地准备和临时设施费应根据实际工程量估算，或按工程费用的比例计算。改扩建项目一般只计拆除清理费。

$$场地准备及临时设施费＝工程费用×费率＋拆除清理费$$

③ 发生拆除清理费时可按新建同类工程造价或主材费、设备费的比例计算。凡可回收材料的拆除工程采用以料抵工方式冲抵拆除清理费。

④ 此项费用不包括已列入建筑安装工程费用中的施工单位临时设施费用。

2.4.3 市政公用配套设施费

市政公用配套设施费是指使用市政公用设施的工程项目，按照项目所在地政府有关规定建设或缴纳的市政公用设施建设配套费用。

市政公用配套设施可以是界区外配套的水、电、路、信等，包括绿化、人防等配套设施。

2.4.4 技术服务费

技术服务费是指在项目建设全部过程中委托第三方提供项目策划、技术咨询、勘察设计、项目管理和跟踪验收评估等技术服务发生的费用。技术服务费包括可行性研究费、专项评价费、勘察设计费、监理费、研究试验费、特殊设备安全监督检验费、监造费、招标费、设计评审费、技术经济标准使用费、工程造价咨询费及其他咨询费。按照国家发展改革委关于《进一步放开建设项目专业服务价格的通知》（发改价格〔2015〕299号）的规定，技术服务费应实行市场调节价。

1. 可行性研究费

可行性研究费是指在工程项目投资决策阶段，对有关建设方案、技术方案或生产经营方案进行的技术经济论证，以及编制、评审可行性研究报告等所需的费用。包括项目建议书、预可行性研究、可行性研究费等。

2. 专项评价费

专项评价费是指建设单位按照国家规定委托相关单位开展专项评价及有关验收工作发生的费用。

专项评价费包括环境影响评价费、安全预评价费、职业病危害预评价费、地震安全性评价费、地质灾害危险性评价费、水土保持评价费、压覆矿产资源评价费、节能评估费、危险与可操作性分析费及安全完整性评价费以及其他专项评价费及验收费。

（1）环境影响评价费。环境影响评价费是指在工程项目投资决策过程中，对其进行环境污染或影响评价所需的费用。包括编制环境影响报告书（含大纲）、环境影响报告表和评估等所需的费用，以及建设项目竣工验收阶段环境保护验收调查和环境监测、编制环境保护验收报告的费用。

（2）安全预评价费。安全预评价费是指为预测和分析建设项目存在的危害因素种类和危险危害程度，提出先进、科学、合理可行的安全技术和管理对策，而编制评价大纲、编写安全评价报告书和评估等所需的费用。

（3）职业病危害预评价费。职业病危害预评价费是指建设项目因可能产生职业病危害，而编制职业病危害预评价书、职业病危害控制效果评价书和评估所需的费用。

（4）地震安全性评价费。地震安全性评价费是指通过对建设场地和场地周围的地震活动与地震、地质环境的分析，而进行的地震活动环境评价、地震地质构造评价、地震地质灾害评价，编制地震安全评价报告书和评估所需的费用。

（5）地质灾害危险性评价费。地质灾害危险性评价费是指在灾害易发区对建设项目可能诱发的地质灾害和建设项目本身可能遭受的地质灾害危险程度的预测评价，编制评价报告书和评估所需的费用。

（6）水土保持评价费。水土保持评价费是指对建设项目在生产建设过程中可能造成水土流失进行预测，编制水土保持方案和评估所需的费用。

（7）压覆矿产资源评价费。压覆矿产资源评价费是指对需要压覆重要矿产资源的建设项目，编制压覆重要矿床评价和评估所需的费用。

（8）节能评估费。节能评估费是指对建设项目的能源利用是否科学合理进行分析评估，并编制节能评估报告以及评估所发生的费用。

（9）危险与可操作性分析及安全完整性评价费。危险与可操作性分析及安全完整性评价费是指对应用于生产具有流程性工艺特征的新建、改建、扩建项目进行工艺危害分析和对安全仪表系统的设置水平及可靠性进行定量评估所发生的费用。

（10）其他专项评价及验收费。根据国家法律法规，建设项目所在省、自治区、直辖市人民政府有关规定，以及行业规定需进行的其他专项评价、评估、咨询所需的费用。如重大投资项目社会稳定风险评估、防洪评价、交通影响评价费等。

3. 勘察设计费

（1）勘察费。勘察费是指勘察人根据发包人的委托，收集已有资料、现场踏勘、制定勘察纲要、进行勘察作业，以及编制工程勘察文件和岩土工程设计文件等收取的费用。

（2）设计费。设计费是指设计人根据发包人的委托，提供编制建设项目初步设计文件、施工图设计文件、非标准设备设计文件、竣工图文件等服务所收取的费用。

4. 监理费

监理费是指受建设单位委托，工程监理单位为工程建设提供监理服务所发生的费用。

5. 研究试验费

研究试验费是指为建设项目提供或验证设计参数、数据、资料等进行必要的研究试验，以及设计规定在建设过程中必须进行试验、验证所需的费用。包括自行或委托其他部门的专题研究、试验所需人工费、材料费、试验设备及仪器使用费等。这项费用按照设计单位根据本工程项目的需要提出的研究试验内容和要求计算。在计算时要注意不应包括以下项目：

（1）应由科技三项费用（新产品试制费、中间试验费和重要科学研究补助费）开支的项目。

（2）应在建筑安装费用中列支的施工企业对建筑材料、构件和建筑物进行一般鉴定、检查所发生的费用及技术革新的研究试验费。

（3）应由勘察设计费或工程费用中开支的项目。

6. 特殊设备安全监督检验费

特殊设备安全监督检验费是指对在施工现场安装的列入国家特种设备范围内的设备（设施）检验检测和监督检查所发生的应列入项目开支的费用。

7. 监造费

监造费是指对项目所需设备材料制造过程、质量进行驻厂监督所发生的费用。

设备材料监造是指承担设备监造工作的单位受项目法人或建设单位的委托，按照设备、材料供货合同的要求，坚持客观公正、诚信科学的原则，对工程项目所需设备、材料在制造和生产过程中的工艺流程、制造质量等进行监督，并对委托人（项目法人或建设单位）负责的服务。

8. 招标费

招标费是指建设单位委托招标代理机构进行招标服务所发生的费用。

9. 设计评审费

设计评审费是指建设单位委托有资质的机构对设计文件进行评审的费用。设计文件包括初步设计文件和施工图设计文件等。

10. 技术经济标准使用费

技术经济标准使用费是指建设项目投资确定与计价、费用控制过程中使用相关技术经济标准所发生的费用。

11. 工程造价咨询费

工程造价咨询费是指建设单位委托造价咨询机构进行各阶段相关造价业务工作所发生的费用。

2.4.5 建设期计列的生产经营费

建设期计列的生产经营费是指为达到生产经营条件在建设期发生或将要发生的费用。包括专利及专有技术使用费、联合试运转费、生产准备费等。

1. 专利及专有技术使用费

专利及专有技术使用费是指在建设期内为取得专利、专有技术、商标权、商誉、特许经营权等发生的费用。

（1）专利及专有技术使用费的主要内容。

① 工艺包费，设计及技术资料费，有效专利、专有技术使用费，技术保密费和技术服务费等。

② 商标权、商誉和特许经营权费。

③ 软件费等。

（2）专利及专有技术使用费的计算。在计算专利及专有技术使用费时应注意以下问题：

① 按专利使用许可协议和专有技术使用合同的规定计列。

② 专有技术的界定应以省部级鉴定批准为依据。

③ 项目投资中只计需在建设期支付的专利及专有技术使用费。协议或合同规定在生产期支付的使用费应在生产成本中核算。

④ 一次性支付的商标权、商誉及特许经营权费按协议或合同规定计列。协议或合同规定在生产期支付的商标权或特许经营权费应在生产成本中核算。

⑤ 为项目配套的专用设施投资，包括专用铁路线、专用公路、专用通信设施、送变电站、地下管道、专用码头等，如由项目建设单位负责投资但产权不归属本单位的，应作无形资产处理。

2. 联合试运转费

联合试运转费是指新建或新增加生产能力的工程项目，在交付生产前按照设计文件规定的工程质量标准和技术要求，对整个生产线或装置进行负荷联合试运转所发生的费用净支出（试运转支出大于收入的差额部分费用）。

试运转支出包括试运转所需原材料、燃料及动力消耗、低值易耗品、其他物料消耗、工具用具使用费、机械使用费、联合试运转人员工资、施工单位参加试运转人员工资、专家指导费，以及必要的工业炉烘炉费等；试运转收入包括试运转期间的产品销售收入和其他收入。联合试运转费不包括应由设备安装工程费用开支的调试及试车费用，以及在试运转中暴露出来的因施工原因或设备缺陷等发生的处理费用。

3. 生产准备费

（1）生产准备费的内容。在建设期内，建设单位为保证项目正常生产所做的提前准备工作发生的费用，包括人员培训、提前进厂费，以及投产使用必备的办公、生活家具用具及工器具等的购置费用。包括：

① 人员培训及提前进厂费。包括自行组织培训或委托其他单位培训的人员工资、工资性补贴及职工福利费、差旅交通费、劳动保护费、学习资料费等。

② 为保证初期正常生产（或营业、使用）所必需的生产办公、生活家具用具购置费。

（2）生产准备费的计算。

① 新建项目按设计定员为基数计算，改扩建项目按新增设计定员为基数计算：

$$生产准备费＝设计定员×生产准备费指标（元/人）$$

② 可采用综合的生产准备费指标进行计算，也可以按费用内容的分类指标计算。

2.4.6　工程保险费

工程保险费是指为转移工程项目建设的意外风险，在建设期内对建筑工程、安装工程、机械设备和人身安全进行投保而发生的费用。其包括建筑安装工程一切险、引进设备财产保险和人身意外伤害险等。不同的建设项目可根据工程特点选择投保险种。

根据不同的工程类别，分别以其建筑、安装工程费乘以建筑、安装工程保险费率计算。民用建筑（住宅楼、综合性大楼、商场、旅馆、医院、学校）占建筑工程费的2‰～4‰；其他建筑（工业厂房、仓库、道路、码头、水坝、隧道、桥梁、管道等）占建筑工程费的3‰～6‰；安装工程（农业、工业、机械、电子、电器、纺织、矿山、石油、化学及钢铁工业、钢结构桥梁）占建筑工程费的3‰～6‰。

2.4.7　税费

按财政部《基本建设项目建设成本管理规定》（财建〔2016〕504号）工程其他费中的有关规定，税费统一归纳计列，是指耕地占用税、城镇土地使用税、印花税、车船使用税等和行政性收费，不包括增值税。

2.5 预备费和建设期利息的计算

2.5.1 预备费

预备费是指在建设期内因各种不可预见因素的变化而预留的可能增加的费用，包括基本预备费和价差预备费。

1. 基本预备费

（1）基本预备费的内容。基本预备费是指投资估算或工程概算阶段预留的，由于工程实施中不可预见的工程变更及洽商、一般自然灾害处理、地下障碍物处理、超规超限设备运输等而可能增加的费用，亦可称为工程建设不可预见费。基本预备费一般由以下四部分构成：

① 工程变更及洽商。包括：在批准的初步设计范围内，技术设计、施工图设计及施工过程中增加的工程费用；设计变更、工程变更、材料代用、局部地基处理等增加的费用。

② 一般自然灾害处理。即一般自然灾害造成的损失和预防自然灾害所采取的措施费用。实行工程保险的工程项目，该费用应适当降低。

③ 不可预见的地下障碍物处理的费用。

④ 超规超限设备运输增加的费用。

（2）基本预备费的计算。基本预备费按工程费用和工程建设其他费用二者之和为计取基础，乘以基本预备费费率进行计算。

基本预备费＝（工程费用＋工程建设其他费用）×基本预备费费率

基本预备费费率的取值应执行国家及有关部门的规定。

2. 价差预备费

（1）价差预备费的内容。价差预备费是指为应对在建设期内利率、汇率或价格等因素的变化而预留的可能增加的费用，亦称价格变动不可预见费。价差预备费的内容包括：人工、设备、材料、施工机具的价差费，建筑安装工程费及工程建设其他费用调整，利率、汇率调整等增加的费用。

（2）价差预备费的测算方法。价差预备费一般根据国家规定的投资综合价格指数，以估算年份价格水平的投资额为基数，采用复利方法计算。其计算公式为：

$$PF = \sum_{t=1}^{n} I_t \left[(1+f)^m (1+f)^{0.5} (1+f)^{t-1} - 1 \right]$$

式中　PF——价差预备费；

　　　　n——建设期年份数；

　　　　I_t——估算静态投资额中第 t 年的工程费用、工程建设其他费及基本预备费

（估算年份价格水平的投资额）；

f——年涨价率；

m——建设前期年限（从编制估算到开工建设，单位：年）。

【**案例 2.5.1**】某建设项目建安工程费 5000 万元，设备购置费 3000 万元，工程建设其他费用 2000 万元，已知基本预备费率 5%，项目建设前期年限为 1 年，建设期为 3 年，各年投资计划额为：第一年完成投资 20%，第二年 60%，第三年 20%。年均投资价格上涨率为 6%，求建设项目建设期间价差预备费。

解：基本预备费＝（5000＋3000＋2000）×5%＝500（万元）

静态投资＝5000＋3000＋2000＋500＝10500（万元）

建设期第一年完成投资＝10500×20%＝2100（万元）

第一年价差预备费为：

$PF_1=I_1\left[(1+f)(1+f)^{0.5}-1\right]=191.8$（万元）

建设期第二年完成投资＝10500×60%＝6300（万元）

第二年价差预备费为：

$PF_2=I_2\left[(1+f)(1+f)^{0.5}(1+f)-1\right]=987.9$（万元）

建设期第三年完成投资＝10500×20%＝2100（万元）

第三年价差预备费为：

$PF_3=I_3\left[(1+f)(1+f)^{0.5}(1+f)^2-1\right]=475.1$（万元）

所以，建设期的价差预备费为：

$PF=PF_1+PF_2+PF_3=191.8+987.9+475.1=1654.8$（万元）

2.5.2 建设期利息

建设期利息主要是指在建设期内发生的为工程项目筹措资金的融资费用及债务资金利息。

建设期利息的计算，根据建设期资金用款计划，在总贷款分年均衡发放前提下，可按当年借款在年中支用考虑，即当年借款按半年计息，上年借款按全年计息。计算公式为：

$$q_j=\left(P_{j-1}+\frac{1}{2}A_j\right)\cdot i$$

式中 q_j——建设期第 j 年应计利息；

P_{j-1}——建设期第 $j-1$ 年末累计贷款本金与利息之和；

A_j——建设期第 j 年贷款金额；

i——年利率。

国外贷款利息的计算，年利率应综合考虑：

（1）银行按照贷款协议向贷款方加收的手续费、管理费、承诺费；

（2）国内代理机构向贷款方收取的转贷费、担保费、管理费等。

【案例 2.5.2】某新建项目，建设期为 3 年，分年均衡进行贷款，第一年贷款 300 万元，第二年贷款 600 万元，第三年贷款 400 万元，年利率为 12%，建设期内利息只计息不支付，计算建设期利息。

解：在建设期，各年利息计算如下：

$$q_1 = \frac{1}{2} A_1 \cdot i = \frac{1}{2} \times 300 \times 12\% = 18 \text{（万元）}$$

$$q_2 = \left(P_1 + \frac{1}{2} A_2 \right) \cdot i = \left(300 + 18 + \frac{1}{2} \times 600 \right) \times 12\% = 74.16 \text{（万元）}$$

$$q_3 = \left(P_2 + \frac{1}{2} A_3 \right) \cdot i = \left(300 + 18 + 600 + 74.16 + \frac{1}{2} \times 400 \right) \times 12\% = 143.06 \text{（万元）}$$

建设期利息 $= q_1 + q_2 + q_3 = 18 + 74.16 + 143.06 = 235.22$（万元）

本章小结：

我国现行建设工程造价包括建设投资和建设期利息两部分。建设投资包括工程费用、工程建设其他费用和预备费三部分。工程费用包括设备及工器具购置费和建筑安装工程费；工程建设其他费用包括建设期内进行项目建设或运营必须发生的但不包括在工程费用中的费用；预备费包括基本预备费和价差预备费。

思考与练习

一、单项选择题

1. 根据现行建设项目工程造价构成的相关规定，工程造价是指（　　）。

A. 为完成工程项目建造，生产性设备及配合工程安装设备的费用

B. 建设期内直接用于工程建造、设备购置及其安装的建设投资

C. 为完成工程项目建设，在建设期内投入且形成现金流出的全部费用

D. 在建设期内预计或实际支出的建设费用

2. 根据《建设项目经济评价方法与参数（第三版）》，建设投资由（　　）三项费用构成。

A. 工程费用、建设期利息、预备费

B. 建设费用、建设期利息、流动资金

C. 工程费用、工程建设其他费用、预备费

D. 建筑安装工程费、设备及工器具购置费、工程建设其他费

3. 根据世界银行对工程项目总建设成本的规定，下列费用应计入项目间接建设成本的是（　　）。

A. 临时公共设施及场地的维持费　　　　B. 建筑保险和债券费

C. 开工试车费　　　　　　　　　　　　D. 土地征购费

4. 关于设备及工器具购置费用，下列说法中正确的是（　　）。

A. 它是由设备购置费和工具、器具及生活家具购置费组成的

B. 它是固定资产投资中的消极部分

C. 在工业建筑中，它占工程造价比重的增大意味着生产技术的进步

D. 在民用建筑中，它占工程造价比重的增大意味着资本有机构成的提高

5. 进口设备的原价是指进口设备的（　　）。

A. 到岸价　　　　　　　　　　　　B. 抵岸价

C. 离岸价　　　　　　　　　　　　D. 运费在内价

6. 某批进口设备离岸价为 1000 万元人民币，国际运费为 100 万元人民币，运输保险费费率为 1％。则该批设备的关税完税价格应为（　　）万元人民币。

A. 1100.00　　　　　　　　　　　　B. 1110.00

C. 1111.00　　　　　　　　　　　　D. 1111.11

7. 某进口设备到岸价为 1500 万元，银行财务费、外贸手续费合计 36 万元，关税 300 万元，消费税和增值税税率分别为 10％、17％，则该进口设备原价为（　　）万元。

A. 2386.8　　　　　　　　　　　　B. 2376.0

C. 2362.9　　　　　　　　　　　　D. 2352.6

8. 下列费用项目中，属于工器具及生产家具购置费计算内容的是（　　）。

A. 未达到固定资产标准的设备购置费

B. 达到固定资产标准的设备购置费

C. 引进设备时备品备件的测绘费

D. 引进设备的专利使用费

9. 关于建筑安装工程费用中建筑业增值税的计算，下列说法中正确的是（　　）。

A. 当事人可以自主选择一般计税法或简易计税法计税

B. 一般计税法、简易计税法中的建筑业增值税税率均为 11％

C. 采用简易计税法时，税前造价不包含增值税的进项税额

D. 采用一般计税法时，税前造价不包含增值税的进项税额

10. 根据我国现行建筑安装工程费用项目组成的规定，下列费用中应计入暂列金额的是（　　）。

A. 施工过程中可能发生的工程变更以及索赔、现场签证等费用

B. 应建设单位要求，完成建设项目之外的零星项目费用

C. 对建设单位自行采购的材料进行保管所发生的费用

D. 施工用电、用水的开办费

11. 关于征地补偿费用，下列表述中正确的是（　　）。

A. 地上附着物补偿应根据协调征地方案前地上附着物的实际情况确定

B. 土地补偿和安置补偿费的总和不得超过土地被征用前三年平均年产值的 15 倍

C. 征用未开发的规划菜地按一年只种一茬的标准缴纳新菜地开发建设基金

D. 征收耕地占用税时，对于占用前三年曾用于种植农作物的土地不得视为耕地

12. 某建设项目静态投资 20000 万元，项目建设前期年限为 1 年，建设期为 2 年，计划每年完成投资 50%，年均投资价格上涨率为 5%，该项目建设期价差预备费为（　　）万元。

　　A. 1006.25　　　　　　　　　　　B. 1525.00

　　C. 2056.56　　　　　　　　　　　D. 2601.25

13. 某建设项目建筑安装工程费为 6000 万元，设备购置费为 1000 万元，工程建设其他费用为 2000 万元，建设期利息为 500 万元。若基本预备费费率为 5%，则该建设项目的基本预备费为（　　）万元。

　　A. 350　　　　　　　　　　　　　B. 400

　　C. 450　　　　　　　　　　　　　D. 475

14. 某项目建设期为 2 年，第一年贷款 4000 万元，第二年贷款 2000 万元，贷款年利率 10%，贷款在年内均衡发放，建设期内只计息不付息。该项目第二年的建设期利息为（　　）万元。

　　A. 200　　　　　　　　　　　　　B. 500

　　C. 520　　　　　　　　　　　　　D. 600

二、多项选择题

1. 计算设备进口环节增值税时，作为计算基数的计税价格包括（　　）。

　　A. 外贸手续费　　　　　　　　　　B. 到岸价

　　C. 设备运杂费　　　　　　　　　　D. 关税

　　E. 消费税

2. 下列费用项目中，以"到岸价＋关税＋消费税"为基数，乘以各自给定费（税）率进行计算的有（　　）。

　　A. 外贸手续费　　　　　　　　　　B. 关税

　　C. 消费税　　　　　　　　　　　　D. 增值税

　　E. 车辆购置税

3. 下列费用中应计入设备运杂费的有（　　）。

　　A. 设备保管人员的工资

　　B. 设备采购人员的工资

　　C. 设备自生产厂家运至工地仓库的运费、装卸费

　　D. 运输中的设备包装支出

　　E. 设备仓库所占用的固定资产使用费

4. 关于设备购置费的构成和计算，下列说法中正确的有（　　）。

　　A. 国产标准设备的原价中，一般不包含备件的价格

　　B. 成本计算估价法适用于非标准设备原价的计算

　　C. 进口设备原价是指进口设备到岸价

　　D. 国产非标准设备原价中包含非标准设备设计费

E. 达到固定资产标准的工器具，其购置费用应计入设备购置费中

5. 根据现行《建筑安装工程费用项目组成》规定，下列费用项目中，属于建筑安装工程企业管理费的有（　　）。

A. 仪器仪表使用费　　　　　　　　　B. 工具用具使用费

C. 建筑安装工程一切险　　　　　　　D. 地方教育附加费

E. 劳动保险费

6. 根据我国现行《建筑安装工程费用项目组成》规定，下列施工企业发生的费用中，应计入企业管理费的是（　　）。

A. 建筑材料、构件一般性鉴定检查费　B. 支付给企业离休干部的经费

C. 施工现场工程排污费　　　　　　　D. 履约担保所发生的费用

E. 施工生产用仪器仪表使用费

7. 关于措施费中超高施工增加费，下列说法正确的有（　　）。

A. 单层建筑檐口高度超过 30m 时计算

B. 多层建筑超过 6 层时计算

C. 包括建筑超高引起的人工功效降低费

D. 不包括通信联络设备的使用费

E. 按建筑物超高部分建筑面积以"m^2"为单位计算

8. 应予计量的措施项目费包括（　　）。

A. 垂直运输费　　　　　　　　　　　B. 排水、降水费

C. 冬雨季施工增加费　　　　　　　　D. 临时设施费

E. 超高施工增加费

工程建设定额

本章导读：

我国建设工程项目的计价方法最早学习的是苏联的工程定额计价模式，并结合我国实际情况编制出非常完善的定额体系。国际上通用的是工程量清单计价模式，我国于2003年颁布了第一版《建设工程工程量清单计价规范》，现在两种模式并存，并且清单计价离不开基础的定额。本章介绍了工程计价的基本原理、工程概预算编制的基本程序、工程定额体系的详细分类，在施工过程分解和工时研究的基础上详细阐述了建筑安装工程施工定额人工、材料和施工机具台班消耗量的确定方法，并根据最新的文件规定和税率大小介绍了人工、材料和施工机具台班单价的组成和确定方法，最后介绍了四种计价定额的编制。本章学习采用对比法，注意施工定额与计价定额的区别。

学习目标：

1. 了解工程计价的含义，掌握工程计价的基本原理；
2. 熟悉工程定额体系，熟悉工人和机器工作时间消耗的分类；
3. 掌握施工定额中人工、材料和机具定额消耗量的计算方法；
4. 掌握材料单价的组成和计算方法；
5. 熟悉人工日工资单价的组成和计算方法；
6. 熟悉施工机械台班单价的组成和计算方法；
7. 掌握预算定额和基价的编制，掌握概算定额和基价的编制；
8. 熟悉工程概预算编制的基本程序；
9. 熟悉概算指标及其编制，了解投资估算指标及其编制。

思想政治教育的融入点：

介绍工程建设定额，引入案例——泰勒的科学管理。

弗雷德里克·温斯洛·泰勒是美国古典管理学家，科学管理的创始人，被管理界誉为"科学管理之父"。在米德维尔工厂，他从一名学徒工开始，先后被提拔为车间管理员、技师、小组长、工长、设计室主任和总工程师。在这家工厂的经历使他了解工人们普遍怠工的原因，他感到缺乏有效的管理手段是提高生产率的严重障碍。为此，泰勒开始探索科学的管理方法和理论。泰勒从"车床前的工人"开始，重点研究企业内部具体工作的效率。在他的管理生涯中，他不断在工厂实地进行试验，系统地研究和分析工人的操作方法和动作所花费的时间，逐渐形成其管理体系——科学管理。泰勒在他的主要著作《科学管理原理》中阐述了科学管理理论，使人们认识到了管理是一门建立在明确的法规、条文和原则之上的科学。泰勒的科学管理主要有两大贡献：一是管理要走向科学；二是劳资双方的精神革命。

▌预期教学成效：

　　培养学生严谨的工作态度、诚实的工作作风和精益求精的职业素养。教育学生深刻理解社会主义核心价值观的丰富内涵，准确把握其精神实质，引导学生把事业理想和道德追求融入国家建设，将社会主义核心价值观内化为精神追求，外化为自觉行动。

3.1 工程计价原理

3.1.1 工程计价的含义

　　工程计价是指按照法律、法规和标准规定的程序、方法和依据，对工程项目实施建设的各个阶段的工程造价及其构成内容进行预测和确定的行为。工程计价依据是指在工程计价活动中，所要依据的与计价内容、计价方法和价格标准相关的工程计量计价标准、工程计价定额及工程造价信息等。

　　工程计价的含义应该从以下三方面进行解释：

　　（1）工程计价结果是工程价值的货币形式。建设项目兼具单件性与多样性的特点，每一个建设项目都需要按业主的特定需求进行单独设计、单独施工，不能批量生产和按整个项目确定价格，只能将整个项目进行分解，划分为可以按有关技术参数测算价格的基本构造单元，即假定建筑安装产品（或称分部、分项工程），计算出基本构造单元的费用，再按照自下而上的分部组合计价法，计算出总造价。

　　（2）工程计价结果是投资控制的依据。投资计划按照建设工期、工程进度和建设价格等逐年分月制定，正确的投资计划有助于合理有效地使用资金。工程计价的每一次估算对下一次估算都是严格控制的。具体说，后一次估算不能超过前一次估算的幅度。这种控制是在投资者财务能力限度内取得既定的投资效益所必需的。工程计价基本确定了建设资金的需要量，从而为筹集资金提供了比较准确的依据。当建设资金来源于金融机构的贷款时，金融机构在对项目的偿贷能力进行评估的基础上，也需要依据工程计价来确定给予投资者的贷款数额。

　　（3）工程计价结果是合同价款管理的基础。合同价款是业主依据承包商按图样完成的工程量在历次支付过程中应支付给承包商的款额，是发包人确认后按合同约定的计算方法确定形成的合同约定金额、变更金额、调整金额、索赔金额等各工程款额的总和。合同价款管理的各项内容中始终有工程计价的存在：在签约合同价的形成过程中有招标控制价、投标报价以及签约合同价等计价活动；在工程价款的调整过程中，需要确定调整价款额度，工程计价也贯穿其中；工程价款的支付仍然需要工程计价工作，以确定最终的支付额。

3.1.2 工程计价基本原理

1. 利用函数关系对拟建项目的造价进行类比匡算

当一个建设项目还没有具体的图样和工程量清单时，需要利用产出函数对建设项目投资进行匡算。在微观经济学中把过程的产出和资源的消耗这两者之间的关系称为产出函数。在建筑工程中，产出函数建立了产出的总量或规模与各种投入（比如人力、材料、机械等）之间的关系。因此，对某一特定的产出，可以通过对各投入参数赋予不同的值，从而找到一个最低的生产成本。房屋建筑面积大小和消耗的人工之间的关系就是产出函数的一个例子。

投资的匡算常常基于某个表明设计能力或者形体尺寸的变量，比如建筑面积、高速公路的长度、工厂的生产能力等。在这种类比估算方法下尤其要注意规模对造价的影响。项目的造价并不总是和规模大小呈线性关系的，典型的规模经济或规模不经济都会出现。因此要慎重选择合适的产出函数，寻找规模和经济有关的经验数据，例如生产能力指数法与单位生产能力估算法就是采用不同的生产函数。

2. 分部组合计价原理

如果一个建设项目的设计方案已经确定，常用的是分部组合计价法。任何一个建设项目都可以分解为一个或几个单项工程，任何一个单项工程都是由一个或几个单位工程所组成。作为单位工程的各类建筑工程和安装工程仍然是一个比较复杂的综合实体，还需要进一步分解。单位工程可以按照结构部位、路段长度及施工特点或施工任务分解为分部工程。分解成分部工程后，从工程计价的角度，还需要把分部工程按照不同的施工方法、材料、工序及路段长度等，进行更为细致的分解，划分为更为简单细小的部分，即分项工程。按照计价需要，将分项工程进一步分解或适当组合，就可以得到基本构造单元了。

工程计价的基本原理就是项目的分解和价格的组合。即将建设项目自上而下细分至最基本的构造单元（假定的建筑安装产品），采用适当的计量单位计算其工程量，以及当时当地的工程单价，首先计算各基本构造单元的价格，再对费用按照类别进行组合汇总，计算出相应工程造价。

工程计价的基本过程可以用公式的形式表达如下：

$$\text{分部分项工程费（或单价措施项目费）} = \sum \left[\text{基本构造单元工程量（定额项目或清单项目）} \times \text{相应单价}\right]$$

工程计价可分为工程计量和工程组价两个环节。

1）工程计量。工程计量工作包括工程项目的划分和工程量的计算。

（1）单位工程基本构造单元的确定，即划分工程项目。编制工程概算预算时，主要是按工程定额进行项目的划分；编制工程量清单时主要是按照清单工程量计算规范规定的清单项目进行划分。

（2）工程量的计算就是按照工程项目的划分和工程量计算规则，就不同的设计文件对工程实物量进行计算。工程实物量是计价的基础，不同的计价依据有不同的计算规则规定。目前，工程量计算规则包括两大类：

① 各类工程定额规定的计算规则；

② 各专业工程量计算规范附录中规定的计算规则。

2）工程组价。工程组价包括工程单价的确定和总价的计算。

（1）工程单价是指完成单位工程基本构造单元的工程量所需要的基本费用。工程单价包括工料单价和综合单价。

① 工料单价仅包括人工、材料、机具使用费，是各种人工消耗量、各种材料消耗量、各类施工机具台班消耗量与其相应单价的乘积。用下列公式表示：

$$工料单价 = \sum（人材机消耗量 \times 人材机单价）$$

② 综合单价除包括人工、材料、机具使用费外，还包括可能分摊在单位工程基本构造单元上的费用。根据我国现行有关规定，又可以分成清单综合单价（不完全综合单价）与全费用综合单价（完全综合单价）两种。清单综合单价中除包括人工、材料、机具使用费用外，还包括企业管理费、利润和风险因素；全费用综合单价中除包括人工、材料、机具使用费外，还包括企业管理费、利润、规费和税金。综合单价根据国家、地区、行业定额或企业定额消耗量和相应生产要素的市场价格，以及定额或市场的取费费率来确定。

（2）工程总价是指经过规定的程序或办法逐级汇总形成的相应工程造价。根据计算程序不同，分为单价法和实物量法。

① 单价法。单价法包括工料单价法和综合单价法。

a. 工料单价法。首先依据相应计价定额的工程量计算规则计算项目的工程量，然后依据定额的人、材、机要素消耗量和单价，计算各个项目的直接费，然后计算直接费合价，再按照相应的取费程序计算其他各项费用，最后汇总后形成相应工程造价。

b. 综合单价法。若采用全费用综合单价（完全综合单价），首先依据相应工程量计算规范规定的工程量计算规则计算工程量，然后依据相应的计价依据确定综合单价，用工程量乘以综合单价，并汇总即可得出分部分项工程费以及单价措施项目费，再按相应的办法计算总价措施项目费、其他项目费，最后汇总后形成相应工程造价。我国现行的《建设工程工程量清单计价规范》（GB 50500—2013）中规定的清单综合单价属于不完全综合单价，当把规费和税金计入不完全综合单价后即形成完全综合单价。

② 实物量法。实物量法是依据施工图纸和预算定额的项目划分即工程量计算规则，先计算出分部分项工程量，然后套用预算定额（消耗量定额）计算人、材、机等要素的消耗量，再根据各要素的实际价格及各项费率汇总形成相应工程造价的方法。

3.1.3 工程概预算编制的基本程序

工程概预算的编制是通过国家、地方或行业主管部门颁布统一的计价定额或指标，对建筑产品价格进行计价的活动。如果用工料单价法进行概预算编制，则应按概算定额或预算定额规定的定额子目，逐项计算工程量，套用概预算定额单价（或单位估价表）确定直接费（包括人工费、材料费、施工机具使用费），然后按规定的取费标准确定间接费（包括企业管理费、规费），再计算利润和税金，经汇总后即为工程概预算价值。工程概预算编制的基本程序如图 3.1.1 所示。

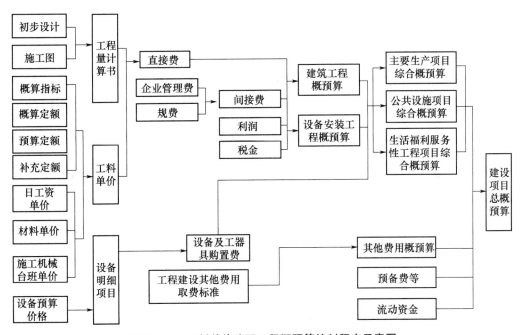

图 3.1.1 工料单价法下工程概预算编制程序示意图

工程概预算价格的形成过程，就是依据概预算定额所确定的消耗量乘以定额单价或市场价，经过不同层次的计算形成相应造价的过程。可以用公式进一步明确工程概预算编制的基本方法和程序：

$$\text{每一计量单位建筑产品的基本构造单元（假定建筑安装产品）的工料单价} = 工人费 + 材料费 + 施工机具使用费$$

$$(3.1.1)$$

式中 人工费 $=\sum$（人工工日数量×人工单价）；

材料费 $=\sum$（材料消耗量×材料单价）+工程设备费；

施工机具使用费 $=\sum$（施工机械台班消耗量×机械台班单价）+$\sum$（仪器仪表台

班消耗量×仪器仪表台班单价)。

$$单位工程直接费=\sum（假定建筑安装产品工程量×工料单价）\qquad(3.1.2)$$

$$单位工程概预算造价=单位工程直接费+间接费+利润+税金\qquad(3.1.3)$$

$$单项工程概预算造价=\sum（单位工程概预算造价+设备、工器具购置费）$$
$$(3.1.4)$$

$$建设项目概预算造价=\sum（单项工程概预算造价+工程建设其他费+预备费$$
$$+建设期利息+流动资金）\qquad(3.1.5)$$

若采用全费用综合单价法进行概预算编制，单位工程概预算的编制程序将更加简单，只需将概算定额或预算定额规定的定额子目的工程量乘以各子目的全费用综合单价汇总而成即可，然后可以用公式（3.1.4）和公式（3.1.5）计算单项工程概预算造价以及建设项目全部工程概预算造价。

3.1.4　工程定额体系

工程定额是指在正常施工条件下完成规定计量单位的合格建筑安装工程所消耗的人工、材料、施工机具台班、工期天数及相关费率等的数量标准。

1. 工程定额的分类

工程定额是一个综合概念，是建设工程造价计价和管理中各类定额的总称，包括许多种类的定额，可以按照不同的原则和方法对它进行分类。

（1）按定额反映的生产要素消耗内容分类。可以把工程定额划分为劳动消耗定额、材料消耗定额和机械消耗定额三种。

① 劳动消耗定额。劳动消耗定额简称劳动定额（也称人工定额），是在正常的施工技术和组织条件下，完成规定计量单位合格的建筑安装产品所消耗的人工工日的数量标准。劳动定额的主要表现形式是时间定额，但同时也表现为产量定额。时间定额与产量定额互为倒数。

② 材料消耗定额。材料消耗定额简称材料定额，是指在正常的施工技术和组织条件下，完成规定计量单位合格的建筑安装产品所消耗的原材料、成品、半成品、构配件、燃料，以及水、电等动力资源的数量标准。

③ 机具消耗定额。机具消耗定额由机械消耗定额与仪器仪表消耗定额组成，机械消耗定额是以一台机械一个工作班为计量单位，所以又称机械台班定额。机械消耗定额是指在正常的施工技术和组织条件下，完成规定计量单位合格的建筑安装产品所消耗的施工机械台班的数量标准。机械消耗定额的主要表现形式是机械时间定额，同时也以产量定额表现。施工仪器仪表消耗定额的表现形式与机械消耗定额类似。

（2）按定额的编制程序和用途分类。可以把工程定额分为施工定额、预算定额、概算定额、概算指标、投资估算指标等。

① 施工定额。施工定额是完成一定计量单位的某一施工过程或基本工序所需消耗的人工、材料和施工机具台班数量标准。施工定额是施工企业（建筑安装企业）组织生

产和加强管理在企业内部使用的一种定额，属于企业定额的性质。施工定额是以某一施工过程或基本工序作为研究对象，表示生产产品数量与生产要素消耗综合关系编制的定额。为了适应组织生产和管理的需要，施工定额的项目划分很细，是工程定额中分项最细、定额子目最多的一种定额，也是工程定额中的基础性定额。

② 预算定额。预算定额是在正常的施工条件下，完成一定计量单位合格分项工程或结构构件所需消耗的人工、材料、施工机具台班数量及其费用标准。预算定额是一种计价性定额。从编制程序上看，预算定额是以施工定额为基础综合扩大编制的，同时它也是编制概算定额的基础。

③ 概算定额。概算定额是完成单位合格扩大分项工程或扩大结构构件所需消耗的人工、材料和施工机具台班的数量及其费用标准。它是一种计价性定额。概算定额是编制扩大初步设计概算、确定建设项目投资额的依据。概算定额的项目划分粗细，与扩大初步设计的深度相适应，一般是在预算定额的基础上综合扩大而成的，每一扩大分项概算定额都包含了数项预算定额。

④ 概算指标。概算指标是以单位工程为对象，反映完成一个规定计量单位建筑安装产品的经济指标。概算指标是概算定额的扩大与合并，是以更为扩大的计量单位来编制的。概算指标的内容包括人工、材料、机具台班三个基本部分，同时还列出了分部工程量及单位工程的造价，是一种计价定额。

⑤ 投资估算指标。投资估算指标是以建设项目、单项工程、单位工程为对象，反映建设总投资及其各项费用构成的经济指标。它是在项目建议书和可行性研究阶段编制投资估算、计算投资需要量时使用的一种定额。它的概略程度与可行性研究阶段相适应。投资估算指标往往根据历史的预决算资料和价格变动等资料编制，但其编制基础仍离不开预算定额、概算定额。

上述各种定额的相互联系可参见表 3.1.1。

表 3.1.1　各种定额间关系的比较

	施工定额	预算定额	概算定额	概算指标	投资估算指标
对象	施工过程或基本工序	分项工程或结构构件	扩大的分项工程或扩大的结构构件	单位工程	建设项目、单项工程、单位工程
主要用途	编制施工预算	编制施工图预算	编制扩大初步设计概算	编制初步设计概算	编制投资估算
项目划分	最细	细	较粗	粗	很粗
定额水平	平均先进	平均			
定额性质	生产性定额	计价性定额			

（3）按专业分类。由于工程建设涉及众多的专业，不同的专业所含的内容也不同，因此就确定人工、材料和机具台班消耗数量标准的工程定额来说，也需按不同的专业分别进行编制和执行。

① 建筑工程定额按专业对象分为建筑及装饰工程定额、房屋修缮工程定额、市政工程定额、铁路工程定额、公路工程定额、矿山井巷工程定额、水利工程定额、水运工程定额等。

② 安装工程定额按专业对象分为电气设备安装工程定额、机械设备安装工程定额、热力设备安装工程定额、通信设备安装工程定额、化学工业设备安装工程定额、工业管道安装工程定额、工艺金属结构安装工程定额等。

（4）按主编单位和管理权限分类。工程定额可以分为全国统一定额、行业统一定额、地区统一定额、企业定额、补充定额等。

① 全国统一定额是由国家建设行政主管部门综合全国工程建设中技术和施工组织管理的情况编制，并在全国范围内执行的定额。

② 行业统一定额是考虑到各行业专业工程技术特点，以及施工生产和管理水平编制的。一般是只在本行业和相同专业性质的范围内使用。

③ 地区统一定额包括省、自治区、直辖市定额。地区统一定额主要是考虑地区性特点和全国统一定额水平作适当调整和补充编制的。

④ 企业定额是施工单位根据本企业的施工技术、机械装备和管理水平编制的人工、材料、机械台班等的消耗标准。企业定额在企业内部使用，是企业综合素质的标志。企业定额水平一般应高于国家现行定额，才能满足生产技术发展、企业管理和市场竞争的需要。在工程量清单计价方法下，企业定额是施工企业进行建设工程投标报价的计价依据。

⑤ 补充定额是指随着设计、施工技术的发展，现行定额不能满足需要的情况下，为了补充缺陷所编制的定额。补充定额只能在指定的范围内使用，可以作为以后修订定额的基础。

上述各种定额虽然适用于不同的情况和用途，但是它们是一个互相联系的、有机的整体，在实际工作中配合使用。

2. 工程定额的制定与修订

工程定额的制定与修订包括制定、全面修订、局部修订、补充等工作，应遵循以下原则：

（1）对新型工程以及建筑产业现代化、绿色建筑、建筑节能等工程建设新要求，应及时制定新定额。

（2）对相关技术规程和技术规范已全面更新且不能满足工程计价需要的定额，发布实施已满五年的定额，应全面修订。

（3）对相关技术规程和技术规范发生局部调整且不能满足工程计价需要的定额，部分子目已不适应工程计价需要的定额，应及时局部修订。

（4）对定额发布后工程建设中出现的新技术、新工艺、新材料、新设备等情况，应根据工程建设需求及时编制补充定额。

3.2 建筑安装工程人工、材料和施工机具台班消耗量的确定

3.2.1 施工过程分解及工时研究

1. 施工过程及其分类

1）施工过程的含义。施工过程就是为完成某一项施工任务，在施工现场所进行的生产过程。其最终目的是要建造、改建、修复或拆除工业及民用建筑物和构筑物的全部或一部分。

建筑安装施工过程与其他物质生产过程一样，也包括生产力三要素，即劳动者、劳动对象、劳动工具。也就是说，施工过程是由不同工种、不同技术等级的建筑安装工人使用各种劳动工具（手动工具、小型工具、大中型机械和仪器仪表等），按照一定的施工工序和操作方法，直接或间接地作用于各种劳动对象（各种建筑、装饰材料，半成品，预制品和各种设备、零配件等），使其按照人们预定的目的，生产出建筑、安装以及装饰合格产品的过程。

每个施工过程的结束，获得了一定的产品，这种产品或者是改变了劳动对象的外表形态、内部结构或性质（由于制作和加工的结果），或者是改变了劳动对象在空间的位置（由于运输和安装的结果）。

2）施工过程分类。根据不同的标准和需要，施工过程有如下分类：

（1）根据施工过程组织上的复杂程度，可以分解为工序、工作过程和综合工作过程。

① 工序是指施工过程中在组织上不可分割，在操作上属于同一类的作业环节。其主要特征是劳动者、劳动对象和使用的劳动工具均不发生变化。如果其中一个因素发生变化，就意味着由一项工序转入了另一项工序。如钢筋制作，它由平直钢筋、钢筋除锈、切断钢筋、弯曲钢筋等工序组成。

从施工的技术操作和组织观点看，工序是工艺方面最简单的施工过程。在编制施工定额时，工序是主要的研究对象。测定定额时只需分解和标定到工序为止。如果进行某项先进技术或新技术的工时研究，就要分解到操作甚至动作为止，从中研究可加以改进操作或节约工时。

工序可以由一个人来完成，也可以由小组或施工队内的几名工人协同完成；可以手动完成，也可以由机械操作完成。在机械化的施工工序中，还可以包括由工人自己完成的各项操作和由机器完成的工作两部分。

② 工作过程是由同一工人或同一小组所完成的在技术操作上相互有机联系的工序的总和。其特点是劳动者和劳动对象不发生变化，而使用的劳动工具可以变换。例如，砌墙和勾缝，抹灰和粉刷等。

③ 综合工作过程是同时进行的，在组织上有直接联系的，为完成一个最终产品结合起来的各个施工过程的总和。例如，砌砖墙这一综合工作过程，由调制砂浆、运砂浆、运砖、砌墙等工作过程构成，它们在不同的空间同时进行，在组织上有直接联系，并最终形成的共同产品是一定数量的砖墙。

（2）按照施工工序是否重复循环分类，施工过程可以分为循环施工过程和非循环施工过程两类。如果施工过程的工序或其组成部分以同样的内容和顺序不断循环，并且每重复一次可以生产出同样的产品，则称为循环施工过程；反之，则称为非循环施工过程。

（3）按施工过程的完成方法和手段分类，施工过程可以分为手工操作过程（手动过程）、机械化过程（机动过程）和机手并动过程（半自动化过程）。

（4）按劳动者、劳动工具、劳动对象所处位置和变化分类，施工过程可分为工艺过程、搬运过程和检验过程。

① 工艺过程。工艺过程是指直接改变劳动对象的性质、形状、位置等，使其成为预期的施工产品的过程，例如房屋建筑中的挖基础、砌砖墙、粉刷墙面、安装门窗等。由于工艺过程是施工过程中最基本的内容，因而是工作时间研究和制定定额的重点。

② 搬运过程。搬运过程是指将原材料、半成品、构件、机具设备等从某处移动到另一处，保证施工作业顺利进行的过程。但操作者在作业中随时拿起或存放在工作面上的材料等，是工艺过程的一部分，不应视为搬运过程。如砌筑工将已堆放在砌筑地点的砖块拿起砌在砖墙上，这一操作就属于工艺过程，而不应视为搬运过程。

③ 检验过程。主要包括对原材料、半成品、构配件等的数量、质量进行检验，判定其是否合格、能否使用；对施工活动的成果进行检测，判别其是否符合质量要求；对混凝土试块、关键零部件进行测试以及作业前对准备工作和安全措施的检查等。

2. 工作时间分类

研究施工中的工作时间最主要的目的是确定施工的时间定额和产量定额，其前提是对工作时间按其消耗性质进行分类，以便研究工时消耗的数量及其特点。

工作时间指的是工作班延续时间。例如，8 小时工作制的工作时间就是 8h，午休时间不包括在内。对工作时间消耗的研究，可以分为两个系统进行，即工人工作时间的消耗和工人所使用的机器工作时间消耗。

1）工人工作时间消耗的分类。工人在工作班内消耗的工作时间，按其消耗的性质，基本可以分为两大类：必需消耗的时间和损失时间。工人工作时间的一般分类如图 3.2.1 所示。

（1）必需消耗的工作时间是工人在正常施工条件下，为完成一定合格产品（工作任务）所消耗的时间，是制定定额的主要依据，包括有效工作时间、休息时间和不可避免中断时间的消耗。

① 有效工作时间是从生产效果来看与产品生产直接有关的时间消耗。其中包括基本工作时间、辅助工作时间、准备与结束工作时间的消耗。

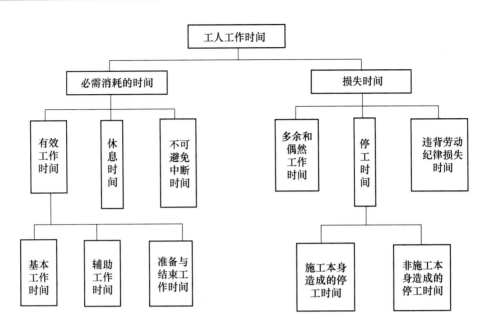

图 3.2.1　工人工作时间分类

a. 基本工作时间是工人完成能生产一定产品的施工工艺过程所消耗的时间。通过这些工艺过程可以使材料改变外形，如钢筋煨弯等；可以使预制构配件安装组合成型；可以改变产品外部及表面的性质，如粉刷、油漆等。基本工作时间的长短和工作量大小成正比例。

b. 辅助工作时间是为保证基本工作能顺利完成所消耗的时间。在辅助工作时间里，不能使产品的形状大小、性质或位置发生变化。辅助工作时间的结束，往往就是基本工作时间的开始。辅助工作一般是手工操作。但如果在机手并动的情况下，辅助工作是在机械运转过程中进行的，为避免重复则不应再计辅助工作时间的消耗。辅助工作时间长短与工作量大小有关。

c. 准备与结束工作时间是执行任务前或任务完成后所消耗的工作时间。如工作地点、劳动工具和劳动对象的准备工作时间；工作结束后的整理工作时间等。准备和结束工作时间的长短与所担负的工作量大小无关，但往往和工作内容有关。这项时间消耗可以分为班内的准备与结束工作时间和任务的准备与结束工作时间。其中任务的准备和结束时间是在一批任务的开始与结束时产生的，如熟悉图纸、准备相应的工具、事后清理场地等，通常不反映在每一个工作班里。

② 休息时间是工人在工作过程中为恢复体力所必需的短暂休息和生理需要的时间消耗。这种时间是为了保证工人精力充沛地进行工作，所以在定额时间中必须进行计算。休息时间的长短与劳动性质、劳动条件、劳动强度和劳动危险性等密切相关。

③ 不可避免中断时间是由于施工工艺特点引起的工作中断所必需的时间。与施工过程工艺特点有关的工作中断时间，应包括在定额时间内，但应尽量缩短此项时间消耗。

（2）损失时间是与产品生产无关，而与施工组织和技术上的缺点有关，与工人在施工过程中的个人过失或某些偶然因素有关的时间消耗。损失时间中包括有多余的和偶然的工作、停工、违背劳动纪律所引起的工时损失。

① 多余的和偶然的工作时间。多余工作，就是工人进行了任务以外而又不能增加产品数量的工作。如重砌质量不合格的墙体。多余工作的工时损失，一般都是由于工程技术人员和工人的差错而引起的，因此，不应计入定额时间中。偶然工作也是工人在任务外进行的工作，但能够获得一定产品。如抹灰工不得不补上偶然遗留的墙洞等。由于偶然工作能获得一定产品，拟订定额时要适当考虑它的影响。

② 停工时间，就是工作班内停止工作造成的工时损失。停工时间按其性质可分为施工本身造成的停工时间和非施工本身造成的停工时间两种。施工本身造成的停工时间，是由于施工组织不善、材料供应不及时、工作面准备工作做得不好、工作地点组织不良等情况引起的停工时间。非施工本身造成的停工时间，是由于停电等外因引起的停工时间。前一种情况在拟订定额时不应该计算，后一种情况定额中则应给予合理的考虑。

③ 违背劳动纪律损失时间，是指工人在工作班开始和午休后的迟到、午饭前和工作班结束前的早退、擅自离开工作岗位、工作时间内聊天或办私事等造成的工时损失。由于个别工人违背劳动纪律而影响其他工人无法工作的时间损失，也包括在内。

2）机器工作时间消耗的分类。在机械化施工过程中，对工作时间消耗的分析和研究，除了要对工人工作时间的消耗进行分类研究之外，还需要分类研究机器工作时间的消耗。机器工作时间的消耗，按其性质也分为必需消耗的时间和损失时间两大类。如图3.2.2所示。

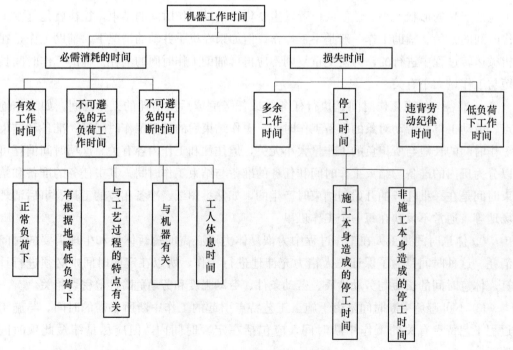

图3.2.2 机器工作时间分类

（1）在必须消耗的工作时间里，包括有效工作、不可避免的无负荷工作和不可避免的中断三项时间消耗。而在有效工作的时间消耗中又包括正常负荷下、有根据地降低负荷下的工时消耗。

① 正常负荷下的工作时间，是机器在与机器说明书规定的额定负荷相符的情况下进行工作的时间。

② 有根据地降低负荷下的工作时间，是在个别情况下由于技术上的原因，机器在低于其计算负荷下工作的时间。例如，汽车运输质量轻而体积大的货物时，不能充分利用汽车的载重吨位因而不得不降低其计算负荷。

③ 不可避免的无负荷工作时间，是由施工过程的特点和机械结构的特点造成的机械无负荷工作时间。例如，筑路机在工作区末端调头等，就属于此项工作时间的消耗。

④ 不可避免的中断工作时间是与工艺过程的特点、机器的使用和保养、工人休息有关的中断时间。

a. 与工艺过程的特点有关的不可避免中断工作时间，有循环的和定期的两种。循环的不可避免中断，是在机器工作的每一个循环中重复一次。如汽车装货和卸货时的停车。定期的不可避免中断，是经过一定时期重复一次。比如把灰浆泵由一个工作地点转移到另一工作地点时的工作中断。

b. 与机器有关的不可避免中断工作时间，是由于工人进行准备与结束工作或辅助工作时，机器停止工作而引起的中断工作时间。它是与机器的使用与保养有关的不可避免中断时间。

c. 工人休息时间，前面已经做了说明。这里要注意的是，应尽量利用与工艺过程有关的和与机器有关的不可避免中断时间进行休息，以充分利用工作时间。

（2）损失的工作时间包括多余工作、停工、违背劳动纪律所消耗的工作时间和低负荷下的工作时间。

① 机器的多余工作时间：一是机器进行任务内和工艺过程内未包括的工作而延续的时间，如工人没有及时供料而使机器空运转的时间；二是机械在负荷下所做的多余工作，如混凝土搅拌机搅拌混凝土时超过规定搅拌时间，即属于多余工作时间。

② 机器的停工时间，按其性质也可分为施工本身造成和非施工本身造成的停工。前者是由于施工组织得不好而引起的停工现象，如由于未及时供给机器燃料而引起的停工；后者是由于气候条件所引起的停工现象，如暴雨时压路机的停工。上述停工中延续的时间，均为机器的停工时间。

③ 违反劳动纪律引起的机器的时间损失，是指由于工人迟到早退或擅离岗位等原因引起的机器停工时间。

④ 低负荷下的工作时间，是由于工人或技术人员的过错所造成的施工机械在降低负荷的情况下工作的时间。例如，工人装车的砂石数量不足引起的汽车在降低负荷的情况下工作所延续的时间。此项工作时间不能作为计算时间定额的基础。

3. 计时观察法

计时观察法，是研究工作时间消耗的一种技术测定方法。它以研究工时消耗为对象，以观察测时为手段，通过密集抽样和粗放抽样等技术进行直接的时间研究。计时观察法以现场观察为主要技术手段，所以也称现场观察法。

计时观察法能够把现场工时消耗情况和施工组织技术条件联系起来加以考察，它不仅能为制定定额提供基础数据，而且也能为改善施工组织管理、改善工艺过程和操作方法、消除不合理的工时损失和进一步挖掘生产潜力提供技术根据。计时观察法的局限性，是考虑人的因素不够。

对施工过程进行观察、测时，计算实物和劳务产量，记录施工过程所处的施工条件和确定影响工时消耗的因素，是计时观察法的三项主要内容和要求。计时观察法种类很多，最主要的有三种，见图 3.2.3。

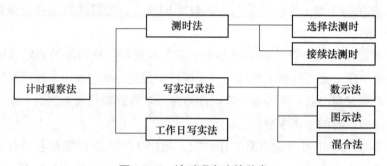

图 3.2.3　计时观察法的种类

1）测时法。测时法主要适用于测定定时重复的循环工作的工时消耗，是精确度比较高的一种计时观察法，一般可达到 0.2～15s。测时法只用来测定施工过程中循环组成部分工作时间消耗，不研究工人休息、准备与结束及其他非循环的工作时间。

（1）测时法的分类。根据具体测时手段不同，可将测时法分为选择法测时和接续法测时两种。

① 选择法测时。它是间隔选择施工过程中非紧连接的组成部分（工序或操作）测定工时，精确度达 0.5s。当所测定的各工序或操作的延续时间较短时，连续测定比较困难，用选择法测时比较方便且简单。

② 接续法测时。它是连续测定一个施工过程各工序或操作的延续时间。接续法测时每次要记录各工序或操作的终止时间，并计算出本工序的延续时间。接续法测时也称连续法测时。它比选择法测时准确、完善，但观察技术也较之复杂。

（2）测时法的观察次数。由于测时法属于抽样调查的方法，因此为了保证选取样本的数据可靠，需要对同一施工过程进行重复测时。一般来说，观测的次数越多，资料的准确性越高，但要花费较多的时间和人力，这样既不经济，也不现实。确定观测次数较为科学的方法，应该是依据误差理论和经验数据相结合的方法来判断。需要的观察次数与要求的算术平均值精确度及数列的稳定系数有关。

2）写实记录法。写实记录法是一种研究各种性质的工作时间消耗的方法，包括基本工作时间、辅助工作时间、不可避免中断时间、准备与结束时间以及各种损失时间。采用这种方法，可以获得分析工作时间消耗和制定定额所必需的全部资料。这种测定方法比较简便、易于掌握，并能保证必需的精确度。因此写实记录法在实际中得到了广泛应用。

写实记录法按记录时间的方法不同分为数示法、图示法和混合法三种，计时一般采用有秒针的普通计时表即可。

（1）数示法写实记录。数示法的特征是用数字记录工时消耗，是三种写实记录法中精确度较高的一种，精确度达 5s，可以同时对 2 个工人进行观察，适用于组成部分较少而且比较稳定的施工过程。

（2）图示法写实记录。图示法是在规定格式的图表上用时间进度线条表示工时消耗量的一种记录方式，精确度可达 30s，可同时对 3 个以内的工人进行观察。这种方法的主要优点是记录简单，时间一目了然，原始记录整理方便。

（3）混合法写实记录。混合法吸取数字和图示两种方法的优点，以图示法中的时间进度线条表示工序的延续时间，在进度线的上部加写数字表示各时间区段的工人数。混合法适用于 3 个以上工人工作时间的集体写实记录。

3）工作日写实法。工作日写实法是一种研究整个工作班内的各种工时消耗的方法。运用工作日写实法主要有两个目的：一是取得编制定额的基础资料；二是检查定额的执行情况，找出缺点，改进工作。

当用于第一个目的时，工作日写实的结果要获得观察对象在工作班内工时消耗的全部情况，以及产品数量和影响工时消耗的影响因素。其中工时消耗应该按工时消耗的性质分类记录。在这种情况下，通常需要测定 3～4 次。

当用于第二个目的时，通过工作日写实应该做到：查明工时损失量和引起工时损失的原因，制定消除工时损失，改善劳动组织和工作地点组织的措施，查明熟练工人是否能发挥自己的专长，确定合理的小组编制和合理的小组分工；确定机器在时间利用和生产率方面的情况，找出使用不当的原因，制定出改善机器使用情况的技术组织措施，计算工人或机器完成定额的实际百分比和可能百分比。在这种情况下，通常需要测定 1～3 次。

工作日写实法与测时法、写实记录法相比较，具有技术简便、费力不多、应用面广和资料全面的优点，在我国是一种采用较广的编制定额的方法。工作日写实法的缺点是由于有观察人员在场，即使在观察前做了充分准备，仍不免在工时利用上有一定的虚假性。

3.2.2 确定人工定额消耗量的基本方法

时间定额和产量定额是人工定额的两种表现形式。拟订出时间定额，也就可以计算出产量定额。在全面分析了各种影响因素的基础上，通过计时观察资料，我们可以获得

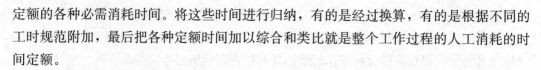

定额的各种必需消耗时间。将这些时间进行归纳，有的是经过换算，有的是根据不同的工时规范附加，最后把各种定额时间加以综合和类比就是整个工作过程的人工消耗的时间定额。

1. 确定工序作业时间

根据计时观察资料的分析和选择，我们可以获得各种产品的基本工作时间和辅助工作时间，将这两种时间合并，可以称之为工序作业时间。它是各种因素的集中反映，决定着整个产品的定额时间。

（1）拟订基本工作时间。基本工作时间在必需消耗的工作时间中占的比重最大。在确定基本工作时间时，必须细致、精确。基本工作时间消耗一般应根据计时观察资料来确定。其做法是，首先确定工作过程每一组成部分的工时消耗，然后综合出工作过程的工时消耗。如果组成部分的产品计量单位和工作过程的产品计量单位不符，就需先求出不同计量单位的换算系数，进行产品计量单位的换算，再相加，求得工作过程的工时消耗。

（2）拟订辅助工作时间。辅助工作时间的确定方法与基本工作时间相同。如果在计时观察时不能取得足够的资料，也可采用工时规范或经验数据来确定。如具有现行的工时规范，可以直接利用工时规范中规定的辅助工作时间的百分比来计算。

2. 确定规范时间

规范时间内容包括工序作业时间以外的准备与结束时间、不可避免中断时间以及休息时间。

（1）确定准备与结束时间。准备与结束工作时间分为班内和任务两种。任务的准备与结束时间通常不能集中在某一个工作日中，而要采取分摊计算的方法，分摊在单位产品的时间定额里。如果在计时观察资料中不能取得足够的准备与结束时间的资料，也可根据工时规范或经验数据来确定。

（2）确定不可避免中断时间。在确定不可避免中断时间的定额时，必须注意由工艺特点所引起的不可避免中断才可列入工作过程的时间定额。不可避免中断时间也需要根据测时资料通过整理分析获得，也可以根据经验数据或工时规范，以占工作日的百分比表示此项工时消耗的时间定额。

（3）拟订休息时间。休息时间应根据工作班作息制度、经验资料、计时观察资料，以及对工作的疲劳程度作全面分析来确定。同时，应考虑尽可能利用不可避免中断时间作为休息时间，也可利用工时规范或经验数据确定。

3. 拟定定额时间

确定的基本工作时间、辅助工作时间、准备与结束工作时间、不可避免中断时间与休息时间之和，就是劳动定额的时间定额。即：时间定额＝基本工作时间＋辅助工作时间＋准备与结束工作时间＋不可避免中断时间＋休息时间

根据时间定额可计算出产量定额，时间定额和产量定额互成倒数。

【例 3.2.1】 通过计时观察资料得知：人工挖二类土 $1m^3$ 的基本工作时间为 6h，辅助工作时间、准备与结束工作时间、不可避免的中断时间、休息时间分别占定额时间的 0.5%、3%、2%、18%。求该人工挖二类土的时间定额是多少？

解：基本工作时间＝6h＝6/8＝0.75（工日/m^3）

时间定额＝ 0.75/(1−0.5%−3%−2%−18%)＝0.98（工日/m^3）

3.2.3　确定材料定额消耗量的基本方法

1. 材料的分类

合理确定材料消耗定额，必须研究和区分材料在施工过程中的类别。

（1）根据材料消耗的性质划分。施工中材料的消耗可分为必须消耗的材料和损失的材料两类性质。

必须消耗的材料，是指在合理用料的条件下，生产合格产品所需消耗的材料。它包括：直接用于建筑和安装工程的材料；不可避免的施工废料；不可避免的材料损耗。

必须消耗的材料属于施工正常消耗，是确定材料消耗定额的基本数据。其中：直接用于建筑和安装工程的材料，编制材料净用量定额；不可避免的施工废料和材料损耗，编制材料损耗定额。

材料的损耗一般以损耗率表示。材料损耗率可以通过观察法或统计法确定。材料损耗率及材料损耗量的计算通常采用以下公式：

$$损耗率＝\frac{损耗量}{净用量}$$

$$消耗量＝净用量＋损耗量＝净用量×（1＋损耗率）$$

（2）根据材料消耗与工程实体的关系划分。施工中的材料可分为实体材料和非实体材料两类。

① 实体材料，是指直接构成工程实体的材料。它包括工程直接性材料和辅助性材料。工程直接性材料主要是指一次性消耗、直接用于工程构成建筑物或结构本体的材料，如钢筋混凝土柱中的钢筋、水泥、砂、碎石等。辅助性材料主要是指虽也是施工过程中所必需的，却并不构成建筑物或结构本体的材料。如土石方爆破工程中所需的炸药、引信、雷管等。工程直接性材料用量大，辅助性材料用量少。

② 非实体材料，是指在施工中必须使用但又不能构成工程实体的施工措施性材料。非实体材料主要是指周转性材料，如模板、脚手架、支撑等。

2. 确定材料消耗量的基本方法

确定实体材料的净用量定额和材料损耗定额的计算数据，是通过现场技术测定、实验室试验、现场统计和理论计算等方法获得的。

（1）现场技术测定法，又称观测法，是根据对材料消耗过程的测定与观察，通过完成产品数量和材料消耗量的计算，而确定各种材料消耗定额的一种方法。现场技术测定法主要适用于确定材料损耗量，因为该部分数值用统计法或其他方法较难得到。通过现场观察，还可以区别出哪些是可以避免的损耗，哪些属于难以避免的损耗，明确定额中不应列入可以避免的损耗。

（2）实验室试验法，主要用于编制材料净用量定额。通过试验，能够对材料的结构、化学成分和物理性能以及按强度等级控制的混凝土、砂浆、沥青、油漆等配比做出科学的结论，给编制材料消耗定额提供有技术根据的、比较精确的计算数据。这种方法的优点是能更深入、更详细地研究各种因素对材料消耗的影响，其缺点在于无法估计到施工现场某些因素对材料消耗量的影响。

（3）现场统计法，是以施工现场积累的分部分项工程使用材料数量、完成产品数量、完成工作原材料的剩余数量等统计资料为基础，经过整理分析，获得材料消耗的数据。这种方法比较简单易行，但也有缺陷：一是该方法一般只能确定材料总消耗量，不能确定净用量和损耗量；二是其准确程度受到统计资料和实际使用材料的影响。因而其不能作为确定材料净用量定额和材料损耗定额的依据，只能作为编制定额的辅助性方法使用。

（4）理论计算法，是根据施工图和建筑构造要求，用理论计算公式计算出产品的材料净用量的方法。这种方法较适合于不易产生损耗，且容易确定废料的材料消耗量的计算。

① 标准砖墙材料用量计算。每立方米砖墙的用砖数和砌筑砂浆的用量可用下列理论计算公式计算各自的净用量。

用砖数：

$$A = \frac{1}{墙厚 \times （砖长 + 灰缝） \times （砖厚 + 灰缝）} \times k$$

式中　k——墙厚的砖数×2。

砂浆用量：

$$B = 1 - 砖数 \times 每块砖体积$$

【例 3.2.2】 计算 $1m^3$ 标准砖一砖外墙砌体砖数和砂浆的净用量。

解：

$$砖净用量 = \frac{1}{0.24 \times （0.24 + 0.01） \times （0.053 + 0.01）} \times 1 \times 2 = 529（块）$$

$$砂浆净用量 = 1 - 529 \times （0.24 \times 0.115 \times 0.053） = 0.226（m^3）$$

② 块料面层的材料用量计算。每 $100m^2$ 面层块料数量、灰缝及结合层材料用量公式如下：

$$100m^2 块料净用量 = \frac{100}{（块料长 + 灰缝宽） \times （块料宽 + 灰缝宽）}$$

$100m^2$ 灰缝材料净用量 = ［100 - （块料长 × 块料宽 × $100m^2$ 块料净用量）］× 灰缝深

结合层材料用量 = $100m^2$ × 结合层厚度

【例 3.2.3】 用 1∶1 水泥砂浆贴 $150mm \times 150mm \times 5mm$ 瓷砖墙面，结合层厚度为 $10mm$，灰缝宽为 $2mm$，瓷砖损耗率为 1.5%，砂浆损耗率为 1%，试计算每 $100m^2$ 瓷砖墙面中瓷砖和砂浆的消耗量。

解：每 100m² 瓷砖墙面中瓷砖的净用量 $= \dfrac{100}{(0.15+0.002) \times (0.15+0.002)} = 4328.25$（块）

每 100m² 瓷砖墙面中瓷砖总的消耗量 $=4328.25 \times (1+1.5\%) =4393.17$（块）

每 100m² 瓷砖墙面中结合层砂浆净用量 $=100 \times 0.01=1$（m³）

每 100m² 瓷砖墙面中灰缝砂浆净用量 $=(100-4328.25 \times 0.15 \times 0.15) \times 0.005 = 0.013$（m³）

每 100m² 瓷砖墙面中灰缝砂浆总消耗量 $=(1+0.013) \times (1+1\%) =1.02$（m³）

【例 3.2.4】 用水泥砂浆砌筑 2m³ 砖墙，标准砖（240mm×115mm×53mm）的总耗用量为 1113 块。已知砖的损耗率为 5%，砂浆的损耗率为 7%，则标准砖净用量、砂浆的净用量和损耗量分别为多少？

解：标准砖净用量 $=1113/(1+5\%) =1060$（块）

砂浆净用量 $=2-1060 \times 0.24 \times 0.115 \times 0.053=0.449$（m³）

砂浆损耗量 $=0.449 \times (1+7\%) =0.480$（m³）

3.2.4 确定机具台班定额消耗量的基本方法

机具台班定额消耗量包括机械台班定额消耗量和仪器仪表台班定额消耗量二者的确定方法大体相同，本部分主要介绍机械台班定额消耗量的确定。

1. 确定机械 1h 纯工作正常生产率

机械纯工作时间，就是指机械的必需消耗时间。机械 1h 纯工作正常生产率，就是在正常施工组织条件下，具有必需的知识和技能的技术工人操纵机械 1h 的生产率。根据机械工作特点不同，机械 1h 纯工作正常生产率的确定方法，也有所不同。

（1）对于循环动作机械，确定机械纯工作 1h 正常生产率的计算公式如下：

机械一次循环的正常延续时间 $=\sum$（循环各组成部分正常延续时间）－交叠时间

机械纯工作 1h 循环次数 $=\dfrac{60 \times 60 \text{（s）}}{\text{一次循环的正常延续时间}}$

机械纯工作 1h 正常生产率 $=$ 机械纯工作 1h 循环次数 $\times$ 一次循环生产的产品数量

（2）对于连续动作机械，确定机械纯工作 1h 正常生产率要根据机械的类型和结构特征，以及工作过程的特点来进行。计算公式如下：

连续动作机械纯工作 1h 正常生产率 $=\dfrac{\text{工作时间内生产的产品数量}}{\text{工作时间（h）}}$

工作时间内的产品数量和工作时间的消耗，要通过多次现场观察和机械说明书来取得数据。

2. 确定施工机械的时间利用系数

确定施工机械的时间利用系数，是指机械在一个台班内的净工作时间与工作班延续时间之比。机械的时间利用系数和机械在工作班内的工作状况有着密切的关系，所以，要确定机械的时间利用系数，首先要拟订机械工作班的正常工作状况，保证合理利用工时。机械时间利用系数的计算公式如下：

$$机械时间利用系数=\frac{机械在一个工作班内纯工作时间}{一个工作班延续时间（8h）}$$

3. 计算施工机械台班定额

计算施工机械台班定额是编制机械定额工作的最后一步。在确定了机械工作正常条件、机械 1h 纯工作正常生产率和机械时间利用系数之后，采用下列公式计算施工机械的产量定额：

施工机械台班产量定额＝机械 1h 纯工作正常生产率×工作班纯工作时间

施工机械台班产量定额＝机械 1h 纯工作正常生产率×工作班延续时间×机械时间利用系数

施工机械时间定额＝1/施工机械台班产量定额

【例 3.2.5】某工程现场采用出料容量 500L 的混凝土搅拌机，每一次循环中，装料、搅拌、卸料、中断需要的时间分别为 1min、3min、1min、1min，机械时间利用系数为 0.9，求该机械的台班产量定额。

解： 该搅拌机一次循环的正常延续时间＝1＋3＋1＋1＝6（min）＝0.1（h）

该搅拌机纯工作 1h 循环次数＝1/0.1＝10（次）

该搅拌机纯工作 1h 正常生产率＝10×500＝5000（L）＝5（m³）

该搅拌机台班产量定额＝5×8×0.9＝36（m³/台班）

3.3 建筑安装工程人工、材料和施工机具台班单价的确定

3.3.1 人工日工资单价的组成和确定方法

人工日工资单价是指施工企业平均技术熟练程度的生产工人在每工作日（国家法定工作时间内）按规定从事施工作业应得的日工资总额。合理确定人工工日单价是正确计算人工费和工程造价的前提和基础。

1. 人工日工资单价组成内容

人工日工资单价由计时工资或计件工资、奖金、津贴补贴以及特殊情况下支付的工资组成。

（1）计时工资或计件工资。按计时工资标准和工作时间或对已做工作按计件单价支付给个人的劳动报酬。

（2）奖金。对超额劳动和增收节支支付给个人的劳动报酬。如节约奖、劳动竞赛奖等。

（3）津贴补贴。为了补偿职工特殊或额外的劳动消耗和因其他原因支付给个人的津

贴，以及为了保证职工工资水平不受物价影响支付给个人的物价补贴。如流动施工津贴、特殊地区施工津贴、高温（寒）作业临时津贴、高空津贴等。

（4）特殊情况下支付的工资。根据国家法律、法规和政策规定，因病、工伤、产假、计划生育假、婚丧假、事假、探亲假、定期休假、停工学习、执行国家或社会义务等原因按计时工资标准或计件工资标准的一定比例支付的工资。

2. 人工日工资单价确定方法

（1）年平均每月法定工作日。由于人工日工资单价是每一个法定工作日的工资总额，因此需要对年平均每月法定工作日进行计算。计算公式如下：

$$年平均每月法定工作日＝（全年日历日－法定假日）/12$$

法定假日指双休日和法定节日。

（2）日工资单价的计算。确定了年平均每月法定工作日后，将上述工资总额进行分摊，即形成了人工日工资单价。计算公式如下：

$$日工资单价＝$$

$$\frac{平均月工资（计时、计件）＋平均月（奖金＋津贴补贴＋平均特殊情况下支付的工资）}{年平均每月法定工作日}$$

（3）日工资单价的管理。虽然施工企业投标报价时可以自主确定人工费，但由于人工日工资单价在我国具有一定的政策性，因此工程造价管理机构确定日工资单价应根据工程项目的技术要求，通过市场调查并参考实物的工程量人工单价综合分析确定，发布的最低日工资单价不得低于工程所在地人力资源和社会保障部门所发布的最低工资标准的：普工1.3倍、一般技工2倍、高级技工3倍。

3.3.2　材料单价的组成和确定方法

在建筑工程中，材料费占总造价的60%～70%，在金属结构工程中所占比重更大。因此，合理确定材料价格构成，正确计算材料单价，有利于合理确定和有效控制工程造价。材料单价是指建筑材料从其来源地运到施工工地仓库，直至出库形成的综合单价。

1. 材料原价（或供应价格）

材料原价是指国内采购材料的出厂价格，国外采购材料抵达买方边境、港口或车站并交纳完各种手续费、税费（不含增值税）后形成的价格。在确定原价时，凡同一种材料因来源地、交货地、供货单位、生产厂家不同，而有几种价格（原价）时，根据不同来源地供货数量比例，采取加权平均的方法确定其综合原价。计算公式如下：

$$加权平均原价＝\frac{K_1C_1＋K_2C_2＋\cdots＋K_nC_n}{K_1＋K_2＋\cdots＋K_n}$$

式中：K_1，K_2，$\cdots$，K_n——各不同供应地点的供应量或各不同使用地点的需要量；

C_1，C_2，$\cdots$，C_n——各不同供应地点的原价。

若材料供货价格为含税价格，则材料原价应以购进货物适用的税率（13%或9%）或征收率（3%）扣减增值税进项税额。

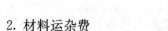

2. 材料运杂费

材料运杂费是指国内采购材料自来源地、国外采购材料自到岸港运至工地仓库或指定堆放地点发生的费用（不含增值税）。含外埠中转运输过程中所发生的一切费用和过境过桥费用，包括调车和驳船费、装卸费、运输费及附加工作费等。

同一品种的材料有若干个来源地，应采用加权平均的方法计算材料运杂费。计算公式如下：

$$加权平均运杂费 = \frac{K_1 C_1 + K_2 C_2 + \cdots + K_n C_n}{K_1 + K_2 + \cdots + K_n}$$

式中：K_1，K_2，$\cdots$，K_n——各不同供应地点的供应量或各不同使用地点的需要量；

C_1，C_2，$\cdots$，C_n——各不同运距的运费。

若运输费用为含税价格，则需要按"两票制"和"一票制"两种支付方式分别调整。

（1）"两票制"支付方式。所谓"两票制"材料，是指材料供应商就收取的货物销售价款和运杂费向建筑业企业分别提供货物销售和交通运输两张发票的材料。在这种方式下，运杂费以接受交通运输与服务适用税率9％扣减增值税进项税额。

（2）"一票制"支付方式。所谓"一票制"材料，是指材料供应商就收取的货物销售价款和运杂费合计金额向建筑业企业仅提供一张货物销售发票的材料。在这种方式下，运杂费采用与材料原价相同的方式扣减增值税进项税额。

3. 运输损耗

在材料的运输中应考虑一定的场外运输损耗费用。这是指材料在运输装卸过程中不可避免的损耗。运输损耗的计算公式是：

$$运输损耗 = （材料原价 + 运杂费）× 运输损耗率（\%）$$

4. 采购及保管费

采购及保管费是指为组织采购、供应和保管材料过程中所需要的各项费用，包含采购费、仓储费、工地保管费和仓储损耗。采购及保管费一般按照材料到库价格以费率取定。材料采购及保管费计算公式如下：

$$采购及保管费 = 材料运到工地仓库价格 × 采购及保管费率（\%）$$

或 $$采购及保管费 = （材料原价 + 运杂费 + 运输损耗费）× 采购及保管费率（\%）$$

综上所述，材料单价的一般计算公式为：

$$材料单价 = （供应价格 + 运杂费）× [1 + 运输损耗率（\%）] ×$$
$$[1 + 采购及保管费率（\%）]$$

由于我国幅员辽阔，建筑材料产地与使用地点的距离各地差异很大，采购、保管、运输方式也不尽相同，因此材料单价原则上按地区范围编制。

【例 3.3.1】 某建设项目材料水泥（适用 13％增值税率）从两个地方采购，其采购量及有关费用见表 3.3.1，表中原价、运杂费均为含税价格，且材料采用"两票制"支付方式，求该工地水泥的单价。

表 3.3.1 材料采购信息表

采购处	采购量 （t）	原价 （元/t）	运杂费 （元/t）	运输损耗率 （%）	采购及保管费费率 （%）
甲	300	340	20	0.5	3.5%
乙	200	350	15	0.4	3.5%

解： 应将含税的原价和运杂费调整为不含税价格，具体过程见表3.3.2。

表 3.3.2 材料价格信息不含税价格处理

采购处	采购量 （t）	不含税原价 （元/t）	不含税运杂费 （元/t）	运输损耗率 （%）	采购及保管费 （%）
甲	300	340/1.13=300.88	20/1.09=18.35	0.5	3.5%
乙	200	350/1.13=309.73	15/1.09=13.76	0.4	3.5%

方法一：

加权平均原价＝（300×300.88＋200×309.73）/（300＋200）＝304.42（元/t）

加权平均运杂费＝（300×18.35＋200×13.76）/（300＋200）＝16.51（元/t）

甲地的运输损耗费＝（300.88＋18.35）×0.5%＝1.60（元/t）

乙地的运输损耗费＝（309.73＋13.76）×0.4%＝1.29（元/t）

加权平均运输损耗费＝（300×1.60＋200×1.29）/（300＋200）＝1.48（元/t）

材料单价＝（304.42＋16.51＋1.48）×（1＋3.5%）＝333.69（元/t）

方法二：

（300.88＋18.35）×（1＋0.5%）×（1＋3.5%）×300/500＋（309.73＋13.76）×（1＋0.4%）×（1＋3.5%）×200/500＝333.69（元/t）

3.3.3 施工机械台班单价的组成和确定方法

施工机械使用费是根据施工中耗用的机械台班数量和机械台班单价确定的。施工机械台班耗用量按有关定额规定计算；施工机械台班单价是指一台施工机械，在正常运转条件下一个工作班中所发生的全部费用，每台班按8小时工作制计算。正确制定施工机械台班单价是合理确定和控制工程造价的重要方面。

根据《建设工程施工机械台班费用编制规则》的规定，施工机械划分为12个类别：土石方及筑路机械、桩工机械、起重机械、水平运输机械、垂直运输机械、混凝土及砂浆机械、加工机械、泵类机械、焊接机械、动力机械、地下工程机械和其他机械。

施工机械台班单价由七项费用组成，包括折旧费、检修费、维护费、安拆费及场外运费、人工费、燃料动力费和其他费用。

1. 折旧费的组成及确定

折旧费是指施工机械在规定的耐用总台班内，陆续收回其原值的费用。其计算公式如下：

$$台班折旧费=\frac{机械预算价格\times（1-残值率）}{耐用总台班}$$

（1）残值率。残值率是指机械报废时回收其残余价值占施工机械预算价格的百分数。残值率应按编制期国家有关规定确定。目前各类施工机械均按 5% 计算。

（2）耐用总台班。耐用总台班指施工机械从开始投入使用至报废前使用的总台班数，应按相关技术指标取定。

年工作台班指施工机械在一个年度内使用的台班数量。年工作台班应在编制期制度工作日基础上扣除检修、维护天数及考虑机械利用率等因素综合取定。

机械耐用总台班的计算公式为：

$$耐用总台班=折旧年限\times年工作台班=检修间隔台班\times检修周期$$

检修间隔台班是指机械自投入使用起至第一次检修止或自上一次检修后投入使用起至下一次检修止，应达到的使用台班数。

检修周期是指机械正常的施工作业条件下，将其寿命期（耐用总台班）按规定的检修次数划分为若干个周期。其计算公式为：

$$检修周期=检修次数+1$$

2. 检修费的组成及确定

检修费是指施工机械在规定的耐用总台班内，按规定的检修间隔进行必要的检修，以恢复其正常功能所需的费用。检修费是机械使用期限内全部检修费之和在台班费用中的分摊额，它取决于一次检修费、检修次数和耐用总台班的数量。其计算公式为：

$$台班检修费=\frac{一次检修费\times检修次数}{耐用总台班}\times除税系数$$

（1）一次检修费指施工机械一次检修发生的工时费、配件费、辅料费、油燃料费等。一次检修费应以施工机械的相关技术指标和参数为基础，结合编制期市场价格综合确定。可按其占预算价格的百分率取定。

（2）检修次数是指施工机械在其耐用总台班内的检修次数。检修次数应按施工机械的相关技术指标取定。

（3）除税系数＝自行检修比例＋委外检修比例/（1＋税率）。自行检修比例、委外检修比例是指施工机械自行检修、委托专业修理修配部门检修占检修费比例。具体比值应结合本地区（部门）施工机械检修实际综合取定。税率按增值税修理修配劳务适用税率计取。

3. 维护费的组成及确定

维护费指施工机械在规定的耐用总台班内，按规定的维护间隔进行各级维护和临时故障排除所需的费用。它包括保障机械正常运转所需替换与随机配备工具附具的摊销和维护费用、机械运转及日常保养维护所需润滑与擦拭的材料费用及机械停滞期间的维护费用等。各项费用分摊到台班中，即为维护费。其计算公式为：

$$台班维护费=\frac{\sum(各级维护一次费用×除税系数×各级维护次数)+临时故障排除费}{耐用总台班}$$

当维护费计算公式中各项数值难以确定时，也可按下列公式计算：

$$台班维护费=台班检修费×K$$

式中　K——维护费系数，指维护占检修费的百分数。

4. 安拆费及场外运费的组成和确定

安拆费指施工机械在现场进行安装与拆卸所需的人工、材料、机械和试运转费用以及机械辅助设施的折旧、搭设、拆除等费用；场外运费指施工机械整体或分体自停放地点运至施工现场或由一施工地点运至另一施工地点的运输、装卸、辅助材料及架线等费用。

安拆费及场外运费根据施工机械不同分为计入台班单价、单独计算和不需计算三种类型。

（1）安拆简单、移动需要起重及运输机械的轻型施工机械，其安拆费及场外运费计入台班单价。安拆费及场外运费应按下列公式计算：

$$安拆费及场外运费=\frac{一次安拆费及场外运费×年平均安拆次数}{年工作台班}$$

（2）单独计算的情况包括：

① 安拆复杂、移动需要起重及运输机械的重型施工机械，安拆费及场外运费单独计算；

② 利用辅助设施移动的施工机械，辅助设施（包括轨道和枕木）等的折旧、搭设和拆除等费用可单独计算。

（3）不需计算的情况包括：

① 不需安拆的施工机械，不计算一次安拆费；

② 不需相关机械辅助运输的自行移动机械，不计算场外运费；

③ 固定在车间的施工机械，不计算安拆费及场外运费。

（4）自升式塔式起重机、施工电梯安拆费的超高起点及其增加费，各地区、部门可根据具体情况确定。

5. 人工费的组成及确定

人工费指机上司机（司炉）和其他操作人员的人工费。按下列公式计算：

$$台班人工费=人工消耗量×\left(1+\frac{年制度工作日-年工作台班}{年工作台班}\right)×人工单价$$

$$台班人工费=人工消耗量×\frac{年制度工作日}{年工作台班}×人工单价$$

【例3.3.2】某载重汽车配司机2人，当年制度工作日为250天，年工作台班为230台班，人工单价为80元，求该载重汽车的人工费。

解：人工费＝$2 \times \dfrac{250}{230} \times 80 = 173.91$（元/台班）

6. 燃料动力费的组成和确定

燃料动力费是指施工机械在运转作业中所耗用的燃料及水、电等费用。计算公式如下：

$$台班燃料动力费 = \sum（燃料动力消耗量 \times 燃料动力单价）$$

（1）燃料动力消耗量应根据施工机械技术指标等参数及实测资料综合确定。可采用下列公式：

$$台班燃料动力消耗量 = （实测数 \times 4 + 定额平均值 + 调查平均值）/6$$

（2）燃料动力单价应执行编制期工程造价管理机构发布的不含税信息价格。

7. 其他费用的组成和确定

其他费用是指施工机械按照国家规定应缴纳的车船税、保险费及检测费等。其计算公式为：

$$台班其他费 = \dfrac{年车船税 + 年保险费 + 年检测费}{年工作台班}$$

（1）年车船税、年检测费应执行编制期国家及地方政府有关部门的规定。

（2）年保险费应执行编制期国家及地方政府有关部门强制性保险的规定，非强制性保险不应计算在内。

3.3.4 施工仪器仪表台班单价的组成和确定方法

根据《建设工程施工仪器仪表台班费用编制规则》的规定，施工仪器仪表划分为七个类别：自动化仪表及系统、电工仪器仪表、光学仪器、分析仪表、试验机、电子和通信测量仪器仪表、专用仪器仪表。

施工仪器仪表台班单价由四项费用组成，包括折旧费、维护费、校验费、动力费。施工仪器仪表台班单价中的费用组成不包括检测软件的相关费用。

1. 折旧费

施工仪器仪表台班折旧费是指施工仪器仪表在耐用总台班内，陆续收回其原值的费用。其计算公式如下：

$$台班折旧费 = \dfrac{施工仪器仪表原值 \times （1 - 残值率）}{耐用总台班}$$

2. 维护费

施工仪器仪表台班维护费是指施工仪器仪表各级维护、临时故障排除所需的费用及为保证仪器仪表正常使用所需备件（备品）的维护费用。其计算公式如下：

$$台班维护费 = \dfrac{年维护费}{年工作台班}$$

3. 校验费

施工仪器仪表台班校验费是指按国家与地方政府规定的标定与检验的费用。其计算公式如下：

$$台班校验费＝\frac{年校验费}{年工作台班}$$

4. 动力费

施工仪器仪表台班动力费是指施工仪器仪表在施工过程中所耗用的电费。其计算公式如下：

$$台班动力费＝台班耗电量×电价$$

3.4 工程计价定额的编制

工程计价定额是指工程定额中直接用于工程计价的定额或指标，包括预算定额、概算定额、概算指标和估算指标等。工程计价定额主要用来在建设项目的不同阶段作为确定和计算工程造价的依据。

3.4.1 预算定额及其基价编制

1. 预算定额的概念与作用

（1）预算定额的概念。预算定额是在正常的施工条件下，完成一定计量单位合格分项工程和结构构件所需消耗的人工、材料、施工机具台班数量及其相应费用标准。预算定额是工程建设中的一项重要的技术经济文件，是编制施工图预算的主要依据，是确定和控制工程造价的基础。

（2）预算定额的作用。

① 预算定额是编制施工图预算的基础。施工图设计一经确定，工程预算造价就取决于预算定额水平和人工、材料及机具台班的价格。预算定额起着控制劳动消耗、材料消耗和机具台班使用的作用，进而起着控制建筑产品价格的作用。

② 预算定额是编制施工组织设计的依据。施工组织设计的重要任务之一，是确定施工中所需人力、物力的供求量，并做出最佳安排。施工单位在缺乏本企业的施工定额的情况下，根据预算定额，亦能够比较精确地计算出施工中各项资源的需要量，为有计划地组织材料采购和预制件加工、劳动力和施工机具的调配，提供了可靠的计算依据。

③ 预算定额是工程结算的依据。工程结算是建设单位和施工单位按照工程进度对已完成的分部分项工程实现货币支付的行为。按进度支付工程款，需要根据预算定额将已完分项工程的造价算出。单位工程验收后，再按竣工工程量、预算定额和施工合同规

定进行结算，以保证建设单位建设资金的合理使用和施工单位的经济收入。

④ 预算定额是施工单位进行经济活动分析的依据。预算定额规定的物化劳动和劳动消耗指标，是施工单位在生产经营中允许消耗的最高标准。施工单位可根据预算定额对施工中的人工、材料、机具的消耗情况进行具体的分析，以便找出并克服低功效、高消耗的薄弱环节，提高竞争能力。只有在施工中尽量降低劳动消耗，采用新技术、提高劳动者素质，提高劳动生产率，才能取得较好的经济效益。

⑤ 预算定额是编制概算定额的基础。概算定额是在预算定额基础上综合扩大编制的。利用预算定额作为编制依据，不但可以节省编制工作的大量人力、物力和时间，收到事半功倍的效果，还可以使概算定额在水平上与预算定额保持一致，以免造成执行中的不一致。

⑥ 预算定额是编制招标控制价的基础，并对投标报价的编制具有参考作用。在深化改革中，预算定额的指令性作用将日益削弱，但对控制招标工程的最高限价仍起到一定的指导性作用，因此预算定额作为编制招标控制价的基础性作用仍将存在。同时，对于部分不具备编制企业定额能力或者企业定额体系不健全的投标人，预算定额依然可以作为投标报价的参考依据。

2. 预算定额的编制原则

为保证预算定额的质量，充分发挥预算定额的作用，实际使用简便，在编制工作中应遵循以下原则：

（1）按社会平均水平确定预算定额的原则。预算定额是确定和控制建筑安装工程造价的主要依据。因此，它必须遵照价值规律的客观要求，即按生产过程中所消耗的社会必要劳动时间确定定额水平。所谓预算定额的平均水平，是在正常的施工条件下，合理的施工组织和工艺条件、平均劳动熟练程度和劳动强度下，完成单位分项工程基本构造单元所需要的劳动时间。

（2）简明适用的原则。一是指在编制预算定额时，对于那些主要的、常用的、价值量大的项目，分项工程划分宜细；次要的、不常用的、价值量相对较小的项目则可以粗一些。二是指预算定额要项目齐全。要注意补充那些因采用新技术、新结构、新材料而出现的新的定额项目。如果项目不全，缺项多，就会使计价工作缺少充足、可靠的依据。三是要求合理确定预算定额的计量单位，简化工程量的计算，尽可能地避免同一种材料用不同的计量单位和一量多用，尽量减少定额附注和换算系数。

3. 预算定额消耗量的编制方法

确定预算定额人工、材料、机具台班消耗指标时，必须先按施工定额的分项逐项计算出消耗指标，然后再按预算定额的项目加以综合。但是，这种综合不是简单的合并和相加，而需要在综合过程中增加两种定额之间适当的水平差。预算定额的水平，首先取决于这些消耗量的合理确定。

人工、材料和机具台班消耗量指标，应根据定额编制原则和要求，采用理论与实际相结合、图纸计算与施工现场测算相结合、编制人员与现场工作人员相结合等方法进行计算和确定，使定额既符合政策要求，又与客观情况一致，便于贯彻执行。

1) 预算定额中人工工日消耗量的计算。预算定额中人工工日消耗量可以有两种确定方法：一种是以劳动定额为基础确定；另一种是以现场观察测定资料为基础计算，主要用于遇到劳动定额缺项时，采用现场工作日写实等测时方法测定和计算定额的人工耗用量。

预算定额中人工工日消耗量是指在正常施工条件下，生产单位合格产品所必须消耗的人工工日数量，是由分项工程所综合的各个工序劳动定额包括的基本用工、其他用工两部分组成的。

(1) 基本用工。基本用工指完成一定计量单位的分项工程或结构构件的各项工作过程的施工任务所必须消耗的技术工种用工。按技术工种相应劳动定额工时定额计算，以不同工种列出定额工日。基本用工包括：

① 完成定额计量单位的主要用工，按综合取定的工程量和相应劳动定额进行计算。计算公式为：

$$基本用工＝\sum（综合取定的工程量×劳动定额）$$

例如工程实际中的砖基础，有1砖厚、1砖半厚、2砖厚等之分，用工各不相同，在预算定额中由于不区分厚度，需要按照统计的比例，加权平均得出综合的人工消耗。

② 按劳动定额规定应增（减）计算的用工量。例如在砖墙项目中，分项工程的工作内容包括了附墙烟囱孔、垃圾道、壁橱等零星组合部分的内容，人工消耗量相应增加附加人工消耗。由于预算定额是在施工定额子目的基础上综合扩大的，包括的工作内容较多，施工的工效视具体部位而不一样，所以需要另外增加人工消耗，而这种人工消耗也可以列入基本用工内。

(2) 其他用工。其他用工是辅助基本用工消耗的工日，包括超运距用工、辅助用工和人工幅度差。

① 超运距用工。超运距是指劳动定额中已包括的材料、半成品场内水平搬运距离与预算定额所考虑的现场材料、半成品堆放地点到操作地点的水平运输距离之差。计算公式如下：

$$超运距＝预算定额取定运距－劳动定额已包括的运距$$
$$超运距用工＝\sum（超运距材料数量×时间定额）$$

需要指出，实际工程现场运距超过预算定额取定运距时，可另行计算现场二次搬运费。

② 辅助用工。辅助用工指技术工种劳动定额内不包括而在预算定额内又必须考虑的用工。例如机械土方工程配合用工、材料加工（筛砂、洗石、淋化石膏），电焊点火用工等。计算公式如下：

$$辅助用工＝\sum（材料加工数量×相应的加工劳动定额）$$

③人工幅度差。即预算定额与劳动定额的差额，主要是指在劳动定额中未包括而在正常施工情况下不可避免但又很难准确计量的用工和各种工时损失。其内容包括：

a. 各工种间的工序搭接及交叉作业相互配合或影响所发生的停歇用工；

b. 施工过程中，移动临时水电线路而造成的影响工人操作的时间；

c. 工程质量检查和隐蔽工程验收工作而影响工人操作的时间；

d. 同一现场内单位工程之间因操作地点转移而影响工人操作的时间；

e. 工序交接时对前一工序不可避免的修整用工；

f. 施工中不可避免的其他零星用工。

人工幅度差计算公式如下：

人工幅度差＝（基本用工＋辅助用工＋超运距用工）×人工幅度差系数

人工幅度差系数一般为 $10\%\sim15\%$。在预算定额中，人工幅度差的用工量列入其他用工量中。

【例 3.4.1】编制某分项工程预算定额人工工日消耗量时，已知基本用工、辅助用工、超运距用工分别为 20 工日、2 工日、3 工日，人工幅度差系数为 10%，则该分项工程单位人工工日消耗量为多少？

解： 该分项工程单位人工工日消耗量＝（20＋2＋3）×（1＋10%）＝27.5（工日）

2）预算定额中材料消耗量的计算。材料消耗量计算方法主要有：

（1）凡有标准规格的材料，按规范要求计算定额计量单位的耗用量，如砖、防水卷材、块料面层等。

（2）凡设计图纸标注尺寸及下料要求的按设计图纸尺寸计算材料净用量，如门窗制作用材料、方、板料等。

（3）换算法。各种胶结、涂料等材料的配合比用料，可以根据要求条件换算，得出材料用量。

（4）测定法。包括实验室试验法和现场观察法。指各种强度等级的混凝土及砌筑砂浆配合比的耗用原材料数量的计算，须按照规范要求试配，经过试压合格以后并经过必要的调整后得出的水泥、砂子、石子、水的用量。对新材料、新结构又不能用其他方法计算定额消耗用量时，须用现场测定方法来确定，根据不同条件可以采用写实记录法和观察法，得出定额的消耗量。

3）预算定额中机具台班消耗量的计算。预算定额中的机具台班消耗量是指在正常施工条件下，生产单位合格产品（分部分项工程或结构构件）必须消耗的某种型号施工机具的台班数量。下面主要介绍机械台班消耗量的计算。

（1）根据施工定额确定机械台班消耗量的计算。这种方法是指用施工定额中机械台班产量加机械幅度差计算预算定额的机械台班消耗量。

机械台班幅度差是指在施工定额中所规定的范围内没有包括，而在实际施工中又不可避免产生的影响机械或使机械停歇的时间。其内容包括：

① 施工机械转移工作面及配套机械相互影响损失的时间；

② 在正常施工条件下，机械在施工中不可避免的工序间歇；

③ 工程开工或收尾时工作量不饱满所损失的时间；

④ 检查工程质量影响机械操作的时间；

⑤ 临时停机、停电影响机械操作的时间；

⑥ 机械维修引起的停歇时间。

综上所述，预算定额的机械台班消耗量按下式计算：

预算定额机械耗用台班＝施工定额机械耗用台班×（1＋机械幅度差系数）

【例 3.4.2】 已知某挖土机挖土，一次正常循环工作时间是 40s，每次循环平均挖土量 0.3m³，机械时间利用系数为 0.8，机械幅度差系数为 25％。求该机械挖土方1000m³ 的预算定额机械耗用台班量。

解： 机械纯工作 1h 循环次数＝3600/40＝90（次/台时）

机械纯工作 1h 正常生产率＝90×0.3＝27（m³/台时）

施工机械台班产量定额＝27×8×0.8＝172.8（m³/台班）

施工机械台班时间定额＝1/172.8＝0.00579（台班/m³）

预算定额机械耗用台班＝0.00579×（1＋25％）＝0.00724（台班/m³）

挖土方 1000m³ 的预算定额机械耗用台班量＝1000×0.00724＝7.24（台班）

（2）以现场测定资料为基础确定机械台班消耗量。如遇到施工定额缺项者，则需要依据单位时间完成的产量测定。具体方法可参见本章第二节。

4. 预算定额基价编制

预算定额基价就是预算定额分项工程或结构构件的单价。我国现行各省预算定额基价的表达内容不尽统一。有的定额基价只包括人工费、材料费和施工机具使用费，即工料单价；有的定额基价包括了工料单价以外的管理费、利润的清单综合单价，即不完全综合单价；有的定额基价还包括了规费、税金在内的全费用综合单价，即完全综合单价。预算定额基价见表 3.4.1。

预算定额基价的编制方法，以工料单价为例，就是工、料、机的消耗量和工、料、机单价的结合过程。其中，人工费由预算定额中每一分项工程各种用工数，乘以地区人工工日单价之和算出；材料费由预算定额中每一分项工程的各种材料消耗量，乘以地区相应材料预算价格之和算出；机具费由预算定额中每一分项工程的各种机械台班消耗量，乘以地区相应施工机械台班预算价格之和，以及仪器仪表使用费汇总后算出。上述单价均为不含增值税进项税额的价格。

表 3.4.1 某预算定额计价表（工料单价）

定额编号	3-1
项目（单位 10m³）	砖基础
基价（元）	2036.50

续表

定额编号			3-1
其中	人工费（元）		495.18
	材料费（元）		1513.46
	机械费（元）		27.86
名称		单位	数量	单价（元）

	名称	单位	数量	单价（元）
人工	综合工日	工日	11.790	42.00
材料	M10 水泥砂浆	m³	(2.360)	
	标准砖	千块	5.236	230.00
	水泥 32.5 级	kg	649.000	0.32
	中砂	m³	2.407	37.15
	水	m³	3.137	3.85
机械	灰浆搅拌机 200L	台班	0.393	70.89

以基价为"工料单价"为例，分项工程预算定额基价的计算公式为：

$$分项工程预算定额基价＝人工费＋材料费＋机具使用费$$

式中　人工费＝∑（现行预算定额中各种人工工日用量×人工日工资单价）；

材料费＝∑（现行预算定额中各种材料耗用量×相应材料单价）；

机具使用费＝∑（现行预算定额中机械台班用量×机械台班单价）＋

∑（仪器仪表台班用量×仪器仪表台班单价）。

【例 3.4.3】某预算定额基价的编制过程见表 3.4.1。其中定额子目 3-1 的定额基价计算过程为：

定额人工费＝42.00×11.790＝495.18（元）。

定额材料费＝230.00×5.236＋0.32×649.000＋37.15×2.407＋3.85×3.137

＝1513.46（元）

定额机具使用费＝70.89×0.393＝27.86（元）

定额基价＝495.18＋1513.46＋27.86＝2036.50（元）

预算定额基价是根据现行定额和当地的价格水平编制的，具有相对的稳定性。在预算定额中列出的"预算价值"或"基价"，应视作该定额编制时的工程单价。为了适应市场价格的变动，在编制预算时，必须根据工程造价管理部门发布的调价文件对固定的工程预算单价进行修正。修正后的工程单价乘以根据图纸计算出来的工程量，就可以获得符合实际市场情况的人工、材料、机具费用。

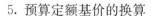

5. 预算定额基价的换算

当工程项目内容与相应定额子目内容不完全一致而定额又允许换算时，就要按定额规定的范围、内容和方法进行换算，从而使定额子目与工程项目保持一致。经过换算后的定额项目，要在其定额编号后加注"换"字，以示区别。实际应用过程中，设计资料中的砌筑砂浆和混凝土强度经常出现与预算定额不同的情形。

换算思路如下：一般情况下，材料换算时，人工费和机械费保持不变，仅换算材料费。

换算后的定额基价＝换算前的定额基价＋应换入材料的定额消耗量×换入材料的单价－应换出材料的定额消耗量×换出材料的单价

若在材料费的换算过程中，定额上的材料消耗量保持不变，则仅需换算材料的预算单价。

换算公式为：

换算后的定额基价＝换算前的定额基价＋应换算材料的定额用量×（换入材料的单价－换出材料的单价）

【例 3.4.4】某项毛石护坡砌筑工程，定额测定资料如下：

(1) 完成每立方米毛石砌体的基本工作时间为 7.9h。

(2) 辅助工作时间、准备与结束时间、不可避免中断时间和休息时间分别占毛石砌体的工作延续时间 3%、2%、2% 和 16%；普工、一般技工、高级技工的工日消耗比例测定为 2∶7∶1。

(3) 每 10m³ 毛石砌体需要 M5 水泥砂浆 3.93m³，毛石 11.22m³，水 0.79m³。

(4) 每 10m³ 毛石砌体需要 200L 砂浆搅拌机 0.66 台班。

(5) 该地区有关资源的现行价格如下：

人工工日单价为：普工 60 元/工日，一般技工 80 元/工日，高级技工 110 元/工日；

M5 水泥砂浆单价为：120 元/m³；

毛石单价为：58 元/m³；

水单价为：4 元/m³；

200L 砂浆搅拌机台班单价为：88.50 元/台班。

问题：

(1) 确定砌筑每立方米毛石护坡的人工时间定额和产量定额。

(2) 若预算定额的其他用工占基本用工 12%，试编制该分项工程的预算定额基价。

(3) 若毛石护坡砌筑砂浆设计变更为 M10 水泥砂浆。该砂浆现行单价为 130 元/m³，定额消耗量不变，则换算后的预算定额基价是多少？

解：

问题 (1)：

① 人工时间定额的确定。假定砌筑每立方米毛石护坡的工作延续时间为 X，则：

$X=7.9+$ （3%+2%+2%+16%） X

$X=10.26$ （小时）

每工日按 8 小时计算，则：

砌筑毛石护坡的人工时间定额=10.26/8=1.283（工日/m³）

② 人工产量定额的确定。

砌筑毛石护坡的人工产量定额=1/1.283=0.779（m³/工日）

问题（2）：

① 根据时间定额确定预算的人工消耗指标，计算人工费。

预算定额的人工消耗指标=基本用工×（1+其他用工比例）×定额计量单位

$$=1.283×（1+12\%）×10=14.37（工日/10m³）$$

预算定额人工费=人工消耗指标×人工工日单价

$$=14.37×（0.2×60+0.7×80+0.1×110）$$

$$=14.37×79$$

$$=1135.23（元/10m³）$$

② 根据背景资料，计算材料费和机械费。

材料费=3.93×120+11.22×58+0.79×4=1125.52（元/10m³）

机械费=0.66×88.50=58.41（元/10m³）

③ 该分项工程预算定额基价=人工费+材料费+机械费

$$=1135.23+1125.52+58.41=2319.16（元/10m³）$$

问题（3）：

毛石护坡砌体改用 M10 水泥砂浆后，换算预算定额基价的计算：

M10 水泥砂浆毛石护坡预算定额基价=M5 毛石护坡基价+砂浆用量×（M10 单价－

M5 单价）

$$=2319.16+3.93×（130－120）$$

$$=2358.46（元/10m³）$$

3.4.2 概算定额及其基价编制

1. 概算定额的概念

概算定额，是在预算定额基础上，确定完成合格的单位扩大分项工程或单位扩大结构构件所需消耗的人工、材料、施工机具台班的数量标准及其费用标准，是一种计价性定额。概算定额又称扩大结构定额。

概算定额是预算定额的综合与扩大。它将预算定额中有联系的若干个分项工程项目综合为一个概算定额项目。如砖基础概算定额项目，就是以砖基础为主，综合了平整场地、挖地槽、铺设垫层、砌砖基础、铺设防潮层、回填土及运土等预算定额中分项工程项目。

概算定额与预算定额的相同之处在于，都是以建（构）筑物各个结构部分和分部分项工程为单位表示的,内容也包括人工、材料和机具台班使用量定额三个基本部分,并列有基准价。概算定额表达的主要内容、表达的主要方式及基本使用方法都与预算定额相近。

概算定额与预算定额的不同之处,在于项目划分和综合扩大程度上的差异,同时,概算定额主要用于设计概算的编制。由于概算定额综合了若干分项工程的预算定额,因此概算工程量的计算和概算表的编制,都比编制施工图预算简化一些。

2. 概算定额的作用

(1) 是初步设计阶段编制概算、扩大初步设计阶段编制修正概算的主要依据。

(2) 是对设计项目进行技术经济分析比较的基础资料之一。

(3) 是建设工程主要材料计划编制的依据。

(4) 是控制施工图预算的依据。

(5) 是施工企业在准备施工期间编制施工组织总设计或总规划时,对生产要素提出需要量计划的依据。

(6) 是工程结束后,进行竣工决算和评价的依据。

3. 概算定额的编制原则

概算定额应该贯彻社会平均水平和简明适用的原则。由于概算定额和预算定额都是工程计价的依据,所以应符合价值规律和反映现阶段大多数企业的设计、生产及施工管理水平。但在概预算定额水平之间应保留必要的幅度差。概算定额的内容和深度是以预算定额为基础的综合和扩大。在合并中不得遗漏或增加项目,以保证其严密性和正确性。概算定额务必达到简化、准确和适用的要求。

4. 概算定额手册的内容

按专业特点和地区特点编制的概算定额手册,内容基本上是由文字说明、定额项目表和附录三个部分组成。

(1) 文字说明部分。文字说明部分有总说明和分部工程说明。在总说明中,主要阐述概算定额的性质和作用、概算定额编纂形式和应注意的事项、概算定额的编制目的和使用范围、有关定额的使用方法的统一规定。

(2) 定额项目表。

① 概算定额项目一般按以下两种方法划分:一是按工程结构划分:一般是按土石方、基础、墙、梁板柱、门窗、楼地面、屋面、装饰、构筑物等工程结构划分;二是按工程部位(分部)划分:一般是按基础、墙体、梁柱、楼地面、屋盖、其他工程部位等划分,如基础工程中包括了砖、石、混凝土基础等项目。

② 定额项目表是概算定额手册的主要内容,由若干分节定额组成。各节定额由工程内容、定额表及附注说明组成。定额表中列有定额编号、计量单位、概算价格、人工、材料、机械台班消耗量指标,综合了预算定额的若干项目与数量。表 3.4.2 为某现浇钢筋混凝土矩形柱概算定额。

表 3.4.2 某现浇钢筋混凝土柱概算定额

工程内容：模板安拆、钢筋绑扎安放、混凝土浇捣养护 　　　　　　　　　　　　计量单位：10m³

定额编号			3002	3003	3004	3005
项　目			现浇钢筋混凝土柱			
			矩形			
			周长1.5m以内	周长2.0m以内	周长2.5m以内	周长3.0m以内
			m³	m³	m³	m³
工、料、机名称（规格）		单位	数　量			
人工	混凝土工	工日	0.8187	0.8187	0.8187	0.8187
	钢筋工	工日	1.1037	1.1037	1.1037	1.1037
	木工（装饰）	工日	4.7676	4.0832	3.0591	2.1798
	其他工	工日	2.0342	1.7900	1.4245	1.1107
材料	泵送预拌混凝土	m³	1.0150	1.0150	1.0150	1.0150
	木模板成材	m³	0.0363	0.0311	0.0233	0.0166
	工具式组合钢模板	kg	9.7087	8.3150	6.2294	4.4388
	扣件	只	1.1799	1.0105	0.7571	0.5394
	零星卡具	kg	3.7354	3.1992	2.3967	1.7078
	钢支撑	kg	1.2900	1.1049	0.8277	0.5898
	柱箍、梁夹具	kg	1.9579	1.6768	1.2563	0.8952
	钢丝18号~22号	kg	0.9024	0.9024	0.9024	0.9024
	水	m³	1.2760	1.2760	1.2760	1.2760
	圆钉	kg	0.7475	0.6402	0.4796	0.3418
	草袋	m²	0.0865	0.0865	0.0865	0.0865
	成型钢筋	t	0.1939	0.1939	0.1939	0.1939
	其他材料费	%	1.0906	0.9579	0.7467	0.5523
机械	汽车式起重机（5t）	台班	0.0281	0.0241	0.0180	0.0129
	载重汽车（4t）	台班	0.0422	0.0361	0.0271	0.0193
	混凝土输送泵车（75m³/h）	台班	0.0108	0.0108	0.0108	0.0108
	木工圆锯机（φ500mm）	台班	0.0105	0.0090	0.0068	0.0048
	混凝土振捣器（插入式）	台班	0.1000	0.1000	0.1000	0.1000

（3）附录（略）

5. 概算定额基价的编制

概算定额基价和预算定额基价一样，根据不同的表达方法，概算定额基价可能是工料单价、综合单价或全费用综合单价。概算定额基价和预算定额基价的编制方法相同。

3.4.3 概算指标及其编制

1. 概算指标的概念及其作用

建筑安装工程概算指标通常是以单位工程为对象，以建筑面积、体积或成套设备装置的台或组为计量单位而规定的人工、材料、机械台班的消耗量标准和造价指标，是一种计价性定额。

从上述概念中可以看出，建筑安装工程概算定额与概算指标的主要区别如下：

（1）确定各种消耗量指标的对象不同。概算定额是以单位扩大分项工程或单位扩大结构构件为对象，而概算指标则是以单位工程为对象。因此概算指标比概算定额更加综合且范围更大。

（2）确定各种消耗量指标的依据不同。概算定额以现行预算定额为基础，通过计算之后才综合确定出各种消耗量指标。而概算指标中各种消耗量指标的确定，则主要来自各种预算或结算资料。

概算指标和概算定额、预算定额一样，都是与各个设计阶段相适应的多次性计价的产物。它主要用于投资估价、初步设计阶段，作用主要有：

① 概算指标可以作为编制投资估算的参考。

② 概算指标是初步设计阶段编制概算书、确定工程概算造价的依据。

③ 概算指标中的主要材料指标可以作为匡算主要材料用量的依据。

④ 概算指标是设计单位进行设计方案比较、设计技术经济分析的依据。

⑤ 概算指标是编制固定资产投资计划、确定投资额和主要材料计划的主要依据。

⑥ 概算指标是建筑企业编制劳动力与材料计划、实行经济核算的依据。

2. 概算指标的分类和表现形式

1）概算指标的分类。概算指标可分为两大类：一类是建筑工程概算指标；另一类是设备及安装工程概算指标。如图 3.4.1 所示。

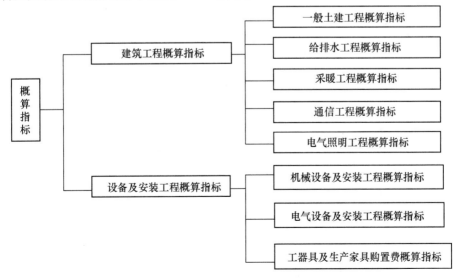

图 3.4.1 概算指标分类图

2）概算指标的组成内容及表现形式。

（1）概算指标的组成内容一般分为文字说明和列表形式两部分，以及必要的附录。

① 总说明和分册说明。其内容一般包括：概算指标的编制范围、编制依据、分册情况、指标包括的内容、指标未包括的内容、指标的使用方法、指标允许调整的范围及调整方法等。

② 列表形式包括：

a. 建筑工程列表形式。房屋建筑、构筑物一般是以建筑面积、建筑体积、"座""个"等为计算单位，附以必要的示意图，示意图画出建筑物的轮廓示意或单线平面图，列出综合指标："元/m²"或"元/m³"，自然条件（如地耐力、地震烈度等），建筑物的类型、结构形式及各部位中结构主要特点、主要工程量。

b. 安装工程的列表形式。设备以"t"或"台"为计算单位，也可以设备购置费或设备原价的百分比（％）表示；工艺管道一般以"t"为计算单位；通信电话站安装以"站"为计算单位。列出指标编号、项目名称、规格、综合指标（元/计算单位）之后，一般还要列出其中的人工费，必要时还要列出主要材料费、辅材费。

总体来讲，建筑工程列表形式分为以下几个部分：

a. 示意图。表明工程的结构，工业项目还表示出吊车及起重能力等。

b. 工程特征。对采暖工程特征应列出采暖热媒及采暖形式；对电气照明工程特征可列出建筑层数、结构类型、配线方式、灯具名称等；对房屋建筑工程特征，主要对工程的结构形式、层高、层数和建筑面积进行说明，见表 3.4.3。

表 3.4.3　内浇外砌住宅结构特征

结构类型	层数	层高	檐高	建筑面积
内浇外砌	六层	2.8m	17.7m	4206m²

c. 经济指标。说明该项目每 100m² 的造价指标及其土建、水暖和电气照明等单位工程的相应造价，见表 3.4.4。

表 3.4.4　内浇外砌住宅经济指标（100m² 建筑面积）

项目		合计	其中			
			直接费	间接费	利润	税金
单方造价		30422	21860	5576	1893	1093
其中	土建	26133	18778	4790	1626	939
	水暖	2565	1843	470	160	92
	电照	1724	1239	316	107	62

d. 构造内容及工程量指标。说明该工程项目的构造内容和相应计算单位的工程量指标及人工、材料消耗指标，见表 3.4.5、表 3.4.6。

表 3.4.5　内浇外砌住宅构造内容及工程量指标（100m² 建筑面积）

序号	构造特征		工程量	
			单位	数量
一、土建				
1	基础	灌注桩	m³	14.64
2	外墙	二砖墙、清水墙勾缝、内墙抹灰刷白	m³	24.32
3	内墙	混凝土墙、一砖墙、抹灰刷白	m³	22.70
4	柱	混凝土柱	m³	0.70
5	地面	碎砖垫层、水泥砂浆面层	m²	13
6	楼面	120mm 预制空心板、水泥砂浆面层	m²	65
7	门窗	木门窗	m²	62
8	屋面	预指空心板、水泥珍珠岩保温、三毡四油卷材防水	m²	21.7
9	脚手架	综合脚手架	m²	100
二、水暖				
1	采暖方式	集中采暖		
2	给水性质	生活给水明设		
3	排水性质	生活排水		
4	通风方式	自然通风		
三、电气照明				
1	配电方式	塑料管暗配电线		
2	灯具种类	日光灯		
3	用电量			

表 3.4.6　内浇外砌住宅人工及主要材料消耗指标（100m² 建筑面积）

序号	名称及规格	单位	数量	序号	名称及数量	单位	数量
一、土建				二、水暖			
1	人工	工日	506	1	人工	工日	39
2	钢筋	t	3.25	2	钢管	t	0.18
3	型钢	t	0.13	3	暖气片	m²	20
4	水泥	t	18.10	4	卫生器具	套	2.35
5	白灰	t	2.10	5	水表	个	1.84
6	沥青	t	0.29	三、电气照明			
7	红砖	千块	15.10	1	人工	工日	20
8	木材	m³	4.10	2	电线	m	283
9	砂	m³	41	3	钢管	t	0.04
10	砾	m³	30.5	4	灯具	套	8.43
11	玻璃	m²	29.2	5	电表	个	1.84
12	卷材	m²	80.8	6	配电箱	套	6.1
				四、机械使用费		%	7.5
				五、其他材料费		%	19.57

（2）概算指标的表现形式。概算指标在具体内容的表示方法上，分综合概算指标和单项概算指标两种形式。

① 综合概算指标。综合概算指标是按照工业或民用建筑及其结构类型而制定的概算指标。综合概算指标的概括性较大，准确性、针对性不如单项概算指标。

② 单项概算指标。单项概算指标是指为某种建筑物或构筑物而编制的概算指标。单项概算指标的针对性较强，故指标中对工程结构形式要做介绍。只要工程项目的结构形式及工程内容与单项指标中的工程概况相吻合，编制出的设计概算就比较准确。

3.4.4 投资估算指标及其编制

1. 投资估算指标概念及其作用

工程建设投资估算指标是编制建设项目建议书、可行性研究报告等前期工作阶段投资估算的依据，也可以作为编制固定资产长远规划投资额的参考。与概预算定额相比较，估算指标以独立的建设项目、单项工程或单位工程为对象，综合项目全过程投资和建设中的各类成本和费用，反映出其扩大的技术经济指标，既是定额的一种表现形式，又不同于其他的计价定额。

投资估算指标为完成项目建设的投资估算提供依据和手段，它在固定资产的形成过程中起着投资预测、投资控制、投资效益分析的作用，是合理确定项目投资的基础。投资估算指标中的主要材料消耗量也是一种扩大材料消耗量指标，可以作为计算建设项目主要材料消耗量的基础。估算指标的正确制定对提高投资估算的准确度、对建设项目的合理评估和正确决策，具有重要意义。

2. 投资估算指标编制原则

由于投资估算指标属于项目建设前期进行估算投资的技术经济指标，它不但要反映实施阶段的静态投资，还必须反映项目建设前期和交付使用期内发生的动态投资，以投资估算指标为依据编制的投资估算，包含项目建设的全部投资额。这就要求投资估算指标比其他各种计价定额具有更大的综合性和概括性。因此投资估算指标的编制工作，除应遵循一般定额的编制原则外，还必须坚持下述原则：

（1）投资估算指标项目的确定，应考虑以后几年编制建设项目建议书和可行性研究报告投资估算的需要。

（2）投资估算指标的分类、项目划分、项目内容、表现形式等要结合各专业的特点，并且要与项目建议书、可行性研究报告的编制深度相适应。

（3）投资估算指标的编制内容、典型工程的选择，必须遵循国家的有关建设方针政策，符合国家技术发展方向，贯彻国家发展方向原则，使指标的编制既能反映正常建设条件下的造价水平，也能适应今后若干年的科技发展水平。坚持技术上先进、可行和经济上的合理，力争以较少的投入取得最大的投资效益。

（4）投资估算指标的编制要反映不同行业、不同项目和不同工程的特点，投资估算指标要适应项目前期工作深度的需要，而且具有更大的综合性。投资估算指标要密切结合行业特点、项目建设的特定条件，在内容上既要贯彻指导性、准确性和可调性原则，又要有一定的深度和广度。

（5）投资估算指标的编制要贯彻静态和动态相结合的原则。要充分考虑到在市场经济条件下，由于建设条件、实施时间、建设期限等因素的不同，建设期的动态因素，即价格、建设期利息及涉外工程的汇率等因素的变动，导致指标的量差、价差、利息差、费用差等动态因素对投资估算的影响，对上述动态因素给予必要的调整办法和调整参数，尽可能减少这些动态因素对投资估算准确度的影响，使指标具有较强的实用性和可操作性。

3. 投资估算指标的内容

投资估算指标是确定和控制建设项目全过程各项投资支出的技术经济指标，其范围涉及建设前期、建设实施期和竣工验收交付使用期等各个阶段的费用支出，内容因行业不同而各异，一般可分为建设项目综合指标、单项工程指标和单位工程指标三个层次。表 3.4.7 为某住宅项目的投资估算指标示例。

表 3.4.7　建设项目投资估算指标

一、工程概况（表一）						
工程名称	住宅楼	工程地点	××市	建筑面积		4549m²
层数	七层	层高	3.00m	檐高	21.60m	结构类型	砖混
地耐力	130kPa	地震烈度		7 度	地下水位	−0.65m，−0.83m

土建部分			
	地基处理		
	基础		C10 混凝土垫层、C20 钢筋混凝土带形基础，砖基础
	墙体	外	一砖墙
		内	一砖、1/2 砖墙
	柱		C20 钢筋混凝土构造柱
	梁		C20 钢筋混凝土单梁、圈梁、过梁
	板		C20 钢筋混凝土平板，C30 预应力钢筋混凝土空心板
	地面	垫层	混凝土垫层
		面层	水泥砂浆面层
	楼面		水泥砂浆面层
	屋面		块体刚性屋面，沥青铺加气混凝土块保温层，防水砂浆面层
	门窗		木胶合板门（带纱），塑钢窗
	装饰	天棚	混合砂浆、106 涂料
		内粉	混合砂浆、水泥砂架，106 涂料
		外粉	水刷石
安装	水卫（消防）		给水镀锌钢管，排水塑料管，坐式大便器
	电气照明		照明配电箱，PVC 塑料管暗敷、穿铜芯绝缘导线，避雷网敷设

89

续表

二、每平方米综合造价指标（表二）　单位：元/m²

项目	综合指标	直接工程费				取费（综合费）
		合价	其中			三类工程
			人工费	材料费	机械费	
工程造价	530.39	407.99	74.69	308.13	25.17	122.40
土建	503.00	386.92	70.95	291.80	24.17	116.08
水卫（消防）	19.22	14.73	2.38	11.94	0.41	4.49
电气照明	8.67	6.35	1.36	4.39	0.60	2.32

三、土建工程各分部占直接工程费的比例及每平方米直接费（表三）

分部工程名称	占直接工程费（%）	元/m²	分部工程名称	占直接工程费（%）	元/m²
±0.00 以下工程	13.01	50.40	楼地面工程	2.62	10.13
脚手架及垂直运输	4.02	15.56	屋面及防水工程	1.43	5.52
砌筑工程	16.90	65.37	防腐、保温、隔热工程	0.65	2.52
混凝土及钢筋混凝土工程	31.78	122.95	装饰工程	9.56	36.98
构件运输及安装工程	1.91	7.40	金属结构制作工程		
门窗及木结构工程	18.12	70.09	零星项目		

四、人工、材料消耗指标（表四）

项目	单位	每 100m² 消耗量	材料名称	单位	每 100m² 消耗量
（一）定额用工	工日	382.06	（二）材料消耗（土建工程）		
土建工程	工日	363.83	钢材	t	2.11
			水泥	t	16.76
水卫（消防）	工日	11.60	木材	m³	1.80
			标准砖	千块	21.82
电气照明	工日	6.63	中粗砂	m³	34.39
			碎（砾）石	m³	26.20

（1）建设项目综合指标。指按规定应列入建设项目总投资的从立项筹建开始至竣工验收交付使用的全部投资额，包括单项工程投资、工程建设其他费用和预备费等。

建设项目综合指标一般以项目的综合生产能力单位投资表示，如"元/t""元/kW"，或以使用功能表示，如医院床位用"元/床"表示。

（2）单项工程指标。指按规定应列入能独立发挥生产能力或使用效益的单项工程内的全部投资额，包括建筑工程费、安装工程费及设备、工器具、生产家具购置费和可能包含的其他费用。单项工程一般划分原则如下：

① 主要生产设施。指直接参加生产产品的工程项目，包括生产车间或生产装置。

② 辅助生产设施。指为主要生产车间服务的工程项目。包括集中控制室、中央实验室及机修、电修、仪器仪表修理、木工（模）等车间，原材料、半成品、成品及危险

品等仓库。

③ 公用工程。包括给排水系统（给排水泵房、水塔、水池及全厂给排水管网）、供热系统（锅炉房及水处理设施、全厂热力管网）、供电及通信系统（变配电所、开关所及全厂输电、电信线路）以及热电站、热力站、煤气站、空压站、冷冻站、冷却塔和全厂管网等。

④ 环境保护工程。包括废气、废渣、废水等处理和综合利用设施及全厂性绿化。

⑤ 总图运输工程。包括厂区防洪、围墙大门、传达及收发室、汽车库、消防车库、厂区道路、桥涵、厂区码头及厂区大型土石方工程。

⑥ 厂区服务设施。包括厂部办公室、厂区食堂、医务室、浴室、哺乳室、自行车棚等。

⑦ 生活福利设施。包括职工医院、住宅、生活区食堂、俱乐部、托儿所、幼儿园、子弟学校、商业服务点以及与之配套的设施。

⑧ 厂外工程。如水源工程，厂外输电、输水、排水、通信、输油等管线以及公路、铁路专用线等。

单项工程指标一般以单项工程生产能力单位投资，如用"元/t"或其他单位表示。如：变配电站用"元/（kV·A）"表示；锅炉房用"元/蒸汽吨"表示；供水站用"元/m³"表示；办公室、仓库、宿舍、住宅等房屋则区别不同结构形式以"元/m²"表示。

（3）单位工程指标。单位工程指标按规定应列入能独立设计、施工的工程项目的费用，即建筑安装工程费用。

单位工程指标一般以如下方式表示：房屋区别于不同结构形式以"元/m²"表示；道路区别不同结构层、面层以"元/m²"表示；水塔区别不同结构层、容积以"元/座"表示；管道区别不同材质、管径以"元/m"表示。

本章小结：

建设项目类型众多，不管是什么类型的项目，计价的基本原理和基本理论都是相通的。目前我国存在定额计价，即概预算计价和工程量清单计价两种模式，定额计价方法仍然发挥着重要作用，尤其在项目的建设前期对建设项目的投资进行预测和估计。只有把计价方法掌握牢固才能在建设项目的各个阶段正确计价，并进行有效的造价管理和控制。

思考与练习

1. 简述工程计价的基本原理。

2. 用公式表示工程概预算编制的基本方法和程序。

3. 工程定额是如何分类的？

4. 工人工作时间包括哪些内容？

5. 机器工作时间包括哪些内容?

6. 计时观察法是如何分类的?

7. 施工定额中材料消耗定额的公式、编制方法及适用条件是什么?

8. 简述预算定额消耗量的编制方法。

9. 预算定额基价是如何编制的?

10. 简述概算指标的分类及表现形式。

11. 投资估算指标的内容包括什么?

12. 已知某人工抹灰 $10m^2$ 的基本工作时间为 4 小时,辅助工作时间占工序作业时间的 5%,准备与结束工作时间、不可避免中断时间、休息时间分别占工作日的 6%、11%、3%。则该人工抹灰 $100m^2$ 需要多少工日?

13. 已知砌筑 $1m^3$ 砖墙中砖净量和损耗量分别为 529 块、6 块,百块砖体积按 $0.146m^3$ 计算,砂浆损耗率为 10%,则砌筑 $1m^3$ 砖墙的砂浆净用量和损耗量分别为多少 m^3?

14. 某出料容量 750L 的砂浆搅拌机,每一次循环工作中,运料、装料、搅拌、卸料、中断需要的时间分别为 150s、40s、250s、50s、40s,运料和其他时间的交叠时间为 50s,机械利用系数为 0.8,该机械的台班产量定额为多少?

15. 某挖掘机配司机 1 人,若年制度工作日为 245 天,年工作台班为 220 台班,人工工日单价为 80 元,则该挖掘机的人工费为多少?

16. 在正常施工条件下,完成 $10m^3$ 混凝土梁浇捣需 4 个基本用工、0.5 个辅助用工、0.3 个超运距用工,若人工幅度差系数为 10%,则该梁混凝土浇捣预算定额人工消耗量为多少?

17. 某挖土机挖土一次正常循环工作时间为 50s,每次循环平均挖土量为 $0.5m^3$,机械正常利用系数为 0.8,机械幅度差系数为 20%,按 8 小时工作制考虑,挖土方 $1000m^3$ 的预算定额的机械台班消耗量为多少台班?

工程量清单计价

4.1 工程量清单计价概述

工程量清单计价方法是随着我国建设领域市场化改革的不断深入，自 2003 年起在全国推广的一种计价方法。其实质在于突出自由市场形成工程交易价格的本质，在招标人提供统一工程量清单的基础上，各投标人进行自主竞价，由招标人择优选择形成最终的合同价格。在这种计价方法下，合同价格更加能够体现出市场交易的真实水平，并且能够更加合理地对合同履行过程中可能出现的各种风险进行合理分配，提升承发包双方的履约效率。

工程量清单计价的过程可以分为两个阶段，即工程量清单的编制和工程量清单的应用两个阶段。工程量清单的编制程序如图 4.1.1 所示，工程量清单的应用程序如图 4.1.2所示。

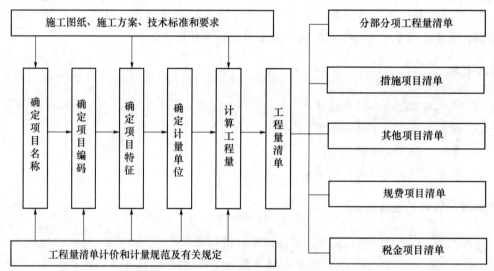

图 4.1.1 工程量清单的编制程序

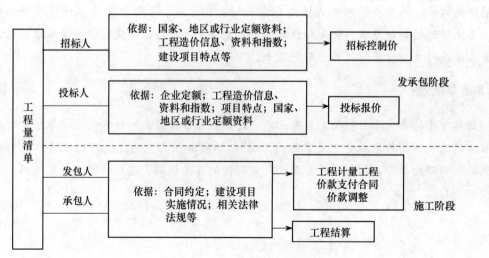

图 4.1.2 工程量清单的应用程序

4.1.1　工程量清单计价的适用范围

工程量清单计价适用于建设工程发承包及其实施阶段的计价活动。使用国有资金投资的建设工程发承包，必须采用工程量清单计价；非国有资金投资的建设工程，宜采用工程量清单计价；不采用工程量清单计价的建设工程，应执行清单计价规范中除工程量清单等专门性规定外的其他规定。

国有资金投资的项目包括全部使用国有资金（含国家融资资金）投资或国有资金投资为主的工程建设项目。

1. 国有资金投资的工程建设项目

（1）使用各级财政预算资金的项目。

（2）使用纳入财政管理的各种政府性专项建设资金的项目。

（3）使用国有企事业单位自有资金，并且国有资产投资者实际拥有控制权的项目。

2. 国家融资资金投资的工程建设项目

（1）使用国家发行债券所筹资金的项目。

（2）使用国家对外借款或者担保所筹资金的项目。

（3）使用国家政策性贷款的项目。

（4）国家授权投资主体融资的项目。

（5）国家特许的融资项目。

国有资金（含国家融资资金）为主的工程建设项目是指国有资金占投资总额50％以上，或虽不足50％但国有投资者实质上拥有控股权的工程建设项目。

4.1.2　工程量清单计价的作用

（1）提供一个平等的竞争条件。采用施工图预算来投标报价，由于设计图纸的缺陷，不同施工企业的人员理解不一，计算出的工程量也不同，报价就更相去甚远，也容易产生纠纷。而工程量清单报价就为投标者提供了一个平等竞争的条件，相同的工程量，由企业根据自身的实力来填报不同的单价。投标人的这种自主报价，使得企业的优势体现到投标报价中，可在一定程度上规范建筑市场秩序，确保工程质量。

（2）满足市场经济条件下竞争的需要。招投标过程就是竞争的过程，招标人提供工程量清单，投标人根据自身情况确定综合单价，利用单价与工程量逐项计算每个项目的合价，再分别填入工程量清单表内，计算出投标总价。单价成了决定性的因素，定高了不能中标，定低了又要承担过大的风险。单价的高低直接取决于企业管理水平和技术水平的高低，这种局面促成了企业整体实力的竞争，有利于我国建设市场的快速发展。

（3）有利于提高工程计价效率，能真正实现快速报价。采用工程量清单计价方式，避免了传统计价方式下，招标人与投标人之间的在工程量计算上的重复工作，各投标人以招标人提供的工程量清单为统一平台，结合自身的管理水平和施工方案进行报价，促进了各投标人企业定额的完善和工程造价信息的积累和整理，体现了现代工程建设中快速报价的要求。

（4）有利于工程款的拨付和工程造价的最终结算。中标后，业主要与中标单位签订施工合同，中标价就是确定合同价的基础，投标清单上的单价就成了拨付工程款的依据。业主根据施工企业完成的工程量，可以很容易地确定进度款的拨付额。工程竣工后，根据设计变更、工程量增减等，业主也很容易确定工程的最终造价，可在某种程度上减少业主与施工单位之间的纠纷。

（5）有利于业主对投资的控制。采用施工图预算形式，业主因对设计变更、工程量的增减所引起的工程造价变化不敏感，往往等到竣工结算时才知道这些对项目投资的影响有多大，但此时常常是为时已晚。而采用工程量清单报价的方式则可对投资变化一目了然，在要进行设计变更时，能马上知道它对工程造价的影响，业主就能根据投资情况来决定是否变更或进行方案比较，以决定最恰当的处理方法。

4.2 工程量清单的编制

4.2.1 工程量清单的概念

按照工程量清单计价的一般原理，工程量清单应是载明建设工程项目名称、项目特征、计量单位和工程数量等的明细清单。由于我国目前使用的建设工程工程量清单计价规范主要用于施工图完成后进行发包的阶段，故将工程量清单的项目设置分为分部分项工程项目、措施项目、其他项目以及规费和税金项目。工程量清单又可分为招标工程量清单和已标价工程量清单。

招标工程量清单是指招标人依据国家标准、招标文件、设计文件以及施工现场实际情况编制的工程量清单。已标价工程量清单是指构成合同文件组成部分的投标文件中已标明价格，经算术性错误修正（如有）且承包人已确认的工程量清单。

招标工程量清单应由具有编制能力的招标人或受其委托，具有相应资质的工程造价咨询人或招标代理人编制。采用工程量清单方式招标，招标工程量清单必须作为招标文件的组成部分，其准确性和完善性由招标人负责。招标工程量清单是工程量清单计价的基础，应作为编制招标控制价、投标报价、计算或调整工程量、索赔等的依据之一。招标工程量清单应以单位（项）工程为单位编制，应由分部分项工程项目清单、措施项目清单、其他项目清单、规费和税金项目清单组成。

4.2.2 分部分项工程项目清单

分部分项工程项目清单必须载明项目编码、项目名称，项目特征、计量单位和工程量。分部分项工程项目清单必须根据各专业工程工程量计算规范规定的项目编码、项目名称、项目特征、计量单位和工程量计算规则进行编制，其格式见表 4.2.1。在分部分项工程项目清单的编制过程中，由招标人负责前六项内容填列，金额部分在编制招标控制价或投标报价时填列。

表 4.2.1　分部分项工程和单价措施项目清单与计价表

工程名称：　　　　　　　　　　　标段：　　　　　　　　第　页 共　页

序号	项目编码	项目名称	项目特征描述	计量单位	工程量	金额（元）		
						综合单价	合价	其中：暂估价
本页小计								
合　计								

编制人（造价人员）：　　　　　　　　　　复核人（造价工程师）：

注：为计取规费等的使用，可在表中增设"其中：定额人工费"。

1. 项目编码

项目编码是分部分项工程和措施项目清单名称的阿拉伯数字标识。清单项目编码以五级编码设置，用 12 位阿拉伯数字表示。一、二、三、四级编码为全国统一，即 1—9 位应按清单工程量计算规范附录的规定设置；第五级即 10—12 位为清单项目编码，应根据拟建工程的工程量清单项目名称设置，不得有重号，这三位清单项目编码由招标人针对招标工程项目具体编制，并应自 001 起顺序编制。

各级编码代表的含义如下：

（1）第一级表示专业工程代码（分二位）。（房屋建筑与装饰工程为 01，仿古建筑工程为 02，通用安装工程为 03，市政工程为 04，园林绿化工程为 05，矿山工程为 06，构筑物工程为 07，城市轨道交通工程为 08，爆破工程为 09）

（2）第二级表示专业工程附录分类顺序码（分二位）。

（3）第三级表示分部工程顺序码（分二位）。

（4）第四级表示分项工程项目名称顺序码（分三位）。

（5）第五级表示工程量清单项目名称顺序码（分三位）。

项目编码结构如图 4.2.1 所示（以房屋建筑与装饰工程为例）。

当同一标段（或合同段）的一份工程量清单中含有多个单位工程且工程量清单是以单位工程为编制对象时，在编制工程量清单时应特别注意对项目编码 10—12 位的设置不得有重码的规定。例如一个标段（或合同段）的工程量清单中含有三个单位工程，每一单位工程中都有项目特征相同的实心砖墙砌体，在工程量清单中又需反映三个不同单位工程的实心砖墙砌体工程量时，则第一个单位工程的实心砖墙的项目编码应为 010401003001，第二个单位工程的实心砖墙的项目编码应为 010401003002，第三个单位工程的实心砖墙的项目编码应为 010401003003，并分别列出各单位工程实心砖墙的工程量。

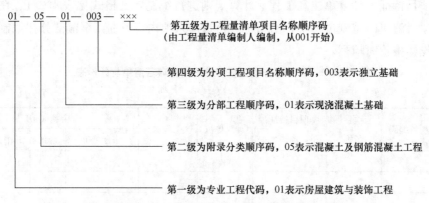

图 4.2.1 工程量清单项目编码结构

2. 项目名称

分部分项工程项目清单的项目名称应按各专业工程计量规范附录的项目名称结合拟建工程的实际确定。附录表中的"项目名称"为分项工程项目名称,是形成分部分项工程项目清单项目名称的基础。即在编制分部分项工程项目清单时,以附录中的分项工程项目名称为基础,考虑该项目的规格、型号、材质等特征要求,结合拟建工程的实际情况,使其工程量清单项目名称具体化、细化,以反映影响工程造价的主要因素。例如"墙面一般抹灰"这一分项工程在形成工程量清单项目名称时可以细化为"外墙面抹灰""内墙面抹灰"等。清单项目名称应表达详细、准确,各专业工程计量规范中的分项工程项目名称如有缺陷,招标人可作补充,并报当地工程造价管理机构(省级)备案。

3. 项目特征

项目特征是构成分部分项工程项目、措施项目自身价值的本质特征,是对体现分部分项工程量清单、措施项目清单价值的特有属性和本质特征的描述。从本质上讲,项目特征体现的是对分部分项工程的质量要求,是确定一个清单项目综合单价不可缺少的重要依据,在编制工程量清单时,必须对项目特征进行准确和全面的描述。工程量清单项目特征描述的重要意义在于:项目特征是区分具体清单项目的依据,没有项目特征的准确描述,对于相同或相似的清单项目名称,就无从区分;项目特征是确定综合单价的前提,由于工程量清单项目的特征决定了工程实体的实质内容,清单项目特征描述得准确与否,必然关系到综合单价的准确确定;项目特征是履行合同义务的基础,如果项目特征描述不清甚至漏项、错误,从而引起在施工过程中的更改,都会引起分歧,导致纠纷、索赔。

分部分项工程项目清单的项目特征应按各专业工程工程量计算规范附录中规定的项目特征,结合技术规范、标准图集、施工图纸,按照工程结构、使用材质及规格或安装位置等,对体现项目本质区别的特征和对报价有实质影响的内容予以详细而准确的表述和说明。

在进行项目特征描述时,可掌握以下要点:

（1）必须描述的内容。

① 涉及可准确计量的内容，如门窗洞口尺寸或框外围尺寸。

② 涉及结构要求的内容，如混凝土构件的混凝土的强度等级。

③ 涉及材质要求的内容，如油漆的品种、管材的材质等。

④ 涉及安装方式的内容，如管道工程中的钢管的连接方式。

（2）可不描述的内容。

① 对计量计价没有实质影响的内容，如对现浇混凝土柱的高度、断面大小等特征规定。

② 应由投标人根据施工方案确定的内容，如对石方的预裂爆破的单孔深度及装药量的特征规定。

③ 应由投标人根据当地材料和施工要求确定的内容，如对混凝土构件中的混凝土拌合料使用的石子种类及粒径、砂的种类及特征规定。

④ 应由施工措施解决的内容，如对现浇混凝土板、梁的标高的特征规定。

（3）可不详细描述的内容。

① 无法准确描述的内容，如土壤类别，可考虑将土壤类别描述为"综合"，注明由投标人根据地质勘探资料自行确定土壤类别，决定报价。

② 施工图纸、标准图集标注明确的，对这些项目可描述为见××图集××页号及节点大样等。

③ 清单编制人在项目特征描述中应注明由投标人自定的，如土方工程中的"取土运距""弃土运距"等。

在各专业工程计量规范附录中还有关于各清单项目"工作内容"的描述。工作内容是指完成清单项目可能发生的具体工作和操作程序。但应注意的是，在编制分部分项工程量清单时，工作内容通常无须描述，因为在计量规范中，工程量清单项目与工程量计算规则、工作内容有一一对应关系，当采用计量规范这一标准时，工作内容均有规定，无须描述。

项目特征描述的方式有问答式和简化式。问答式是指工程量清单编写者直接采用工程计价软件上提供的规范，在要求描述的项目特征上采用答题的方式进行描述。这种方式的优点是全面、详细，缺点是显得啰唆，打印用纸较多。简化式与问答式相反，对需要描述的项目特征内容根据当地的用语习惯，采用口语化的方式直接表述，省略了规范上的描述要求，简洁明了。如 010502002001 现浇混凝土构造柱，问答式的项目特征描述为"混凝土种类：现场搅拌；混凝土强度等级：C20"。简化式的项目特征描述为"C20 预拌混凝土"。

4. 计量单位

分部分项工程项目清单的计量单位应按工程量计算规范附录中规定的计量单位确定。计量单位应采用基本单位，除各专业另有特殊规定外均按以下单位计量：

（1）以重量计算的项目——吨或千克（t 或 kg）；

（2）以体积计算的项目——立方米（m^3）；

（3）以面积计算的项目——平方米（m^2）；

（4）以长度计算的项目——米（m）；

（5）以自然计量单位计算的项目——个、套、块、樘、组、台等；

（6）没有具体数量的项目——宗、项等。

工程量计算规范附录中若有两个或两个以上计量单位的，应结合拟建工程项目的实际情况，根据所编工程量清单项目的特征要求，选择最适宜表现该项目特征并方便计量的单位。例如，打预制钢筋混凝土桩工程计量单位为"m/根"两个计量单位，实际工作中，就应选择最适宜、最方便计量和组价的单位来表示。

计量单位的有效位数应遵循以下原则：

（1）以"t"为单位，应保留小数点后三位数字，第四位小数四舍五入。

（2）以"m""m^2""m^3""kg"为单位，应保留小数点后两位数字，第三位小数四舍五入。

（3）以"个""件""根""组""系统"等为单位的，应取整数。

5. 工程数量的计算

工程数量主要通过工程量计算规则计算得到。工程量计算规则是指对清单项目工程量的计算规定。除另有说明外，所有清单项目的工程量应以实体工程量为准，并以完成后的净值计算；投标人投标报价时，应在单价中考虑施工中的各种损耗和需要增加的工程量。

随着工程建设中新材料、新技术、新工艺等的不断涌现，工程量计算规范附录所列的工程量清单项目不可能包含所有项目。在编制工程量清单时，当出现工程量计算规范附录中未包含的清单项目时，编制人应作补充。在编制补充项目时应注意以下三个方面。

（1）补充项目的编码应按计量规范的规定确定。具体做法是：补充项目的编码由工程量计算规范的代码（01~09）与 B 和三位阿拉伯数字组成，并应从×B001 起顺序编制。例如房屋建筑与装饰工程如需补充项目，则其编码应从 01B001 开始顺序编码，同一招标工程的项目不得重号。

（2）在工程量清单中应附补充项目的项目名称、项目特征、计量单位、工程量计算规则和工作内容。

（3）将编制的补充项目报省级或行业工程造价管理机构备案。

4.2.3 措施项目清单

1. 措施项目列项

措施项目是指为完成工程项目施工，发生于该工程施工准备和施工过程中的技术、生活、安全、环境保护等方面的项目。

措施项目清单应根据相关工程现行国家计量规范的规定编制，并应根据拟建工程的实际情况列项。例如，《房屋建筑与装饰工程工程量计算规范》（GB 50854—2013）中规定的措施项目，包括脚手架工程，混凝土模板及支架（撑），垂直运输，超高施工增加，大型机械设备进出场及安拆，施工排水、降水，安全文明施工及其他措施项目。

2. 措施项目清单的类别

措施项目费用的发生与使用时间、施工方法或者两个以上的工序有关，如安全文明施工费，夜间施工，非夜间施工照明，二次搬运，冬雨季施工，地上、地下设施和建筑物的临时保护设施，已完工程及设备保护等。但是有些措施项目则是可以计算工程量的项目，如脚手架工程，混凝土模板及支架（撑），垂直运输，超高施工增加，大型机械设备进出场及安拆，施工排水、降水等，这类措施项目按照分部分项工程项目清单的方式采用综合单价计价，更有利于措施费的确定和调整。措施项目中可以计算工程量的项目（单价措施项目）宜采用分部分项工程项目清单的方式编制，列出项目编码、项目名称、项目特征、计量单位和工程量（表 4.2.1）；不能计算工程量的项目（总价措施项目），以"项"为计量单位进行编制，见表 4.2.2。

表 4.2.2　总价措施项目清单与计价表

工程名称：　　　　　　　　　　标段：　　　　　　　　第　页　共　页

序号	项目编码	项目名称	计算基础	费率（%）	金额（元）	调整费率（%）	调整后金额（元）	备注
		安全文明施工费						
		夜间施工增加费						
		二次搬运费						
		冬雨季施工增加费						
		已完工程及设备保护费						
		各专业工程的措施项目						
		…						
合　计								

编制人（造价人员）：　　　　　　　　　　复核人（造价工程师）：

注：1. "计算基础"中安全文明施工费可为"定额基价""定额人工费"或"定额人工费+定额施工机具使用费"，其他项目可为"定额人工费"或"定额人工费+定额施工机具使用费"。

2. 按施工方案计算的措施费，若无"计算基础"和"费率"的数值，也可只填"金额"数值，但应在备注栏说明施工方案出处或计算方法。

3. 措施项目清单的编制依据

措施项目清单的编制需考虑多种因素，除工程本身的因素外，还涉及水文、气象、环境、安全等因素。措施项目清单应根据拟建工程的实际情况列项。若出现工程量计算规范中未列的项目，可根据工程实际情况补充。

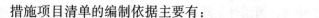

措施项目清单的编制依据主要有：

（1）施工现场情况、地勘水文资料、工程特点；

（2）常规施工方案；

（3）与建设工程有关的标准、规范、技术资料；

（4）拟订的招标文件；

（5）建设工程设计文件及相关资料。

4.2.4 其他项目清单

其他项目清单是指分部分项工程量清单、措施项目清单所包含的内容以外，因招标人的特殊要求而发生的与拟建工程有关的其他费用项目和相应数量的清单。工程建设标准的高低、工程的复杂程度、工程的工期长短、工程的组成内容、发包人对工程管理要求等都直接影响其他项目清单的具体内容。其他项目清单包括暂列金额、暂估价（包括材料暂估单价、工程设备暂估单价、专业工程暂估价）、计日工、总承包服务费。其他项目清单按照表4.2.3的格式编制，出现未包含在表格中内容的项目，可根据工程实际情况补充。

表 4.2.3 其他项目清单与计价汇总表

序号	项目名称	计量单位	金额（元）	结算金额（元）	备注
1	暂列金额				明细详见表4.2.4
2	暂估价				
2.1	材料（工程设备）暂估价/结算价			—	明细详见表4.2.5
2.2	专业工程暂估价/结算价				明细详见表4.2.6
3	计日工				明细详见表4.2.7
4	总承包服务费				明细详见表4.2.8
5	索赔与现场签证			—	明细详见表4.2.9
	合计				—

注：材料（工程设备）暂估单价计入清单项目综合单价，此处不汇总。

1. 暂列金额

暂列金额是指招标人在工程量清单中暂定并包括在合同价款中的一笔款项。用于工程合同签订时尚未确定或者不可预见的所需材料、工程设备、服务的采购，施工中可能发生的工程变更、合同约定调整因素出现时的合同价款调整，以及发生的索赔、现场签证确认等的费用。不管采用何种合同形式，其理想的标准是，一份合同的价格就是其最终的竣工结算价格，或者至少两者应尽可能接近。我国规定对政府投资工程实行概算管理，经项目审批部门批复的设计概算是工程投资控制的刚性指标，即使商业性开发项目也有成本的预先控制问题，否则，无法相对准确预测投资的收益和科学合理地进行投资控制。但工程建设自身的特性决定了工程的设计需要根据工程进展不断地进行优化和调整，业主需求可能会随工程建设进展出现变化，工程建设过程还会存在一些不能预见、不能确定的因素。消化这些因素必然会影响合同价格的调整，暂列金额正是因这类不可避免的价格调整而设立的，以便达到合理确定和有效控制工程造价的目标。设立暂列金额并不能保证合同结算价格就不会再出现超过合同价格的情况，是否超出合同价格完全取决于工程量清单编制人对暂列金额预测的准确性，以及工程建设过程是否出现了其他事先未预测到的事件。

暂列金额应根据工程特点，按有关计价规定估算。暂列金额可按照表 4.2.4 的格式列示。

表 4.2.4　暂列金额明细表

工程名称：　　　　　　　　　　标段：　　　　　　　　　　第　页　共　页

序号	项目名称	计量单位	暂定金额（元）	备注
1				
2				
3				
合计				

注：此表由招标人填写。如不能详列，也可只列暂定金额总额。投标人应将上述暂列金额计入投标总价中。

2. 暂估价

暂估价是指招标人在工程量清单中提供的用于支付必然发生但暂时不能确定价格的材料、工程设备单价以及专业工程的金额，包括材料暂估单价、工程设备暂估单价和专业工程暂估价。暂估价类似于 FIDIC 合同条款中的 Prime Cost Items，在招标阶段预见肯定要发生，只是因为标准不明确或者需要由专业承包人完成，暂时无法确定价格。暂估价数量和拟用项目应当结合工程量清单中的"暂估价表"予以补充说明。为方便合同管理，需要纳入分部分项工程量清单项目综合单价中的暂估价应只是材料、工程设备暂估单价，以方便投标人组价。

专业工程的暂估价一般应是综合暂估价，应当包括除规费和税金以外的管理费、利润等取费。总承包招标时，专业工程设计深度往往是不够的，一般需要交由专业设计人设计。国际上，出于提高可建造性考虑，一般由专业承包人负责设计，以发挥其专业技能和专业施工经验的优势。这类专业工程交由专业分包人完成是国际工程的良好实践，目前在我国工程建设领域也已经比较普遍。公开透明地合理确定这类暂估价的实际开支金额的最佳途径就是通过施工总承包人与工程建设项目招标人共同组织的招标。

暂估价中的材料、工程设备暂估单价应根据工程造价信息或参照市场价格估算，列出明细表；专业工程暂估价应分不同专业，按有关计价规定估算，列出明细表。暂估价可按照表 4.2.5、表 4.2.6 的格式列示。

表 4.2.5 材料（工程设备）暂估单价及调整表

工程名称：　　　　　　　　　　　　　标段：　　　　　　　　　　　　第 页 共 页

序号	材料（工程设备）名称、规格、型号	计量单位	数量		暂估（元）		确认（元）		差额±（元）		备注
			暂估	确认	单价	合价	单价	合价	单价	合价	
合　计											

注：此表由招标人填写，并在备注栏说明暂估价的材料、工程设备拟用在哪些清单项目上，投标人应将上述材料、工程设备暂估单价计入工程量清单综合单价报价中。

表 4.2.6 专业工程暂估价及结算价表

工程名称：　　　　　　　　　　　　　标段：　　　　　　　　　　　　第 页 共 页

序号	工程名称	工程内容	暂估金额（元）	结算金额（元）	差额±（元）	备注
合计						

注：此表暂估金额由招标人填写，投标人应将暂估金额计入投标总价中。结算时按合同约定结算金额填写。

3. 计日工

计日工是指在施工过程中，承包人完成发包人提出的工程合同范围以外的零星项目或工作，按合同中约定的单价计价的一种方式。计日工是为了解决现场发生的零星工作的计价而设立的。国际上常见的标准合同条款中，大多数都设立了计日工（Daywork）计价机制。计日工对完成零星工作所消耗的人工工时、材料数量、施工机械台班进行计量，并按照计日工表中填报的适用项目的单价进行计价支付。计日工适用的所谓零星工作一般是指合同约定之外的或者因变更而产生的、工程量清单中没有相应项目的额外工作，尤其是那些时间不允许事先商定价格的额外工作。编制计日工表格时，一定要给出暂定数量，并且需要根据经验，尽可能估算一个比较贴近实际的数量，且尽可能把项目列全，以消除因此而产生的争议。计日工可按照表 4.2.7 的格式列示。

4. 总承包服务费

总承包服务费是指总承包人为配合协调发包人进行的专业工程发包，对发包人自行采购的材料、工程设备等进行保管以及施工现场管理、竣工资料汇总整理等服务所需的费用。招标人应预计该项费用并按投标人的投标报价向投标人支付该项费用。

总承包服务费应列出服务项目及其内容等。总承包服务费按照表 4.2.8 的格式列示。

表 4.2.7 计日工表

工程名称：　　　　　　　　　　　标段：　　　　　　　　　　第　页　共　页

序号	项目名称	单位	暂定数量	实际数量	综合单价（元）	合价（元）	
一	人工						
1							
2							
…							
人工小计							
二	材料						
1							
2							
…							
材料小计							
三	施工机械						
1							
2							
…							
施工机械小计							
四、企业管理费和利润							
总计							

注：此表项目名称、暂定数量由招标人填写。编制招标控制价时，单价由招标人按有关规定确定。投标时，单价由投标人自主报价，按暂定数量计算合价计入投标总价中。结算时，按发承包双方确认的实际数量计算合价。

表 4.2.8 总承包服务费计价表

工程名称：　　　　　　　　　　　标段：　　　　　　　　　　第　页　共　页

序号	项目名称	项目价值（元）	服务内容	计算基础	费率（%）	金额（元）
1	发包人发包专业工程					
2	发包人供应材料					
合计		—	—	—		

注：此表项目名称、服务内容由招标人填写。编制招标控制价时，费率及金额由招标人按有关计价规定确定。投标时，费率及金额由投标人自主报价，计入投标总价中。

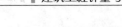 建筑工程计量与计价

5. 索赔与现场签证

工程索赔是指在工程合同履行过程中，合同一方当事人因对方不履行或未能正确履行合同义务或者由于其他非自身原因而遭受经济损失或权利损害，通过合同约定的程序向对方提出经济和（或）时间补偿要求的行为。

现场签证是指发包人或其授权现场代表（包括工程监理人、工程造价咨询人）与承包人或其授权现场代表就施工过程中涉及的责任事件所作的签认证明。施工合同履行期间出现现场签证事件的，发承包双方应调整合同价。

索赔与现场签证计价汇总表按照表4.2.9的格式列示。

表4.2.9 索赔与现场签证计价汇总表

工程名称：　　　　　　　　　　　　标段：　　　　　　　　　　第 页 共 页

序号	签证及索赔项目名称	计量单位	数量	单价（元）	合价（元）	索赔及签证依据
—	本页小计	—	—	—	—	—
—	合　计	—	—	—	—	—

注：签证及索赔依据是指经双方认可的签证单和索赔依据的编号。

4.2.5 规费和税金项目清单

规费项目清单应按照下列内容列项：社会保险费，包括养老保险费、失业保险费、医疗保险费、工伤保险费、生育保险费；住房公积金；出现计价规范中未列的项目，应根据省级政府或省级有关权力部门的规定列项。

税金项目主要是指增值税。出现计价规范未列的项目，应根据税务部门的规定列项。

规费和税金项目计价表见表4.2.10。

表4.2.10 规费和税金项目计价表

工程名称：　　　　　　　　　　　　标段：　　　　　　　　　　第 页 共 页

序号	项目名称	计算基础	计算基数	费率（%）	金额（元）
1	规费	定额人工费			
1.1	社会保险费	定额人工费			
(1)	养老保险费	定额人工费			
(2)	失业保险费	定额人工费			
(3)	医疗保险费	定额人工费			
(4)	工伤保险费	定额人工费			

序号	项目名称	计算基础	计算基数	费率（％）	金额（元）
（5）	生育保险费	定额人工费			
1.2	住房公积金	定额人工费			
2	税金（增值税）	人工费＋材料费＋施工机具使用费＋企业管理费＋利润＋规费			
	合计				

编制人（造价人员）：　　　　　　　　　　　　复核人（造价工程师）：

4.3　工程量清单计价方法

4.3.1　工程量清单计价的基本原理

工程量清单计价的费用组成包括分部分项工程费、措施项目费、其他项目费、规费和税金五部分。工程量清单计价的基本原理可以描述为：按照工程量清单计价规范规定，在各相应专业工程工程量计算规范规定的清单项目设置和工程量计算规则基础上，针对具体工程的施工图纸和施工组织设计计算出各个清单项目的工程量，根据规定的方法计算出综合单价，并汇总各清单合价得出工程总价。

清单计价的计算公式如下：

分部分项工程费＝∑（分部分项工程量×相应分部分项工程综合单价）

措施项目费＝∑（单价措施项目工程量×相应综合单价）＋∑总价措施项目费

其他项目费＝暂列金额＋暂估价＋计日工＋总承包服务费

单位工程造价＝分部分项工程费＋措施项目费＋其他项目费＋规费＋税金

单项工程造价＝∑单位工程报价

建设项目总造价＝∑单项工程报价

工程量清单计价活动涵盖施工招标、合同管理以及竣工交付全过程，主要包括：编制招标工程量清单、招标控制价、投标报价，确定合同价，工程计量与价款支付，合同价款的调整，工程结算和工程计价纠纷处理等活动。

4.3.2　综合单价的组价方法

根据清单计价规范规定，工程量清单计价应采用综合单价计价。所谓综合单价就是指完成一个规定清单项目所需的人工费、材料和工程设备费、施工机具使用费和企业管理费、利润以及一定范围内的风险费用。因此，在工程量清单计价中，分部分项工程、措施项目、其他项目计价的核心是确定其综合单价。综合单价的组价方法可以分为清单单位含量法和总量法。当分部分项工程内容比较简单，由单一计价子项计价，且清单计量规范与所使用计价定额中的工程量计算规则相同时，综合单价的确定只需用相应计价定额子目中的人、材、机费做基数计算管理费、利润，再考虑相应的风险费用即可。当工程量清单给出的分部分项工程与所用计价定额的单位不同或工程量计算规则不同，则需要按计价定额的计算规则重新计算工程量，并按照以下方法和步骤来确定综合单价。

1. 清单单位含量法

（1）分析每一清单项目的工程内容。在招标工程量清单中，招标人已对项目特征进行了准确、详细的描述，投标人根据这一描述，再结合施工现场情况和拟订的施工方案确定完成各清单项目实际应发生的工程内容。必要时可参照清单计量规范中提供的工程内容，有些特殊的工程也可能出现规范列表之外的工程内容。

（2）计算工程内容的工程数量与清单单位的含量。每一项工程内容都应根据所选定额的工程量计算规则计算其工程数量，当定额的工程量计算规则与清单的工程量计算规则相一致时，可直接以工程量清单中的工程量作为工程内容的工程数量。

当采用清单单位含量计算人工费、材料费、施工机具使用费时，还需要计算每一计量单位的清单项目所分摊的工程内容的工程数量，即清单单位含量。

$$清单单位含量＝某工程内容的定额工程量/清单工程量$$

（3）计算清单项目每计量单位所含工程内容的人工、材料、施工机具使用费。

$$工程内容的人工费＝\Sigma 人工工日消耗量 \times 人工工日单价 \times$$
$$相应定额条目的清单单位含量$$

$$工程内容的材料费＝\Sigma 材料消耗量 \times 材料单价 \times$$
$$相应定额条目的清单单位含量＋工程设备费$$

$$工程内容的施工机具使用费＝\Sigma 施工机具台班消耗量 \times 台班单价 \times$$
$$相应定额条目的清单单位含量$$

当招标人提供的其他项目清单中列示了材料暂估价时，应根据招标人提供的价格计算材料费，并在分部分项工程项目清单与计价表中表现出来。

（4）确定企业管理费及利润。参照造价管理部门发布的有关费用取费标准，结合企业的具体情况确定管理费率和利润率。在计算企业管理费和利润时，可按照规定的取费基数以及一定的费率取费计算。取费基础可以是以人工费为基数，也可以以人工费和施工机具使用费之和为基数，或者以人工费、材料费和施工机具使用费之和为基数。

（5）计算清单项目综合单价。将上述五项费用汇总，并考虑合理的风险费用后，即可得到清单项目综合单价。

$$清单项目综合单价＝\Sigma 工程内容的人、材、机费用＋管理费＋利润$$

【例 4.3.1】 某工程基础，基础底宽 1000mm，挖土深度 1000mm，基础长度为 100.00m。根据招标人提供的地质资料为三类土壤，无须支挡土板。查看现场无地面积水，地面已平整，并达到设计地面标高。基槽挖土槽边就地堆放，不考虑场外运输。请用清单单位含量法计算挖基础土方的分部分项工程项目综合单价。

解：1. 计算清单工程量（根据施工图按照清单计量规范中的工程量计算规则计算净量）。

基础土方挖土总量＝1.00×1.00×100.00＝100.00（m³）

2. 计算综合单价。

（1）按照清单计量规范和现场施工工艺情况分析清单项目挖基础土方的工程内容，工程内容包括人工挖土方和基底钎探。

（2）根据施工方案和工艺，计算各工程内容的定额工程量。

① 人工挖土方（三类土，挖深 1m 以内）的定额工程量。

若假定在施工中需在基础底面增加操作工作面，其宽度每边 0.25m，无须放坡。

基础土方挖方总量＝（1.00＋2×0.25）×1.00×100.00＝150.00（m³）

② 基底钎探的定额工程量。

基底钎探工程量＝100.00×1.00＝100.00（m²）

（3）计算清单单位含量。每清单项目含人工挖土、基底钎探的工程量为：

人工挖土方的清单单位含量＝150÷100＝1.50（m³）

基底钎探的清单单位含量＝100÷100＝1（m²）

（4）计算清单项目每计量单位所含工程内容的人工、材料、施工机具使用费。根据《2016 山东省建筑工程价目表》，人工挖土方中人工费为 672.60 元/10m³，无材料费和施工机具使用费。基底钎探中人工费为 39.90 元/10m²，材料费为 6.70 元/10m²，施工机具使用费为 14.37 元/10m²。

清单项目每计量单位人工挖土方人工费＝672.60/10×1.50＝100.89（元/m³）

清单项目每计量单位基底钎探人工费＝39.90/10×1＝3.99（元/m³）

清单项目每计量单位基底钎探人、材、机费用＝（39.9＋6.70＋14.37）/10×1＝6.10（元/m³）

（5）计算企业管理费及利润。根据山东省建设工程费率确定管理费率为 25.6%，利润率为 15%（均以人工费为计算基数）。

企业管理费＝（100.89＋3.99）×25.6%＝26.85（元/m³）

利润＝（100.89＋3.99）×15%＝15.73（元/m³）

（6）计算综合单价。

综合单价＝100.89＋6.10＋26.85＋15.73＝149.57（元/m³）

（7）计算合价。

合价＝149.57×100.00＝14957.00（元）

表 4.3.1 为该清单项目的计价表。

表 4.3.1　分部分项工程量清单与计价表

工程名称：　　　　　　　　　　　标段：　　　　　　　　　　第　页　共　页

序号	项目编码	项目名称	项目特征描述	计量单位	工程量	金额（元）		
						综合单价	合价	其中：暂估价
1	010101003001	挖沟槽土方	土壤类别：三类土 挖土深度：1.0m	m³	100.00	149.57	14957.00	
			本页小计					
			合　计					

编制人（造价人员）：　　　　　　　　　　复核人（造价工程师）：

2. 总量法

（1）分析每一清单项目的工程内容。在招标工程量清单中，招标人已对项目特征进行了准确、详细的描述，投标人根据这一描述，再结合施工现场情况和拟订的施工方案确定完成各清单项目实际应发生的工程内容。必要时可参照清单计量规范中提供的工程内容，有些特殊的工程也可能出现规范列表之外的工程内容。

（2）计算工程内容的工程数量。每一项工程内容都应根据所选定额的工程量计算规则计算其工程数量，当定额的工程量计算规则与清单的工程量计算规则相一致时，可直接以工程量清单中的工程量作为工程内容的工程数量。

（3）计算工程内容的人工、材料、施工机具使用费。

工程内容的人工费＝∑人工工日消耗量×人工工日单价×定额工程量

工程内容的材料费＝∑材料消耗量×材料单价×定额工程量＋工程设备费

工程内容的施工机具使用费＝∑施工机具台班消耗量×台班单价×定额工程量

当招标人提供的其他项目清单中列示了材料暂估价时，应根据招标人提供的价格计算材料费，并在分部分项工程项目清单与计价表中表现出来。

（4）确定企业管理费及利润。参照造价管理部门发布的有关费用取费标准，结合企业的具体情况确定管理费率和利润率。在计算企业管理费和利润时，可按照规定的取费基数以及一定的费率取费计算。取费基础可以是以人工费为基数，也可以以人工费和施工机具使用费之和为基数，或者以人工费、材料费和施工机具使用费之和为基数。

（5）计算定额项目合价。将上述五项费用汇总，并考虑合理的风险费用后，即可得到定额项目合价。

定额项目合价＝∑工程内容的人、材、机费用＋管理费＋利润

（6）计算清单项目综合单价。

$$清单项目综合单价＝\frac{\sum 定额项目合价＋未计价材料费}{清单项目工程量}$$

【例 4.3.2】 某工程基础，基础底宽 1000mm，挖土深度 1000mm，基础长度为 100.00m。根据招标人提供的地质资料为三类土壤，无须支挡土板。查看现场无地面积水，地面已平整，并达到设计地面标高。基槽挖土槽边就地堆放，不考虑场外运输。请用总量法计算挖基础土方的分部分项工程项目综合单价。

解： 1）计算清单工程量（根据施工图按照清单计量规范中的工程量计算规则计算净量）。

基础土方挖土总量 = 1.00 × 1.00 × 100.00 = 100.00（m^3）

2）计算综合单价。

（1）按照清单计量规范和现场施工工艺情况分析清单项目挖基础土方的工程内容，工程内容包括人工挖土方和基底钎探。

（2）根据施工方案和工艺，计算各工程内容的定额工程量。

① 人工挖土方（三类土，挖深 1m 以内）的定额工程量。若假定在施工中需在基础底面增加操作工作面，其宽度每边 0.25m，无须放坡。

基础土方挖方总量 = （1.00 + 2 × 0.25）× 1.00 × 100.00 = 150.00（m^3）

② 基底钎探的定额工程量。

基底钎探工程量 = 100.00 × 1.00 = 100.00（m^2）

（3）计算工程内容的人工、材料、施工机具使用费。根据《2016 山东省建筑工程价目表》，人工挖土方中人工费为 672.60 元/$10m^3$，无材料费和施工机具使用费；基底钎探中人工费为 39.90 元/$10m^2$，材料费为 6.70 元/$10m^2$，施工机具使用费为 14.37 元/$10m^2$。

① 人工挖土方人工费 = 672.60/10 × 150 = 10089.00（元）

② 基底钎探人工费 = 39.90/10 × 100 = 399.00（元）

基底钎探人、材、机费用 = （39.90 + 6.70 + 14.37）/10 × 100 = 610.00（元）

（4）计算企业管理费及利润。根据山东省建设工程费率确定管理费率为 25.6%，利润率为 15%（均以人工费为计算基数）。

企业管理费 = （10089.00 + 399.00）× 25.6% = 2684.93（元）

利润 = （10089.00 + 399.00）× 15% = 1573.20（元）

（5）计算合价。

合价 = 10089.00 + 610.00 + 2684.93 + 1573.20 = 14957.13（元）

（6）计算综合单价。

综合单价 = 14957.13 ÷ 100 = 149.57（元/m^3）

4.3.3 综合单价分析表

综合单价分析表是衡量综合单价的组成和价格完成性、合理性的主要基础，也是综合单价调整的重要基础。综合单价分析表反映了完成一个单位清单项目所需要完成的工作内容，工、料、机的消耗及相应的生产要素的价格水平，管理费和利润的计取等，一般认为属于合同的重要组成部分。表 4.3.2 为例 4.3.1 挖沟槽土方的综合单价分析表。

表 4.3.2　综合单价分析表

工程名称：　　　　　　　　　　　　　标段：　　　　　　　　　　　第　页　共　页

| 清单项目编码 | 010101003001 | 清单项目名称 | 挖沟槽土方 | 计量单位 | m³ | 工程量 | 100 |

清单综合单价组成明细

定额编号	工作内容	单位	数量	单价（元）				合价（元）			
				人工费	材料费	机械费	管理费和利润	人工费	材料费	机械费	管理费和利润
1-2-8	挖土方	10m³	0.15	672.60	—	—	273.08	100.89	—	—	40.96
1-4-4	钎探	10m²	0.1	39.90	6.70	14.37	16.20	3.99	0.67	1.44	1.62
人工单价		小　计						104.88	0.67	1.44	42.58
95元/工日		未计价材料（设备）费（元）						—			
清单项目综合单价（元）								149.57			

4.3.4　措施项目费的计算方法

措施项目分为单价措施项目和总价措施项目，无论单价措施项目还是总价措施项目都应该对应综合单价的全部内容。在确定措施项目费用时应考虑施工方案和有关的规定，能够根据工程量计算规范计算工程量的按分部分项工程费用的确定方法进行确定；按"项"的总价项目可以以一定的基数乘以相应的费率计算，其中的安全文明施工费应按照国家或省级、行业建设主管部门的规定计价，不得作为竞争性项目。

措施项目费用的计算方法一般有以下几种：

1. 综合单价组价法

该方法适用于可以计算工程量的措施项目，主要是一些与分部分项工程项目有密切联系的项目，如脚手架工程，混凝土模板及支架（撑），垂直运输，超高施工增加，大型机械设备进出场及安拆，施工排水、降水等。措施项目费可以按下式计算：

措施项目费＝∑措施项目工程量×相应措施项目综合单价

表 4.3.3 为脚手架措施项目的计价表。

表 4.3.3　单价措施项目清单与计价表

工程名称：　　　　　　　　　　　　　标段：　　　　　　　　　　　第　页　共　页

序号	项目编码	项目名称	项目特征描述	计量单位	工程量	金额（元）		
						综合单价	合价	其中：暂估价
1	011701002001	外脚手架	搭设方式：双排搭设高度：24m以内材质：钢管	m²	1470.62	13.54	19912.19	
本页小计								
合　计								

编制人（造价人员）：　　　　　　　　　　　　复核人（造价工程师）：

2. 参数组价法

该方法是按一定的基数乘以一定的系数或自定义的公式进行计算。主要适用于施工过程中必然发生的，不太容易确定其工程量，按"项"计取的总价措施项目。如安全文明施工，夜间施工，非夜间施工照明，二次搬运，冬雨季施工，地上、地下设施、建筑物的临时保护设施，已完工程及设备保护等。以下总价项目措施费的计算可参考以下方法计算：

（1）安全文明施工费。

安全文明施工费＝计算基数×安全文明施工费费率（%）

计算基数应为定额基价（定额分部分项工程费＋定额中可以计量的措施项目费）、定额人工费或（定额人工费＋定额机械费），其费率由工程造价管理机构根据各专业工程的特点综合确定。

（2）夜间施工增加费。

夜间施工增加费＝计算基数×夜间施工增加费费率（%）

（3）二次搬运费。

二次搬运费＝计算基数×二次搬运费费率（%）

（4）冬雨季施工增加费。

冬雨季施工增加费＝计算基数×冬雨季施工增加费费率（%）

（5）已完工程及设备保护费。

已完工程及设备保护费＝计算基数×已完工程及设备保护费费率（%）

上述（2）至（5）项措施项目的计费基数应为定额人工费或（定额人工费＋定额机械费），其费率由工程造价管理机构根据各专业工程特点和调查资料综合分析后确定。

4.3.5　其他项目费的计算方法

其他项目费包括暂列金额、暂估价、计日工和总承包服务费，其费用构成和综合单价一致。暂列金额由发包人根据项目的具体情况估计，暂估价可以由发包人参考造价管理部门发布的信息价或市场价确定；计日工按综合单价计算，总承包服务费根据清单中提出的服务的内容和要求确定。

4.3.6　规费和税金的计算方法

规费和税金应按国家或省级、行业建设主管部门的规定计算，不得作为竞争性费用。

4.3.7　风险费用的确定

风险是一种客观存在的可能会带来损失的不确定的状态。工程风险是指一项工程在设计、施工、设备调试以及移交运行等项目全寿命周期过程中可能发生的风险。

这里的风险费主要是指计价中的风险，即在工程计价中应考虑一定幅度及范围的风险费，风险费可以按一定的风险系数考虑确定。

根据清单计价规范的规定，建设工程发承包，必须在招标文件、合同中明确计价中的风险内容及其范围，不得采用无限风险、所有风险或类似语句规定计价中的风险内容及其范围。

1. 应由发包人承担的风险因素

（1）国家法律、法规、规章和政策发生变化；

（2）省级或行业建设主管部门发布的人工费调整，但承包人对人工费或人工单价的报价高于发布的除外；

（3）由政府定价或政府指导价管理的原材料等价格进行了调整。

2. 双方共同承担的风险因素

由于市场物价波动影响合同价款，应由发承包双方合理分摊，可以在合同中约定风险幅度。

3. 应由承包人承担的风险因素

由于承包人使用机械设备、施工技术以及组织管理水平等自身原因造成施工费用增加的，应由承包人全部承担。

本章小结：

工程量清单包括分部分项工程量清单、措施项目清单、其他项目清单、规费和税金项目清单。其中分部分项工程量清单和单价措施项目清单的编制包括项目编码、项目名称、项目特征、计量单位和工程量计算规则。其他项目清单包括暂列金额、暂估价、计日工和总承包服务费。工程量清单计价的费用构成包括分部分项工程费、措施项目费、其他项目费、规费和税金。综合单价的计算方法有清单单位含量法和总量法。

思考与练习

一、简答题

1. 什么是工程量清单？它由哪几部分组成？

2. 如何理解统一项目编码的作用和意义？并举例说明12位编码是如何区分清单项目的。

3. 综合单价包括哪些内容，如何计算？

4. 分部分项工程量清单的编制步骤有哪些？

5. 其他项目清单包含哪些内容？如何编制其他项目清单？

6. 什么是规费项目清单和税金项目清单？

7. 简述工程量清单计价的基本方法和程序。

8. 工程量清单计价应包括哪些费用？

二、计算题

某工程柱下独立基础见下图,共 18 个。已知:土壤类别为三类土;混凝土现场搅拌,混凝土强度等级:基础垫层 C10,独立基础及独立柱 C20;弃土运距 200m;基础回填土夯填;土方挖、填计算均按天然密实土。

问题:

1. 根据图 1 所示内容和《建设工程工程量清单计价规范》的规定,根据表 1 所列清单项目编制 ±0.00 以下的分部分项工程量清单。有关分部分项工程量清单的统一项目编码见表 1。

表 1　分部分项工程量清单的统一项目编码表

项目编码	项目名称	项目编码	项目名称
010101004	挖基础土方	010502001	矩形柱
010501003	独立基础	010103001	土方回填(基础)

2. 某承包商拟投标该工程,根据地质资料,确定柱基础为人工放坡开挖,工作面每边增加 0.3m;自垫层下表面开始放坡,放坡系数为 0.33;基坑边可堆土 490m³;余土用翻斗车外运 200m。

该承包商使用的消耗量定额如下:挖 1m³ 土方,用工 0.85 工日(已包括基底钎探用工);装运(外运 200m)1m³ 土方,用工 0.10 工日,翻斗车 0.069 台班。已知:翻斗车台班单价为 240 元/台班,人工单价为 128 元/工日。

计算承包商挖独立基础土方的人工费、材料费、机械费合价。

3. 假定管理费率为 25.6%;利润率为 15%,风险系数为 1%。按《建设工程工程量清单计价规范》有关规定,计算承包商填报的挖独立基础土方工程量清单的综合单价。(管理费和利润均以人工费为计算基数,风险费以工料机和管理费之和为基数计算)。

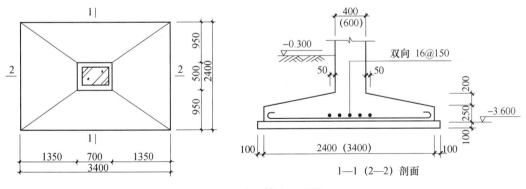

图 1　独立基础平面图

工程计量

　　本章将详细介绍工程量计算方法，重点针对我国的工程量清单计价规范中建筑工程中各分部分项的工程量计算规则进行讲解，通过实例掌握工程量计算规则。通过本章学习，学生应能熟悉工程量计算方法，理解并掌握建筑面积计算规则及各分部分项工程的工程量计算规则。

学习目标：

　　1. 了解工程量的基本原理与方法；
　　2. 熟悉建筑面积的计算规则；
　　3. 掌握各分部分项工程及措施项目的计算规则。

思想政治教育的融入点：

　　介绍工程计量，引入案例——BIM 技术在工程量计算中的应用。

　　BIM 可以指代 "Building Information Modeling" "Building Information Model" "Building Information Management" 三个相互独立又彼此关联的概念。

　　BIM 技术是一种应用于工程设计建造管理的数据化工具，通过参数模型整合各种项目的相关信息，在项目策划、运行和维护的全生命周期过程中进行共享和传递，使工程技术人员对各种建筑信息作出正确理解和高效应对，为设计团队以及包括建筑运营单位在内的各方建设主体提供协同工作的基础，在提高生产效率、节约成本和缩短工期方面发挥重要作用！

预期教学成效：

　　培养学生应用信息化的手段解决造价问题的能力，紧跟时代步伐，与时俱进，加快BIM 技术在项目全过程的集成应用。

5.1 工程量计算概述

5.1.1 工程计量的有关概念

1. 工程计量的含义

工程量计算是工程计价活动的重要环节，是指建设工程项目以工程设计图纸、施工组织设计或施工方案及有关技术经济文件为依据，按照相关工程国家标准的计算规则、计量单位等规定，进行工程数量的计算活动，在工程建设中简称工程计量。

由于工程计价的多阶段性和多次性，工程计量也具有多阶段性和多次性。工程计量不仅包括招标阶段工程量清单编制中工程量的计算，也包括投标报价以及合同履约阶段的变更、索赔、支付和结算中工程量的计算和确认。

2. 工程量的含义

工程量是工程计量的结果，是指按一定规则并以物理计量单位或自然计量单位所表示的建设工程各分部分项工程、措施项目或结构构件的数量。物理计量单位是指以公制度量表示的长度、面积、体积和质量等计量单位，如预制钢筋混凝土方桩以"米"为计量单位，墙面抹灰以"平方米"为计量单位，混凝土以"立方米"为计量单位等。自然计量单位指建筑成品表现在自然状态下的简单点数所表示的个、条、樘、块等计量单位，如门窗工程可以以"樘"为计量单位；桩基工程可以以"根"为计量单位等。

准确计算工程量是工程计价活动中最基本的工作。一般来说，工程量有以下作用：

(1) 工程量是确定建筑安装工程造价的重要依据。只有准确计算工程量，才能正确计算工程相关费用，合理确定工程造价。

(2) 工程量是承包方生产经营管理的重要依据。工程量在投标报价时是确定项目的综合单价和投标策略的重要依据。工程量在工程实施时是编制项目管理规划，安排工程施工进度，编制材料供应计划，进行工料分析，编制人工、材料、机具台班需要量，进行工程统计和经济核算，编制工程形象进度统计报表的重要依据。工程量在工程竣工时是向工程建设发包方结算工程价款的重要依据。

(3) 工程量是发包方管理工程建设的重要依据。工程量是编制建设计划、筹集资金、工程招标文件、工程量清单、建筑工程预算、安排工程价款的拨付和结算、进行投资控制的重要依据。

3. 工程量计算规则

我国现行的工程量计算规则主要有：

(1) 工程量计算规范中的工程量计算规则。2012年12月，住房城乡建设部发布了《房屋建筑与装饰工程工程量计算规范》(GB 50854—2013)、《仿古建筑工程工程量计算规范》（GB 50855—2013）、《通用安装工程工程量计算规范》（GB 50856—2013）、《市政工程工程量计算规范》（GB 50857—2013）、《园林绿化工程工程量计算规范》（GB 50858—2013）、《矿山工程工程量计算规范》（GB 50859—2013）、《构筑物工程工程量计算规范》（GB 50860—2013）、《城市轨道交通工程工程量计算规范》（GB 50861—2013）、《爆破工程工程量计算规范》（GB 50862—2013）九个专业的工程量计算规范（以下简称工程量计算规范），于 2013 年 7 月 1 日起实施，用于规范工程计量行为，统一各专业工程量清单的编制、项目设置和工程量计算规则。采用该工程量计算规则计算的工程量一般为施工图纸的净量，不考虑施工余量。

（2）消耗量定额中的工程量计算规则。2015 年 3 月，住房城乡建设部发布《房屋建筑与装饰工程消耗量定额》（TY01-31—2015）、《通用安装工程消耗量定额》（TY02-31—2015）、《市政工程消耗量定额》（ZYA1-31—2015）（以下简称消耗量定额），在各消耗量定额中规定了分部分项工程和措施项目的工程量计算规则。除了由住房城乡建设部统一发布的定额外，还有各个地方或行业发布的消耗量定额，其中也都规定了与之相对应的工程量计算规则。采用该计算规则计算工程量除了依据施工图纸外，一般还要考虑采用施工方法和施工余量。除了消耗量定额，其他定额中也都有相应的工程量计算规则，如概算定额、预算定额等。

5.1.2 工程量计算的依据

工程量的计算需要根据施工图及其相关说明，技术规范、标准、定额，有关的图集，有关的计算子册等，按照一定的工程量计算规则逐项进行。主要依据如下：

（1）国家发布的工程量计算规范和国家、地方和行业发布的消耗量定额及其工程量计算规则。

（2）经审定的施工设计图纸及其说明。施工图纸全面反映建筑物（或构筑物）的结构构造、各部位的尺寸及工程做法，是工程量计算的基础资料和基本依据。除了施工设计图纸及其说明外，还应配合有关的标准图集进行工程量计算。

（3）经审定的施工组织设计（项目管理实施规划）或施工方案。施工图纸主要表现拟建工程的实体项目，分项工程的具体施工方法及措施应按施工组织设计（项目管理实施规划）或施工方案确定。如计算挖基础土方，施工方法是采用人工开挖，还是采用机械开挖，基坑周围是否需要放坡、预留工作面或做支撑防护等，应以施工方案为计算依据。

（4）经审定通过的其他有关技术经济文件。如工程施工合同、招标文件的商务条款等。

5.2　建筑面积计算

5.2.1　建筑面积的概念

建筑面积主要是指墙体围合的楼地面面积（包括墙体的面积），因此计算建筑面积时，先以外墙结构外围水平面积计算。建筑面积还包括附属于建筑物的室外阳台、雨篷、檐廊、室外走廊、室外楼梯等建筑部件的面积。

建筑面积还可以分为使用面积、辅助面积和结构面积。使用面积是指建筑物各层平面布置中，可直接为生产或生活使用的净面积总和。居室净面积在民用建筑中，亦称"居住面积"。例如，住宅建筑中的居室、客厅、书房等。辅助面积是指建筑物各层平面布置中为辅助生产或生活所占净面积的总和。例如，住宅建筑的楼梯、走道、卫生间、厨房等。使用面积与辅助面积的总和称为"有效面积"。结构面积是指建筑物各层平面布置中的墙体、柱等结构所占面积的总和（不包括抹灰厚度所占面积）。

5.2.2 建筑面积的作用

建筑面积计算是工程计量的最基础工作，具体作用有以下几个方面：

1. 建筑面积是确定建设规模的重要指标

建筑面积的多少可以用来控制建设规模，如根据项目立项批准文件所核准的建筑面积，来控制施工图设计的规模。建设面积的多少也可以用来衡量一定时期国家或企业工程建设的发展状况和完成生产的情况等。

2. 建筑面积是确定各项技术经济指标的基础

建筑面积是衡量工程造价、人工消耗量、材料消耗量和机械台班消耗量的重要经济指标。比如，有了建筑面积，才能确定每平方米建筑面积的工程造价等指标。

3. 建筑面积是评价设计方案的依据

建筑设计和建筑规划中，经常使用建筑面积控制某些指标，比如容积率、建筑密度、建筑系数等。在评价设计方案时通常采用的居住面积系数、土地利用系数、有效面积系数、单方造价等指标，都与建筑面积密切相关。因此，为了评价设计方案，必须准确计算建筑面积。

4. 建筑面积是计算有关分项工程量的依据和基础

建筑面积是确定一些分项工程量的基本数据。应用统筹计算方法，根据底层建筑面积，就可以很方便地推算出室内回填土体积、地（楼）面面积和天棚面积等。另外，建筑面积也是计算有关工程量的重要依据，比如综合脚手架、垂直运输等项目的工程量是以建筑面积为基础计算的工程量。

5.2.3 建筑面积计算规则与方法

建筑面积计算的一般原则是：凡在结构上、使用上形成具有一定使用功能的建筑物和构筑物，并能单独计算出其水平面积的，应计算建筑面积；反之，不应计算建筑面积。取定建筑面积的顺序为：有围护结构的，按围护结构计算面积；无围护结构、有底板的，按底板计算面积（如室外走廊、架空走廊）；底板也不利于计算的，则取顶盖（如车棚、货棚等）；主体结构外的附属设施按结构底板计算面积，即在确定建筑面积时，围护结构优于底板，底板优于顶盖。所以，有盖无盖不作为计算建筑面积的必备条件，如阳台、架空走廊、楼梯是利用其底板，顶盖只是起遮风挡雨的辅助功能。

建筑面积的计算主要依据现行国家标准《建筑工程建筑面积计算规范》（GB/T 50353—2013）。该规范包括总则、术语、计算建筑面积的规定和条文说明四部分，规定了计算建筑全部面积、计算建筑部分面积和不计算建筑面积的情形及计算规则，适用于新建、扩建、改建的工业与民用建筑工程建设全过程的建筑面积计算，即规范不仅仅适用于工程造价计价活动，也适用于项目规划、设计阶段，但该规范不适用于房屋产权面积的计算。

5.2.4 建筑面积计算规范

（1）建筑物的建筑面积应按自然层外墙结构外围水平面积之和计算。结构层高在2.20m及以上的，应计算全面积；结构层高在2.20m以下的，应计算1/2面积。

（2）建筑物内设有局部楼层时，对于局部楼层的二层及以上楼层，有围护结构的应按其围护结构外围水平面积计算，无围护结构的应按其结构底板水平面积计算。结构层高在2.20m及以上的，应计算全面积；结构层高在2.20m以下的，应计算1/2面积。

（3）形成建筑空间的坡屋顶，结构净高在2.10m及以上的部位应计算全面积；结构净高在1.20m及以上至2.10m以下的部位应计算1/2面积；结构净高在1.20m以下的部位不应计算建筑面积。

（4）场馆看台下的建筑空间，结构净高在2.10m及以上的部位应计算全面积；结构净高在120m及以上至2.10m以下的部位应计算1/2面积；结构净高在1.20m以下的部位不应计算建筑面积。室内单独设置的有围护设施的悬挑看台，应按看台结构底板水平投影面积计算建筑面积。有顶盖无围护结构的场馆看台应按其顶盖水平投影面积的1/2计算面积。

（5）地下室、半地下室应按其结构外围水平面积计算。结构层高在2.20m及以上的，应计算全面积；结构层高在2.20m以下的，应计算1/2面积。

（6）出入口外墙外侧坡道有顶盖的部位，应按其外墙结构外围水平面积的1/2计算面积。

（7）建筑物架空层及坡地建筑物吊脚架空层，应按其顶板水平投影计算建筑面积。结构层高在2.20m及以上的，应计算全面积；结构层净高在2.20m以下的，应计算1/2面积。

（8）建筑物的门厅、大厅应按一层计算建筑面积，门厅、大厅内设置的走廊应按走廊结构底板水平投影面积计算建筑面积。结构层高在2.20m及以上的，应计算全面积；结构层高在2.20m以下的应计算1/2面积。

（9）建筑物间的架空走廊，有顶盖和围护结构的，应按其围护结构外面积计算全面积；无围护结构、有围护设施的，应按其结构底板水平投影面积计算1/2面积。

（10）立体书库、立体仓库、立体车库，有围护结构的，应按其围护结构外围水平面积计算建筑面积；无围护结构、有围护设施的，应按其结构底板水平投影面积计算建筑面积。无结构层的应按一层计算，有结构层的应按其结构层面积分别计算。结构层高在 2.20m 及以上的，应计算全面积；结构层高在 2.20m 以下的，应计算 1/2 面积。

（11）有围护结构的舞台灯光控制室，应按其围护结构外围水平面积计算建筑面积。结构层高在 2.20m 及以上的，应计算全面积；结构层高在 2.20m 以下的，应计算 1/2 面积。

（12）附属在建筑物外墙的落地橱窗，应按其围护结构外围水平面积计算建筑面积：结构层 2.20m 及以上的，应计算全面积；结构层高在 2.20m 以下的，应计算 1/2 面积。

（13）窗台与室内楼地面高差在 0.45m 以下且结构净高在 2.10m 及以上的凸（飘）窗，应按其围护结构外围水平面积计算 1/2 面积。

（14）有围护设施的室外走廊（挑廊），应按其结构底板水平投影面积计算 1/2 面积；有围护设施（或柱）的檐廊，应按其围护设施（或柱）外围水平面积计算 1/2 面积。

（15）门斗应按其围护结构外围水平面积计算建筑面积。结构层高在 2.20m 及以上的，应计算全面积；结构层高在 2.20m 以下的，应计算 1/2 面积。

（16）门廊应按其顶板水平投影面积的 1/2 计算建筑面积；有柱雨篷应按其结构板水平投影面积的 1/2 计算建筑面积；无柱雨篷的结构外边线至外墙结构外边线的宽度在 2.10m 及以上的，应按雨篷结构板的水平投影面积的 1/2 计算建筑面积。

（17）设在建筑物顶部的、有围护结构的楼梯间、水箱间、电梯机房等，结构层高在 2.20m 及以上的应计算全面积；结构层高在 2.20m 以下的，应计算 1/2 面积。

（18）围护结构不垂直于水平面的楼层，应按其底板面的外墙外围水平面积计算。结构净高在 2.10m 及以上的部位，应计算全面积；结构净高在 1.20m 及以上至 2.10m 以下的部位，应计算 1/2 面积；结构净高在 1.20m 以下的部位，不应计算建筑面积。

（19）建筑物的室内楼梯、电梯井、提物井、管道井、通风排气竖井、烟道，应并入建筑物的自然层计算建筑面积。有顶盖的采光井应按一层计算面积，结构净高在 2.10m 及以上的，应计算全面积，结构净高在 2.10m 以下的，应计算 1/2 面积。

（20）室外楼梯应并入所依附建筑物自然层，并应按其水平投影面积的 1/2 计算建筑面积。

（21）在主体结构内的阳台，应按其结构外围水平面积计算全面积；在主体结构外的阳台，应按其结构底板水平投影面积计算 1/2 面积。

（22）有顶盖无围护结构的车棚、货棚、站台、加油站、收费站等，应按其顶盖水平投影面积的 1/2 计算建筑面积。

（23）以幕墙作为围护结构的建筑物，应按幕墙外边线计算建筑面积。

（24）建筑物的外墙外保温层，应按其保温材料的水平截面积计算，并计入自然层建筑面积。

（25）与室内相通的变形缝，应按其自然层合并在建筑物建筑面积内计算。对于高

121

低联跨的建筑物，当高低跨内部连通时，其变形缝应计算在低跨面积内。

（26）对于建筑物内的设备层、管道层、避难层等有结构层的楼层，结构层高在2.20m及以上的，应计算全面积；结构层高在2.20m以下的，应计算1/2面积。

（27）下列项不应计算建筑面积：

① 与建筑物内不相连通的建筑部件；

② 骑楼、过街楼底层的开放公共空间和建筑物通道；

③ 舞台及后台悬挂幕布和布景的天桥、挑台等；

④ 露台、露天游泳池、花架、屋顶的水箱及装饰性结构构件；

⑤ 建筑物内的操作平台、上料平台、安装箱和罐体的平台；

⑥ 勒脚、附墙柱、垛、台阶、墙面抹灰、装饰面、镶贴块料面层、装饰性幕墙，主体结构外的空调室外机搁板（箱）、构件、配件，挑出宽度在2.10m以下的无柱雨篷和顶盖高度达到或超过两个楼层的无柱雨篷；

⑦ 窗台与室内地面高差在0.45m以下且结构净高在2.10m以下的凸（飘）窗，窗台与室内地面高差在0.45m及以上的凸（飘）窗；

⑧ 室外爬梯、室外专用消防钢楼梯；

⑨ 无围护结构的观光电梯；

⑩ 建筑物以外的地下人防通道，独立的烟囱、烟道、地沟、油（水）罐、气柜、水塔、贮油（水）池、贮仓、栈桥等构筑物。

5.3　工程量计算规则与方法

本节介绍房屋建筑与装饰工程工程量的计算规则与方法，以《房屋建筑与装饰工程工程量计算规范》（GB 50854—2013）附录中清单项目设置和工程量计算规则为主。其他工程量计算规则还可参考《房屋建筑与装饰工程消耗量定额》（TY01-31-2015）。

5.3.1　土石方工程（编码：0101）

土石方工程包括土方工程、石方工程及回填。

1. 土方工程（编码：010101）

土方工程包括平整场地、挖一般土方、挖沟槽土方、挖基坑土方、冻土开挖、挖淤泥（流砂）、管沟土方等项目。挖土方如需截桩头，应按桩基工程相关项目列项。

（1）平整场地，按设计图示尺寸以建筑物首层建筑面积"m²"计算。项目特征描述为：土壤类别、弃土运距、取土运距。

（2）挖一般土方，按设计图示尺寸以体积"m³"计算。挖土方平均厚度应按自然地面测量标高至设计地坪标高间的平均厚度确定。项目特征描述为：土壤类别、挖土深度、弃土运距。

（3）挖沟槽土方、挖基坑土方，按设计图示尺寸以基础垫层底面积乘以挖土深度按体积"m³"计算。基础土方开挖深度应按基础垫层底表面标高至交付施工场地标高确定，无交付施工场地标高时，应按自然地面标高确定。项目特征描述为：土壤类别、挖土深度、弃土运距。

（4）冻土开挖，按设计图示尺寸开挖面积乘以厚度以体积"m³"计算。

（5）挖淤泥、流砂，按设计图示位置、界限以体积"m³"计算。挖方出现流沙、淤泥时，如设计未明确，在编制工程量清单时，其工程数量可为暂估量，结算时应根据实际情况由发包人与承包人双方现场签证确认工程量。

（6）管沟土方以"m"计量时，按设计图示以管道中心线长度计算；以"m³"计量时，按设计图示管底垫层面积乘以挖土深度计算。无管底垫层按管外径的水平投影面积乘以挖土深度计算。不扣除各类井的长度，井的土方并入。管沟土方项目适用于管道（给排水、工业、电力、通信）、光（电）缆沟［包括人（手）孔、接口坑］及连接井（检查井）等。有管沟设计时，平均深度以沟垫层底面标高至交付施工场地标高计算；无管沟设计时，直埋管深度应按管底外表面标高至交付施工场地标高的平均高度计算。

2. 石方工程（编号：010102）

石方工程包括挖一般石方、挖沟槽石方、挖基坑石方、挖管沟石方。

（1）挖一般石方，按设计图示尺寸以体积"m³"计算。

（2）挖沟槽（基坑）石方，按设计图示尺寸沟槽（基坑）底面积乘以挖石深度以体积"m³"计算。

（3）挖管沟石方，以"m"计量时，按设计图示以管道中心线长度计算；以"m³"计量时，按设计图示截面积乘以长度以体积"m³"计算。有管沟设计时，平均深度以沟垫层底面标高至交付施工场地标高计算；无管沟设计时，直埋管深度应按管底外表面标高至交付施工场地标高的平均高度计算。管沟石方项目适用于管道（给排水、工业、电力、通信）、光（电）缆沟［包括人（手）孔、接口坑］及连接井（检查井）等。

3. 回填（编号：010103）

回填包括回填方、余方弃置等项目。

（1）回填方，按设计图示尺寸以体积"m³"计算。

场地回填：回填面积乘以平均回填厚度。

室内回填：主墙间净面积乘以回填厚度，不扣除间隔墙。

基础回填：挖方清单项目工程量减去自然地坪以下埋设的基础体积（包括基础垫层及其他构筑物）。

回填土方项目特征描述为：密实度要求、填方材料品种、填方粒径要求、填方来源及运距。

（2）余方弃置，按挖方清单项目工程量减利用回填方体积（正数）"m³"计算。项目特征包括废弃料品种、运距（由余方点装料运输至弃置点的距离）。

4. 土石方工程的相关说明

山东省 2016 年消耗量定额中关于土石方工程量计算规则中，沟槽与地坑的计算均按照实际挖土体积计算（考虑工作面与放坡坡度）。有关土石方的计算还要考虑以下因素。

1）土石方开挖、运输，均按开挖前的天然密实体积计算。土方回填，按回填后的竣工体积计算。不同状态的土石方体积，按表 5.3.1 换算。

表 5.3.1 土石方体积换算系数

名称	虚方	松填	天然密实	夯填
土方	1.00	0.83	0.77	0.67
	1.20	1.00	0.92	0.80
	1.30	1.08	1.00	0.87
	1.50	1.25	1.15	1.00
石方	1.00	0.85	0.65	—
	1.18	1.00	0.76	—
	1.54	1.31	1.00	—
块石	1.75	1.43	1.00	（码方）1.67
砂夹石	1.07	0.94	1.00	

2）自然地坪与设计室外地坪之间的单独土石方，依据设计土方竖向布置图，以体积计算。

3）基础土石方的开挖深度，按基础（含垫层）底标高至设计室外地坪之间的高度计算。交付施工场地标高与设计室外地坪不同时，应按交付施工场地标高计算。如图 5.3.1 所示，H 表示开挖深度。

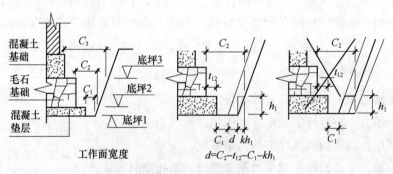

图 5.3.1 剖面图

岩石爆破时，基础石方的开挖深度，还应包括岩石爆破的允许超挖深度。

4）基础施工的工作面宽度，按设计规定计算。设计无规定时，按施工组织设计（经过批准，下同）规定计算。设计、施工组织设计均无规定时，自基础（含垫层）外沿向外，按下列规定计算：

（1）基础材料不同或做法不同时，其工作面宽度按表 5.3.2 计算。

表 5.3.2　基础施工单面工作面宽度

基础材料	单面工作面宽度（mm）
砖基础	200
毛石、方整石基础	250
混凝土基础（支模板）	400
混凝土基础垫层（支模板）	150
基础垂直面做砂浆防潮层	400（自防潮层外表面）
基础垂直面做防水层或防腐层	1000（自防水、防腐层外表面）
支挡土板	100（在上述宽度外另加）

工作面宽度的含义如下：

① 构成基础的各个台阶（各种材料），均应按下列相应规定，满足其各自工作面宽度的要求。各个台阶的单边工作面宽度，均指在台阶底坪高程上、台阶外边线至土方边坡之间的水平宽度。如图 5.3.1 中 C_1、C_2、C_3 所示。

② 基础的工作面宽度，是指基础的各个台阶（各种材料）要求的工作面宽度的"最大者"（使得土方边坡最外者）。如图 5.3.1 所示。

③ 在考察基础上一个台阶的工作面宽度时，要考虑到由于下一个台阶的厚度所带来的土方放坡宽度（kh_1）。如图 5.3.2 所示。

④ 土方的每一面边坡（含直坡），均应为连续坡（边坡上不出现错台）。如图 5.3.1 的中图所示。

（2）基础施工需要搭设脚手架时，其工作面宽度、条形基础按 1.50m 计算（只计算一面），独立基础按 0.45m 计算（四面均计算）。

（3）基坑土方大开挖需做边坡支护时，其工作面宽度均按 2.00m 计算。

（4）基坑内施工各种桩时，其工作面宽度均按 2.00m 计算。

（5）管道施工的单面工作面宽度按表 5.3.3 计算。

表 5.3.3　管道施工单面工作面宽度

管道材质	管道基础宽度（无基础时指管道外径）（mm）			
	≤500	≤1000	≤2500	>2500
混凝土管、水泥管	400	500	600	700
其他管道	300	400	500	600

5）基础土方放坡。

（1）土方放坡的起点深度和放坡坡度，设计、施工组织设计无规定时，按表 5.3.4 计算。

125

表 5.3.4　土方放坡起点深度和放坡坡度

土壤类别	起点深度 大于	放坡坡度（1:k）			
		人工挖土	机械挖土		
			基坑内作业	基坑上作业	槽坑上作业
普通土	1.20m	1:0.50	1:0.33	1:0.75	1:0.50
坚土	1.70m	1:0.30	1:0.20	1:0.50	1:0.30

（2）基础土方放坡，自基础（含垫层）底标高算起。如图5.3.2剖面图左图所示，不可按右图计算。

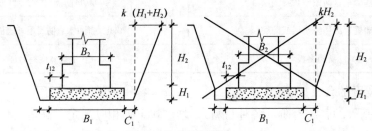

图 5.3.2　剖面图

（3）混合土质的基础土方，其放坡的起点深度和放坡系数，按不同土类厚度加权平均计算。如图5.3.2左图所示，综合放坡系数计算公式为：

$$k = (k_1 H_1 + k_2 H_2) / (H_1 + H_2)$$

式中：k——综合放坡系数；

k_1、k_2——不同土类放坡系数；

H_1、H_2——不同土类的厚度；

$H_1 + H_2$——放坡总深度。

（4）计算基础土方放坡时，不扣除放坡交叉处的重复工程量。

土方开挖实际未放坡或实际放坡小于本章相应规定时，仍应按规定的放坡系数计算土方工程量。

（5）基础土方支挡土板时，土方放坡不另计算。

（6）挖土方（基坑）工程量计算公式（基坑示意图如图5.3.3所示）。

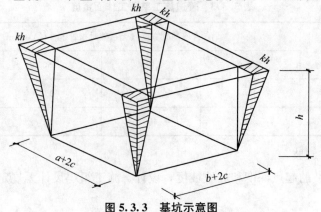

图 5.3.3　基坑示意图

不放坡，无工作面：

$$V=abh\text{（矩形）}$$

$$V=\pi R^2 h\text{（圆形）}$$

周边放坡，有工作面：

$$V=(a+2c+kh)(b+2c+kh)h+(1/3)k^2h^2\text{（矩形）}$$

或 $V=(1/3)h\big[(a+2c)(b+2c)+(a+2c+2kh)(b+2c+2kh)+$

$$\sqrt{(a+2c)(b+2c)(a+2c+2kh)(b+2c+2kh)}\,\big]$$

周边放坡，无工作面：

$$V=(1/3)\pi(R^2+R_1^2+RR_1)h\text{（圆形）}$$

$$R_1=R+kh$$

式中：V——挖土工程量（m³）；

　　　a——垫层长度（m）；

　　　b——垫层宽度（m）；

　　　k——综合放坡系数；

　　　h——开挖深度（m）；

　　　c——垫层工作面（m）；除了满足表 5.3.2 中混凝土垫层（支模板）的要求外，还要满足基础的工作面，并保持边坡坡度不变，如支挡土板，还要另加上 0.1m；

　　　R——圆形坑底半径（m）；

　　　R_1——圆形坑顶半径（m）。

（7）基础石方爆破时，槽坑四周及底部的允许超挖量，设计、施工组织设计无规定时，按松石 0.20m、坚石 0.15m 计算。

（8）沟槽土石方，按设计图示沟槽长度乘以沟槽断面面积，以体积计算。

沟槽土方体积＝基础垫层底面积×挖土深度

　　　　　　　＝（基础垫层长度×基础垫层宽度）×挖土深度

　　　　　　　＝基础垫层长度×（基础垫层宽度×挖土深度）

　　　　　　　＝基础垫层长度×沟槽断面面积

条形基础的沟槽长度，设计无规定时，按下列规定计算：

① 外墙条形基础沟槽，按外墙中心线长度计算。

② 内墙条形基础沟槽，按内墙条形基础的垫层（基础底坪）净长度计算。

③ 框架间墙条形基础沟槽，按框架间墙条形基础的垫层（基础底坪）净长度计算。

④ 突出墙面的墙垛的沟槽，按墙垛突出墙面的中心线长度，并入相应工程量内计算。

管道的沟槽长度，按设计规定计算。设计无规定时，以设计图示管道垫层（无垫层时，按管道）中心线长度（不扣除下口直径或边长≤1.5m 的井池）计算。下口直径或边长＞1.5m 的井池的土石方，另按地坑的相应规定计算。

沟槽的断面面积，应包括工作面、土方放坡或石方允许超挖量的面积。

（9）地坑土石方，按设计图示基础（含垫层）尺寸，另加工作面宽度、土方放坡宽度或石方允许超挖量乘以开挖深度，以体积计算。

（10）一般土石方，按设计图示基础（含垫层）尺寸，另加工作面宽度、土方放坡宽度或石方允许超挖量乘以开挖深度，以体积计算。

机械施工坡道的土石方工程量，并入相应工程量内计算。

（11）桩孔土石方，按桩（含桩壁）设计断面面积乘以桩孔中心线深度，以体积计算。

（12）淤泥流砂，按设计或施工组织设计规定的位置、界限，以实际挖方体积计算。

（13）岩石爆破后人工检底修边，按岩石爆破的规定尺寸（含工作面宽度和允许超挖量），以槽坑底面积计算。

（14）建筑垃圾，以实际堆积体积计算。

（15）平整场地，按设计图示尺寸，以建筑物首层建筑面积（或构筑物首层结构外围内包面积）计算。

建筑物（构筑物）地下室结构外边线突出首层结构外边线时，其突出部分的建筑面积（结构外围内包面积）合并计算。

建筑物首层外围，若计算1/2面积，或不计算建筑面积的构造需要配置基础且需要与主体结构同时施工时，计算了1/2面积的（如主体结构外的阳台、有柱混凝土雨篷等），应补齐全面积；不计算建筑面积的（如装饰性阳台等），应按其基准面积合并于首层建筑面积内，一并计算平整场地。

基准面积，是指同类构件计算建筑面积（含1/2面积）时所依据的面积。如主体结构外阳台的建筑面积，以其结构底板水平投影面积为基准，计算1/2面积，那么，配置基础的装饰性阳台也按其结构底板水平投影面积计算平整场地等。

（16）竣工清理，按设计图示尺寸，以建筑物（构筑物）结构外围（四周结构外围及屋面板顶坪）内包的空间体积计算。计算高度如图5.3.4立面图和图5.3.5立面图所示。

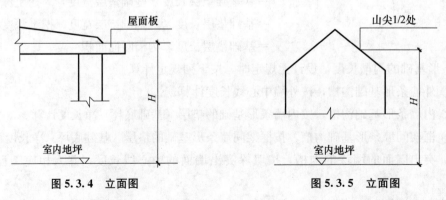

图 5.3.4　立面图　　　　　　　　图 5.3.5　立面图

具体地说，建筑物内外，凡产生建筑垃圾的空间，均应按其全部空间体积计算竣工清理。这主要包括：

建筑物按全面积计算建筑面积的建筑空间，如建筑物的自然层等，按下式计算：

$$竣工清理 1 = \sum（建筑面积 \times 相应结构层高）$$

建筑物按 1/2 面积计算建筑面积的建筑空间，如有顶盖的出入口坡道等，按下式计算：

$$竣工清理 2 = \sum（建筑面积 \times 2 \times 相应结构层高）$$

建筑物不计算建筑面积的建筑空间，如挑出宽度在 2.10m 以下的无柱雨篷、窗台与室内地面高差 ≥0.45m 的飘窗等，按下式计算：

$$竣工清理 3 = \sum（基准面积 \times 相应结构层高）$$

不能形成建筑空间的设计室外地坪以上的花坛、水池、围墙、屋面顶坪以上的装饰性花架、水箱、风机和冷却塔配套基础、信号收发柱塔（以上仅计算主体结构工程量）、道路、停车场、厂区铺装（以上仅计算面层工程量）等，应按其主要工程量乘以系数 2.5，计算竣工清理。即：

$$竣工清理 4 = \sum（主要工程量 \times 2.5）$$

构筑物，如独立式烟囱、水塔、贮水（油）池、贮仓、筒仓等，应按建筑物竣工清理的计算原则，计算竣工清理。

建筑物（构筑物）设计室内外地坪以下不能计算建筑面积的工程内容，不计算竣工清理。

（17）基底钎探，按垫层（或基础）底面积计算。

（18）毛砂过筛，按砌筑砂浆、抹灰砂浆等各种砂浆用砂的定额消耗量之和计算。

（19）原土夯实与碾压，按设计或施工组织设计规定的尺寸，以面积计算。

（20）回填，按下列规定，以体积计算：

槽坑回填，按挖方体积减去设计室外地坪以下建筑物（构筑物）、基础（含垫层）的体积计算。

管道沟槽回填，按挖方体积减去管道基础和表 5.3.5 管道折合回填体积计算。

表 5.3.5　管道折合回填体积（m³/m）

管道	公称直径（mm 以内）					
	500	600	800	1000	1200	1500
混凝土、钢筋混凝土管道	—	0.33	0.60	0.92	1.15	1.45
其他材质管道	—	0.22	0.46	0.74	—	—

房心（含地下室内）回填，按主墙间净面积（扣除连续底面积 >2m² 的设备基础等面积）乘以平均回填厚度计算。

场区（含地下室顶板以上）回填，按回填面积乘以平均回填厚度计算。

（21）土方运输，按挖土总体积减去回填土（折合天然密实）总体积，以体积计算。

（22）钻孔桩泥浆运输，按桩设计断面尺寸乘以桩孔中心线深度，以体积计算。

【例5.3.1】 某工程基础如图5.3.6、图5.3.7所示，土质为坚土。试计算挖沟槽土方定额工程量及清单工程量。

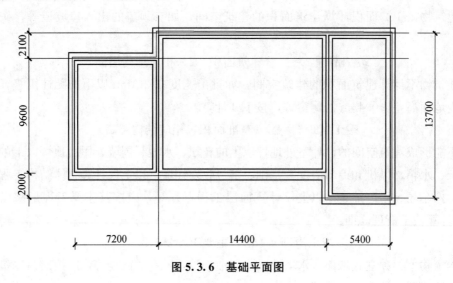

图5.3.6 基础平面图

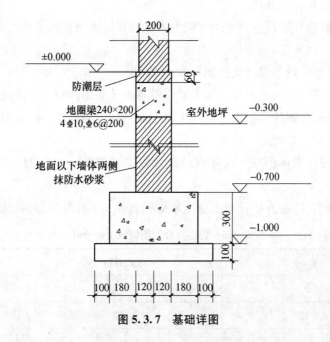

图5.3.7 基础详图

解： $L_{中} = (7.20 + 14.40 + 5.40 + 13.70) \times 2 = 81.40$ （m）

$L_{净} = 9.60 - 0.80 + 9.60 + 2.10 - 0.80 = 19.70$ （m）

挖沟槽土方定额工程量 $= [(0.60 + 0.40 \times 2) \times (1.10 - 0.30)] \times (81.40 + 19.70) = 113.23$ （m³）

按照清单项目可套用清单编码010101003列项。

清单工程量 $= [(0.60 + 0.10 \times 2) \times (1.10 - 0.30)] \times (81.40 + 19.70) = 64.70$ （m³）

5.3.2　基坑与边坡支护（编码：0102）

基坑与边坡支护包括地下连续墙、咬合灌注桩、圆木桩、预制钢筋混凝土板桩、型钢桩、钢板桩、锚杆（锚索）、土钉、喷射混凝土（水泥砂浆）、钢筋混凝土支撑、钢支撑等项目。

（1）地下连续墙，按设计图示墙中心线长乘以厚度乘以槽深以体积"m^3"计算。

（2）咬合灌注桩以"m"计量，按设计图示尺寸以桩长计算；以"根"计量，按设计图示数量计算。所谓咬合桩是指在桩与桩之间形成相互咬合排列的一种基坑围护结构。桩的排列方式为一条不配筋并采用超缓凝素混凝土桩（A桩）和一条钢筋混凝土桩（B桩）间隔布置。施工时，先施工A桩，后施工B桩，在A桩混凝土初凝之前完成B桩的施工。A桩、B桩均采用全套管钻机施工，切割掉相邻A桩相交部分的混凝土，从而实现咬合。

（3）圆木桩、预制钢筋混凝土板桩以"m"计量时，按设计图示尺寸以桩长（包括桩尖）计算；以"根"计量时，按设计图示数量计算。

（4）型钢桩以"t"计量时，按设计图示尺寸以质量计算；以"根"计量时，按设计图示数量计算。

（5）钢板桩以"t"计量时，按设计图示尺寸以质量计算；以"m^2"计量时，按设计图示中心线长度乘以桩长以面积计算。

（6）锚杆（锚索）、土钉以"m"计量时，按设计图示尺寸以钻孔深度计算；以"根"计量时，按设计图示数量计算。

（7）喷射混凝土（水泥砂浆），按设计图示尺寸以面积"m^2"计算。

（8）钢筋混凝土支撑，按设计图示尺寸以体积"m^3"计算。

（9）钢支撑，按设计图示尺寸以质量"t"计算，不扣除孔眼质量，焊条、铆钉、螺栓等不另增加质量。

5.3.3　桩基础工程（编号：0103）

基础工程包括打桩、灌注桩。

1. 打桩（编号：010301）

打桩包括预制钢筋混凝土方桩、预制钢筋混凝土管桩、钢管桩、截（凿）桩头等项目。

（1）预制钢筋混凝土方桩、预制钢筋混凝土管桩，以"m"计量时，按设计图示尺寸以桩长（包括桩尖）计算；以"m^3"计量时，按设计图示截面积乘以桩长（包括桩尖）以实体积计算；以"根"计量时，按设计图示数量计算。

（2）钢管桩以"t"计量时，按设计图示尺寸以质量计算；以"根"计量时，按设计图示数量计算。

（3）截（凿）桩头，以"m³"计量时，按设计桩截面乘以桩头长度以体积计算；以"根"计量时，按设计图示数量计算。截（凿）桩头项目适用于"地基处理与边坡支护工程、桩基础工程"所列桩的桩头截（凿）。

2. 灌注桩（编号：010302）

灌注桩包括泥浆护壁成孔灌注桩、沉管灌注桩、干作业成孔灌注桩、挖孔桩土（石）方、人工挖孔灌注桩、钻孔压浆桩、灌注桩后压浆。混凝土灌注桩的钢筋笼制作、安装，按"混凝土与钢筋混凝土工程"中相关项目编码列项。

（1）泥浆护壁成孔灌注桩、沉管灌注桩、干作业成孔灌注桩，以"m"计量时，按设计图示尺寸以桩长（包括桩尖）计算；以"m³"计量时，按不同截面在桩上范围内以体积计算；以"根"计量，按图示数量计算。

（2）挖孔桩土（石）方，按设计图示尺寸（含护壁）截面积乘以挖孔深度以体积"m³"计算。

（3）人工挖孔灌注桩以"m³"计量时，按桩芯混凝土体积计算；以"根"计量时，按图示数量计算。工作内容中包括了护壁的制作，护壁的工程量不需要单独编码列项，应在综合单价中考虑。

（4）钻孔压浆桩以"m"计量时，按设计图示尺寸以桩长计算；以"根"计量时，按设计图示数量计算。

（5）灌注桩后压浆，按设计图示以注浆孔数"孔"计算。

5.3.4 砌筑工程（编号：0104）

砌筑工程包括砖砌体、砌块砌体、石砌体、垫层。

1. 砖砌体（编号：010401）

砖砌体包括砖基础、砖砌挖孔桩护壁、实心砖墙、多孔砖墙、空心砖墙、空斗墙、空花墙、填充墙、实心砖柱、多孔砖柱、砖检查井、零星砌砖、砖散水（地坪）、砖地沟（明沟）。

（1）砖基础，按设计图示尺寸以体积"m³"计算。包括附墙垛基础宽出部分体积，扣除地梁（圈梁）、构造柱所占体积，不扣除基础大放脚 T 形接头处的重叠部分［图 5.3.8（a）］及嵌入基础内的钢筋、铁件、管道、基础砂浆防潮层和单个面积≤0.3m²的孔洞所占体积，靠墙暖气沟的挑檐不增加。砖基础的项目特征包括：砖品种、规格、强度等级，基础类型，砂浆强度等级，防潮层材料种类。防潮层在清单项目综合单价中考虑，不单独列项计算工程量。

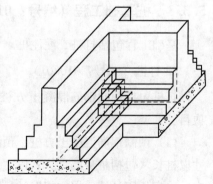

图 5.3.8（a） 砖基础 T 形
接头处的重叠部分示意图

基础长度：外墙按外墙中心线，内墙按内墙净长线计算。砖基础项目适用于各种类型砖基础：柱基础、墙基础、管道基础等。

（2）实心砖墙、多孔砖墙、空心砖墙，按设计图示尺寸以体积"m³"计算。扣除门窗、洞口、嵌入墙内的钢筋混凝土柱、梁、圈梁、挑梁、过梁及凹进墙内的壁龛、管槽、暖气槽、消火栓箱所占体积，不扣除梁头、板头、檩头、垫木、木楞头、沿椽木、木砖、门窗走头、砖墙内加固钢筋、木筋、铁件、钢管及单个面积≤0.3m²的孔洞所占的体积。凸出墙面的腰线、挑檐、压顶、窗台线、虎头砖、门窗套的体积亦不增加。凸出墙面的砖垛并入墙体体积内计算。

框架间墙工程量计算不分内外墙按墙体净尺寸以体积计算。围墙的高度算至压顶上表面（如有混凝土压顶时算至压顶下表面），围墙柱并入围墙体积内计算。

墙长度的确定。外墙按中心线，内墙按净长线计算。

墙高度的确定：

① 外墙。斜（坡）屋面无檐口天棚者算至屋面板底；有屋架且室内外均有天棚者算至屋架下弦底另加200mm，无天棚者算至屋架下弦底另加300mm，出檐宽度超过600mm时按实砌高度计算；有钢筋混凝土楼板隔层者算至板顶。平屋顶算至钢筋混凝土板底。

② 内墙。位于屋架下弦者，算至屋架下弦底；无屋架者算至天棚底另加100mm；有钢筋混凝土楼板隔层者算至楼板顶；有框架梁时算至梁底。

③ 女儿墙。从屋面板上表面算至女儿墙顶面（如有混凝土压顶时算至压顶下表面）。

④ 内外山墙。按其平均高度计算。

（3）空斗墙，按设计图示尺寸以空斗墙外形体积"m³"计算。墙角、内外墙交接处、门窗洞口立边、窗台砖、屋檐处的实砌部分体积并入空斗墙体积内。

（4）空花墙，按设计图示尺寸以空花部分外形体积"m³"计算，不扣除空洞部分体积。空花墙项目适用于各种类型的空花墙，使用混凝土花格砌筑的空花墙，实砌墙体与混凝土花格应分别计算，混凝土花格按"混凝土及钢筋混凝土"中预制构件相关项目编码列项。

（5）填充墙，按设计图示尺寸以填充墙外形体积"m³"计算。项目特征需要描述填充材料种类及厚度。

（6）实心砖柱、多孔砖柱，按设计图示尺寸以体积"m³"计算。扣除混凝土及钢筋混凝土梁垫、梁头、板头所占体积。

（7）砖检查井、散水、地坪、地沟、明沟、砖砌挖孔桩护壁。砖检查井按设计图示数量"座"计算；砖散水、地坪按设计图示尺寸以面积"m²"计算；砖地沟、明沟按设计图示以中心线长度"m"计算；砖砌挖孔桩护壁按设计图示尺寸以体积"m³"计算。

（8）零星砌砖，以"m³"计量时，按设计图示尺寸截面积乘以长度"m"计算；以

"m²" 计量时，按设计图示尺寸水平投影面积 "m²" 计算；以 "m" 计量时，按设计图示尺寸以长度 "m" 计算；以个计量时，按设计图示数 "个" 计算。

框架外表面的镶贴砖部分，按零星项目编码列项。空斗墙的窗间墙、窗台下、楼板下、梁头下等的实砌部分，按零星砌砖项目编码列项。台阶、台阶挡墙、梯带、锅台、炉灶、蹲台、池槽、池槽腿、砖胎模、花台、花池、楼梯栏板、阳台栏板、地垄墙、小于或等于 0.3m² 的孔洞填塞等，应按零星砌砖项目编码列项。砖砌锅台与炉灶可按外形尺寸以 "个" 计算。砖砌台阶可按水平投影面积以 "m²" 计算。小便槽、地垄墙可按长度计算，其他工程以 "m³" 计算。

2. 砌块砌体（编号：010402）

砖块砌体包括砌块墙、砌块柱等项目。

（1）砌块墙，同实心砖墙的工程量计算规则。项目特征描述为：砌块品种、规格、强度等级；墙体类型；砂浆强度等级。

（2）砌块柱，按设计图示尺寸以体积 "m³" 计算，扣除混凝土及钢筋混凝土梁垫、梁头、板头所占体积。

（3）相关说明。

① 砌体内加筋、墙体拉结的制作、安装，应按 "混凝土及钢筋混凝土工程" 中相关项目编码列项。

② 砌块排列应上下错缝搭砌，如果搭错缝长度满足不了规定的压搭要求，应采取压砌钢筋网片的措施，具体构造要求按设计规定。若设计无规定，应注明由投标人根据工程实际情况自行考虑；钢筋网片按 "混凝土及钢筋混凝土工程" 中相应编码列项。

③ 砌块砌体工作内容中包括了勾缝。

④ 砌体垂直灰缝宽大于 30mm 时，采用 C20 细石混凝土灌实。灌注的混凝土应按 "混凝土及钢筋混凝土工程" 相关项目编码列项。

3. 石砌体（编号：010403）

石砌体包括石基础、石勒脚、石挡土墙、石栏杆、石护坡、石台阶、石坡道、石地沟（明沟）等项目。

（1）石基础，按设计图示尺寸以体积 "m³" 计算，包括附墙垛基础宽出部分体积，不扣除基础砂浆防潮层及单个面积小于或等于 0.3m² 的孔洞所占体积，靠墙暖气沟的挑檐不增加。

基础长度：外墙按中心线，内墙按净长线计算。石基础项目适用于各种规格（粗料石、细料石等）、各种材质（砂石、青石等）和各种类型（柱基、墙基、直形、弧形等）基础。

（2）石勒脚，按设计图示尺寸以体积 "m³" 计算，扣除单个面积大于 0.3m² 的孔洞所占体积。石勒脚项目适用于各种规格（粗料石、细料石等）、各种材质（砂石、青石、大理石、花岗石等）和各种类型（直形、弧形等）勒脚。

（3）石挡土墙，按设计图示尺寸以体积"m³"计算。石挡土墙项目适用于各种规格（粗料石、细料石、块石、毛石、卵石等）、各种材质（砂石、青石、石灰石等）和各种类型（直形、弧形、台阶形等）挡土墙。石梯膀应按石挡土墙项目编码列项。

（4）石栏杆，按设计图示以长度"m"计算。石栏杆项目适用于无雕饰的一般石栏杆。

（5）石护坡，按设计图示尺寸以体积"m³"计算。石护坡项目适用于各种石质和各种石料。

（6）石台阶，按设计图示尺寸以体积"m³"计算。石台阶项目包括石梯带（垂带），不包括石梯膀。石台阶如图 5.3.8（b）所示。

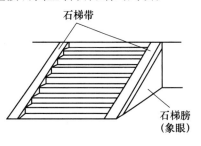

图 5.3.8（b） 石台阶

（7）石坡道，按设计图示尺寸以水平投影面积"m²"计算。

（8）石地沟（明沟），按设计图示以中心线长度"m"计算。

4. 垫层（编号：010404）

垫层工程量按设计图示尺寸以体积"m³"计算。

除混凝土垫层外，没有包括垫层要求的清单项目应按该垫层项目编码列项，如灰土垫层、碎石垫层、毛石垫层等。

5. 砌筑分界线划分

（1）基础与墙体：以设计室内地坪为界，有地下室者，以地下室设计室内地坪为界，以下为基础，以上为墙体。如图 5.3.9 所示。

（2）室内柱以设计室内地坪为界；室外柱以设计室外地坪为界，以下为柱基础，以上为柱。如图 5.3.10、图 5.3.11 所示。

（3）围墙以设计室外地坪为界，以下为基础，以上为墙体。如图 5.3.12 所示。

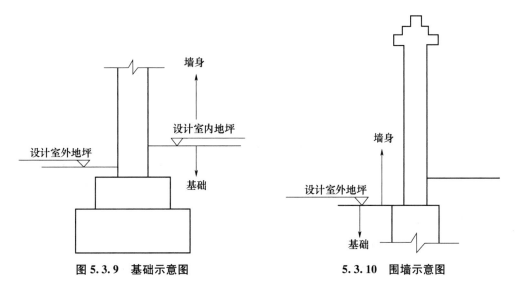

图 5.3.9 基础示意图　　　　5.3.10 围墙示意图

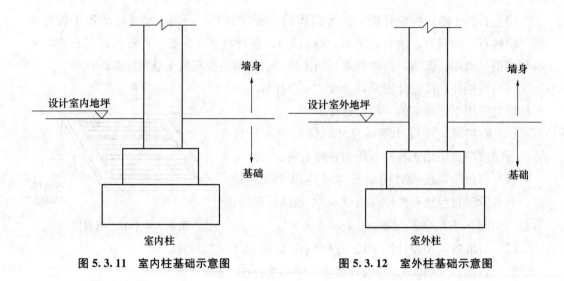

图 5.3.11　室内柱基础示意图　　　　图 5.3.12　室外柱基础示意图

　　（4）挡土墙以设计地坪标高低的一侧为界，以下为基础，以上为墙体。如图 5.3.13所示。

　　上述砌筑界线的划分，系指基础与墙（柱）为同一种材料（或同一种砌筑工艺）的情况；若基础与墙（柱）使用不同材料，且（不同材料的）分界线位于设计室内地坪≤300mm时，300mm 以内部分并入相应墙（柱）工程量内计算。外墙示意图如图 5.3.14所示。

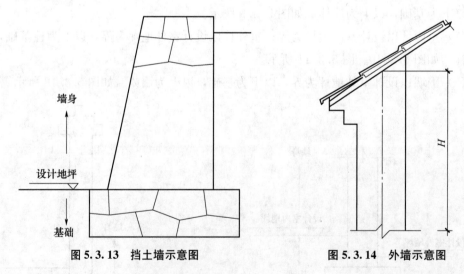

图 5.3.13　挡土墙示意图　　　　　图 5.3.14　外墙示意图

　　6. 基础工程量计算

　　（1）条形基础，按墙体长度乘以设计断面面积以体积计算。

　　　　条形基础工程量＝L×基础断面面积－嵌入基础的构件体积

式中：L——外墙为中心线长度（$L_{中}$）；内墙为内墙净长度（$L_{内}$）。

$$砖基础断面面积＝基础高度×基础墙厚＋大放脚折加面积$$

或：
$$砖基础断面积＝（基础高度＋大放脚折加高度）×基础墙厚$$
$$大放脚折加高度＝大放脚折加面积/基础墙厚$$

（2）包括附墙垛基础宽出部分体积，如图 5.3.15 所示，扣除地梁（圈梁）、构造柱所占体积，不扣除基础大放脚 T 形接头处的重叠部分，以及嵌入基础的钢筋、铁件、管道、基础防潮层和单个面积≤0.3m² 的孔洞所占体积，但靠墙暖气沟的挑檐亦不增加。

$$垛基体积＝垛基正身体积＋放脚部分体积或垛厚×基础断面面积$$

（3）基础长度，外墙按外墙中心线，内墙按内墙净长线计算。

（4）柱间条形基础，按柱间墙体的设计净长度乘以设计断面面积，以体积计算。

（5）独立基础，按设计图示尺寸以体积计算。如图 5.3.16 所示。

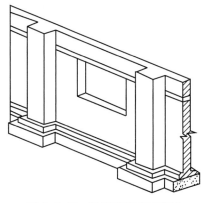

图 5.3.15　附墙垛基础示意图

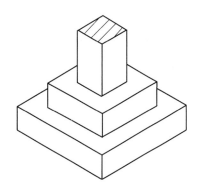

图 5.3.16　独立基础示意图

7. 墙体工程量计算

（1）墙长度，外墙按中心线计算，内墙按净长计算。

（2）外墙高度。斜（坡）屋面无檐口天棚者算至屋面板底，如图 5.3.14 所示；有屋架且室内外均有天棚者算至屋架下弦底另加 200mm，如图 5.3.17 所示；无天棚者算至屋架下弦底另加 300mm，出檐宽度超过 600mm 时按实砌高度计算，如图 5.3.18 所示；有钢筋混凝土楼板隔层者算至板顶，如图 5.3.19 所示。平屋顶算至钢筋混凝土板顶，如图 5.3.20 所示。

（3）内墙高度，位于屋架下弦者，算至屋架下弦底；无屋架者算至天棚底另加 100mm，如图 5.3.21 所示；有钢筋混凝土楼板隔层者算至楼板底，如图 5.3.22 所示；有框架梁时算至梁底。

（4）女儿墙高度，从屋面板上表面算至女儿墙顶面（如有混凝土压顶时算至压顶下表面），如图 5.3.19 所示。

（5）内外山墙高度，按其平均高度计算。如图 5.3.23 所示。

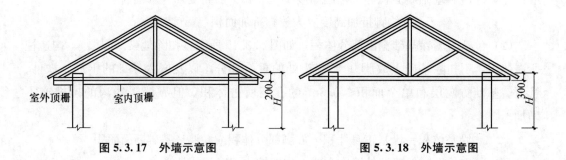

图 5.3.17　外墙示意图　　　　　　　　　　　图 5.3.18　外墙示意图

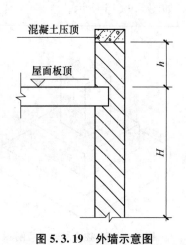

图 5.3.19　外墙示意图

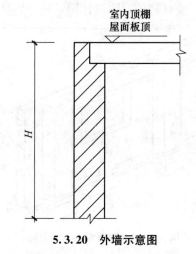

5.3.20　外墙示意图

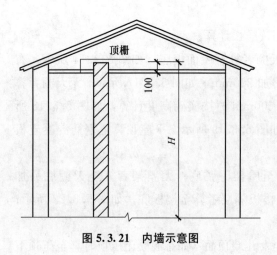

图 5.3.21　内墙示意图

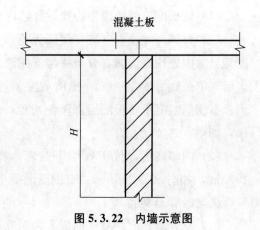

图 5.3.22　内墙示意图

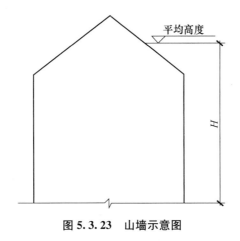

图 5.3.23　山墙示意图

（6）框架间墙，不分内外墙，按墙体净尺寸以体积计算。如图 5.3.24 所示。

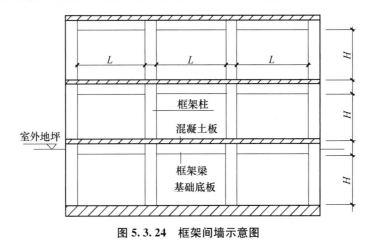

图 5.3.24　框架间墙示意图

（7）围墙，高度算至压顶上表面（如有混凝土压顶时算至压顶下表面），围墙柱并入围墙体积内。

（8）墙体，按设计图示尺寸以体积计算。计算墙体工程量时，应扣除门窗、洞口、嵌入墙内的钢筋混凝土柱、梁、圈梁、挑梁、过梁及凹进墙内的壁龛、管槽、暖气槽、消火栓箱所占体积。不扣除梁头、外墙板头、檩头、垫木、木楞头、沿椽木、木砖、门窗走头、墙内的加固钢筋、木筋、铁件、钢管及每个面积≤0.3m²孔洞等所占体积。凸出墙面的窗台虎头砖、压顶线、山墙泛水、烟囱根、门窗套及三皮砖以内的腰线和挑檐等体积亦不增加。凸出墙面的砖垛、三皮砖以上的腰线和挑檐等体积，并入所附墙体体积内计算。

　　　　　墙体工程量＝〔（L＋a）×H－门窗洞口面积〕×h－∑构件体积

式中：L——外墙为中心线长度（$L_中$），内墙为内墙净长度（$L_内$），框架间墙为柱间净长度（$L_净$）；

　　　a——墙垛厚，是指墙外皮至垛外皮的厚度；

H——墙高，墙体高度按计算规则计算；

h——墙厚，若为标准砖墙，厚度严格按黏土砖砌体计算厚度表计算。

（9）附墙烟囱（包括附墙通风道、垃圾道，混凝土烟风道除外），按其外形体积并入所依附的墙体积内计算。如图 5.3.25 所示。

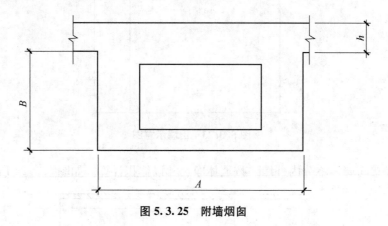

图 5.3.25　附墙烟囱

附墙烟囱工程量＝$B\times A\times H$

式中：H——附墙烟囱设计高度。

8. 柱工程量计算

各种柱均按基础分界线以上的柱高乘以柱断面面积，以体积计算。

9. 轻质板墙

按设计图示尺寸以面积计算。

10. 其他砌筑工程量计算

（1）砖砌地沟不分沟底、沟壁，按设计图示尺寸以体积计算。

（2）零星砌体项目，均按设计图示尺寸以体积计算。

（3）多孔砖墙、空心砖墙和空心砌块墙，按相应规定计算墙体外形体积，不扣除砌体材料中的孔洞和空心部分的体积。

（4）装饰砌块夹芯保温复合墙体按实砌复合墙体以面积计算。

（5）混凝土烟风道按设计混凝土砌块体积，以体积计算。计算墙体工程量时，应按混凝土烟风道工程量，扣除其所占墙体的体积。

（6）变压式排烟气道，区分不同断面，以长度计算工程量（楼层交接处的混凝土垫块及垫块安装灌缝已综合在子目中，不单独计算）。计算时，自设计室内地坪或安装起点，计算至上一层楼板的上表面；顶端遇坡屋面时，按其高点计算至屋面板面。

（7）混凝土镂空花格墙按设计空花部分外形面积（空花部分不予扣除）以面积计算。定额中混凝土镂空花格按半成品考虑。

（8）石砌护坡按设计图示尺寸以体积计算。

（9）砖背里和毛石背里按设计图示尺寸以体积计算。

（10）在山东省消耗量定额中用砂为符合规范要求的过筛净砂，不包括施工现场的筛砂用工，现场筛砂用工按定额"第一章土石方工程"的规定另行计算。

【例 5.3.2】 某单层建筑物如图 5.3.26 所示，墙身为 M5.0 混合砂浆砌筑标准黏土砖，内外墙厚均为 370mm，砖墙。GZ370mm×370mm 从基础到板顶，女儿墙处 $GZ240mm×240mm$ 到压顶顶面，梁高 500mm，门窗洞口上全部采用混凝土过梁。M_1：1500mm×2700mm；M_2：1000mm×2700mm；C_1：1800mm×1800mm。计算过梁、砖墙的工程量，确定山东省定额项目，以及清单项目。

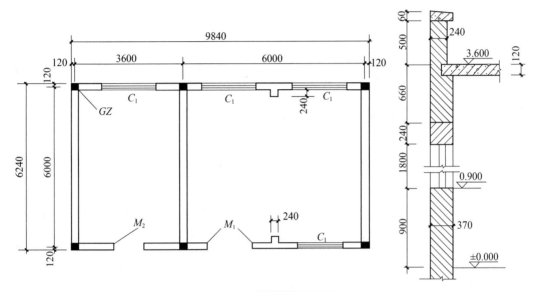

5.3.26　平面图及剖面图

解：1. 按照山东省定额规则计算

① 过梁。

M_1、M_2GL＝（1.50＋0.10＋1.00＋0.10）×0.365×0.24＝0.24（m³）（$L \leqslant 1.5m$）

C_1GL＝（1.80＋0.10）×4×0.365×0.365＝1.01（m³）（$L > 1.5m$）

过梁工程量＝0.24＋1.01＝1.25（m³）

套定额 5-1-22：C20 现浇混凝土碎石＜20/现浇混凝土过梁，定额基价＝7046.87 元/m³

② 365 砖墙。

$L_{中}$＝（9.84－0.37＋6.24－0.37）×2－0.37×6＝28.46（m）

$L_{内}$＝6.24－0.37×2＝5.50（m）

砖墙工程量＝0.365×［（3.60×28.46－1.50×2.70－1.00×2.70－1.80×1.80×4）＋
　　　　　　（3.60－0.12）×5.50］＋0.24×0.24×（3.60－0.50）×2－1.25
　　　　　　＝36.30（m³）

套定额 4-1-8：混合砂浆 M5.0（干拌）/实心砖墙墙厚 365mm，定额基价＝3512.07 元/m³。

③ 240 女儿墙。

$L_{中} = (9.84 + 6.24) \times 2 - 0.24 \times 4 - 0.24 \times 6 = 29.76$ (m)

女儿墙工程量 $= 0.24 \times 0.50 \times 29.76 = 3.57$ (m³)

套定额 3-1-14：混合砂浆 M5.0（干拌）/实心砖墙墙厚 240mm，定额基价 = 3639.84 元/m³。

2. 清单项目列项

项目编码 010401003001，实心砖墙（标准黏土砖，墙厚 365，M5.0 混合砂浆）工程量 36.30m³。

项目编码 010401003002，实心砖墙（标准黏土砖，240 厚女儿墙，M5.0 混合砂浆）工程量 3.57m³。

项目编码 010503005001，过梁（C20 现浇混凝土过梁）工程量 1.25m³。

5.3.5 混凝土及钢筋混凝土工程（编号：0105）

混凝土及钢筋混凝土工程包括现浇混凝土、预制混凝土、钢筋工程、螺栓和铁件等部分。现浇混凝土包括基础、柱、梁、墙、板、楼梯、后浇带及其他构件等；预制混凝土包括柱、梁、屋架、板、楼梯及其他构件等。

在计算现浇或预制混凝土和钢筋混凝土构件工程量时，不扣除构件内钢筋、螺栓、预埋铁件、张拉孔道所占体积，但应扣除劲性骨架的型钢所占体积。

1. 现浇混凝土基础（编号：010501）

现浇混凝土基础包括垫层、带形基础、独立基础、满堂基础、桩承台基础、设备基础等项目，按设计图示尺寸以体积"m³"计算，不扣除构件内钢筋、预埋铁件和深入承台基础的桩头所占体积。项目特征包括混凝土的种类、混凝土的强度等级，其中混凝土的种类指清水混凝土、彩色混凝土等，如在同一地区既使用预拌混凝土又允许现场搅拌混凝土时也应注明。

2. 现浇混凝土柱（编号：010502）

现浇混凝土柱包括矩形柱、构造柱、异形柱等项目。按设计图示尺寸以体积"m³"计算。构造柱嵌入墙体部分并入柱身体积计算。依附柱上的牛腿和升板的柱帽，并入柱身体积计算。项目特征描述为：混凝土种类、混凝土强度等级。异形柱还需说明柱形状。

3. 现浇混凝土梁（编号：010503）

现浇混凝土梁包括基础梁、矩形梁、异形梁、圈梁、过梁、弧形梁（拱形梁）等项目。按设计图示尺寸以体积"m³"计算，不扣除构件内钢筋、预埋铁件所占体积，伸入墙内的梁头、梁垫并入梁体积内计算。

4. 现浇混凝土墙（编号：010504）

现浇混凝土墙包括直形墙、弧形墙、短肢剪力墙、挡土墙。按设计图示尺寸以体积

"m^3"计算，不扣除构件内钢筋，预埋铁件所占体积，扣除门窗洞口及单个面积大于$0.3m^2$的孔洞所占体积，墙垛及突出墙面部分并入墙体体积内计算。

短肢剪力墙是指截面厚度不大于300mm、各肢截面高度与厚度之比的最大值大于4但不大于8的剪力墙；各肢截面高度与厚度之比的最大值不大于4的剪力墙按柱项目编码列项。如图5.3.27所示，判断是短肢剪力墙还是柱：在图5.3.27（a）中，各肢截面高度与厚度之比为：（500＋300）/200＝4，所以按异形柱列项；在图5.3.27（b）中，各肢截面高度与厚度之比为：（600＋300）/200＝4.5，大于4不大于8，按短肢剪力墙列项。

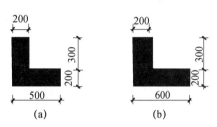

图 5.3.27　短肢剪力墙与柱区分

5. **现浇混凝土板**（编号：010505）

现浇混凝土板包括有梁板、无梁板、平板、拱板、薄壳板、栏板、压型钢板混凝土楼板天沟（檐沟）及挑檐板、雨篷、悬挑板及阳台板、空心板、其他板等项目。

（1）有梁板、无梁板、平板、拱板、薄壳板、栏板，按设计图示尺寸以体积"m^3"计算。不扣除构件内钢筋、预埋铁件及单个面积小于或等于$0.3m^2$的柱、垛以及孔洞所占体积。压型钢板混凝土楼板扣除构件内压型钢板所占体积。

有梁板（包括主、次梁与板）按梁、板体积之和计算；无梁板按板和柱帽体积之和计算。各类板伸入墙内的板头并入板体积内计算；薄壳板的肋、基梁并入薄壳体积内计算。

（2）天沟（檐沟）、挑檐板，按设计图示尺寸以体积"m^3"计算。

（3）雨篷、悬挑板、阳台板，按设计图示尺寸以墙外部分体积"m^3"计算。包括伸出墙外的牛腿和雨篷反挑檐的体积。

（4）空心板，按设计图示尺寸以体积计算。空心板（GBF高强薄壁蜂巢芯板等）应扣除空心部分体积。

6. **现浇混凝土楼梯**（编号：010506）

现浇混凝土楼梯包括直形楼梯、弧形楼梯。以"m^2"计量时，按设计图示尺寸以水平投影面积计算，不扣除宽度≤500mm的楼梯井，伸入墙内部分不计算；以"m^3"计量时，按设计图示尺寸以体积计算。

7. **现浇混凝土其他构件**（编号：010507）

现浇混凝土其他构件包括散水与坡道、室外地坪、电缆沟与地沟、台阶、扶手和压

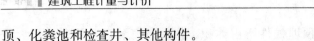

顶、化粪池和检查井、其他构件。

(1) 散水、坡道、室外地坪，按设计图示尺寸以面积"m^2"计算。不扣除单开面积小于或等于 $0.3m^2$ 的孔洞所占面积。

(2) 电缆沟、地沟，按设计图示以中心线长度"m"计算。

(3) 台阶，以"m^2"计量时，按设计图示尺寸水平投影面积计算；以"m^3"计量时，按设计图示尺寸以体积计算。

(4) 扶手、压顶，以"m"计量时，按设计图示的中心线延长米计算；以"m^3"计量时，按图示尺寸以体积计算。

(5) 化粪池、检查井及其他构件，以"m^3"计量时，按设计图示尺寸以体积计算；以"座"计量时，按设计图示数量计算。

8. 预制混凝土

(1) 预制混凝土柱（编号：010509），以"m^3"计量时，按设计图示尺寸以体积计算；以"根"计量时，按设计图示尺寸以数量计算。预制混凝土柱包括矩形柱、异形柱。项目特征描述为：图代号、单件体积、安装高度、混凝土强度等级等。

(2) 预制混凝土梁（编号：010510），以"m^3"计量时，按设计图示尺寸以体积计算；以"根"计量时，按设计图示尺寸以数量计算。预制混凝土梁包括矩形梁、异形梁、过梁、拱形梁、鱼腹式吊车梁和其他梁。项目特征描述要求与预制混凝土柱相同。

(3) 预制混凝土屋架（编号：010511），以"m^3"计量时，按设计图示尺寸以体积计算；以"榀"计量时，按设计图示尺寸以数量计算。预制混凝土屋架包括折线形屋架、组合屋架、薄腹屋架、门式钢架屋架、天窗架屋架。三角形屋架按折线形屋架项目编码列项。

(4) 预制混凝土板（编号：010512），预制混凝土板包括平板、空心板、槽形板、网架板、折线板、带肋板、大型板、沟盖板（井盖板）和井圈。

平板、空心板、槽形板、网架板、折线板、带肋板、大型板，以"m^3"计量时，按设计图示尺寸以体积计算，不扣除单个面积≤300mm×300mm 的孔洞所占体积，扣除空心板空洞体积；以"块"计量时，按设计图示尺寸以数量计算。

沟盖板、井盖板、井圈，以"m^3"计量时，按设计图示尺寸以体积计算；以"块"计量时，按设计图示尺寸以数量计算。

(5) 预制混凝土楼梯（编号：010513），以"m^3"计量时，按设计图示尺寸以体积计算，扣除空心踏步板空洞体积；以块计量时，按设计图示数量计算。

(6) 其他预制构件（编号：010514），包括烟道、垃圾道、通风道及其他构件。预制钢筋混凝土小型池槽、压项、扶手、垫块、隔热板、花格等，按其他构件项目编码列项。工程量计算以"m^3"计量时，按设计图示尺寸以体积计算，不扣除单个面积≤300mm×300mm 的孔洞所占体积，扣除烟道、垃圾道、通风道的孔洞所占体积；以"m^2"计量时，按设计图示尺寸以面积计算，不扣除单个面积≤300mm×300mm 的孔洞所占面积；以"根"计量时，按设计图示尺寸以数量计算。

（7）预制混凝土工程量，按以下规定计算。

① 预制混凝土工程量均按图示尺寸以体积计算，不扣除构件内钢筋、铁件、预应力钢筋所占的体积。

② 预制混凝土框架柱的现浇接头（包括梁接头）按设计规定断面和长度以体积计算。

③ 预制混凝土与钢构件组合的构件，混凝土部分按构件实体积以体积计算。钢构件部分按理论质量，以吨计算。

（8）混凝土搅拌制作和泵送子目，按各混凝土构件的混凝土消耗量之和，以体积计算。

9. 钢筋工程（编号：010515）

钢筋工程包括现浇构件钢筋、预制构件钢筋、钢筋网片、钢筋笼、先张法预应力钢筋、后张法预应力钢筋、预应力钢丝、预应力钢绞线、支撑钢筋（铁马）、声测管。

（1）现浇构件钢筋、预制构件钢筋、钢筋网片、钢筋笼，按设计图示钢筋（网）长度（面积）乘单位理论质量"t"计算。项目特征描述为：钢筋种类、规格。钢筋的工作内容中包括了焊接（或绑扎）连接，不需要计量，在综合单价中考虑，但机械连接需要单独列项计算工程量。

（2）先张法预应力钢筋，按设计图示钢筋长度乘单位理论质量"t"计算。

（3）后张法预应力钢筋、预应力钢丝、预应力钢绞线，按设计图示钢筋（丝束、绞线）长度乘以单位理论质量"t"计算。其长度应按以下规定计算：

低合金钢筋两端均采用螺杆锚具时，钢筋长度按孔道长度减0.35m计算，螺杆另行计算。

低合金钢筋一端采用镦头插片，另一端采用螺杆锚具时，钢筋长度按孔道长度计算，螺杆另行计算。

低合金钢筋一端采用镦头插片，另一端采用帮条锚具时，钢筋增加0.15m计算；两端均采用帮条锚具时，钢筋长度按孔道长度增加0.3m计算。

低合金钢筋采用后张混凝土自锚时，钢筋长度按孔道长度增加0.35m计算。

低合金钢筋（钢绞线）采用JM、XM、QM型锚具，孔道长度≤20m时，钢筋长度增加1m计算，孔道长度>20m时，钢筋长度增加1.8m计算。

碳素钢丝采用锥形锚具，孔道长度小于或等于20m时，钢丝束长度按孔道长度增加1m计算，孔道长度大于20m时，钢丝束长度按孔道长度增加1.8m计算。

碳素钢丝采用镦头锚具时，钢丝束长度按孔道长度增加0.35m计算。

（4）支撑钢筋（铁马），按钢筋长度乘单位理论质量"t"计算。在编制工程量清单时，如果设计未明确，其工程数量可为暂估量，结算时按现场签证数量计算。

（5）声测管，按设计图示尺寸以质量"t"计算。

（6）平法钢筋工程量计算方法。平法钢筋工程量计算时除了要依据平法施工图外，还要参考平法图集中的标准构造详图，方能正确计算钢筋图示长度，然后确定其质量。以楼层框架梁为例说明平法钢筋工程量的计算方法。

楼层框架梁中常见钢筋包括：纵向钢筋、吊筋、箍筋、拉筋等。主要的标准构造详图，如楼层框架梁纵向钢筋构造（图 5.3.28）、端支座锚固（图 5.3.29）、梁侧面纵向构造筋和拉筋（图 5.3.30）、框架梁箍筋加密区范围（图 5.3.31）、附加吊筋构造详图（图 5.3.32）（其他构造详图参见 16Gl01 图集）。楼层框架梁中的主要钢筋长度可参考以下公式计算。

① 上部贯通钢筋长度计算：

$$上部贯通钢筋长度＝通跨净长＋两端支座锚固长度＋搭接长度$$

钢筋锚固长度区分直锚和弯锚，可按图 5.3.28、图 5.3.29 确定。当梁的端支座宽 h_e－保护层 $\geqslant l_{aE}$ 时为直锚，锚固长度不小于 $\max(l_{aE}，0.5h_c＋5d)$，当梁端支座宽 h_c－保护层 $< l_{aE}$ 时为弯锚，锚固长度不小于 $0.4l_{aE}＋15d$。

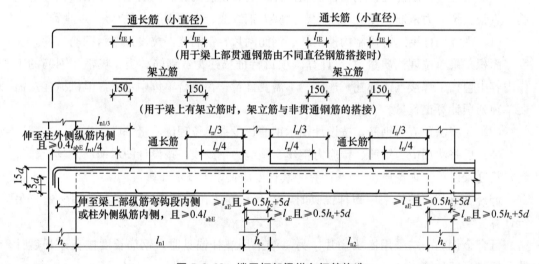

图 5.3.28　楼层框架梁纵向钢筋构造

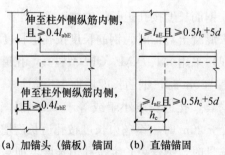

（a）加锚头（锚板）锚固　　（b）直锚锚固

图 5.3.29　端支座锚固

② 端支座负筋长度计算：

$$端支座负筋长度＝锚固长度＋伸出支座的长度$$

锚固长度同上部贯通钢筋；伸出支座的长度，第一排为净跨的 1/3，第二排为净跨的 1/4。

③ 中间支座负筋长度计算：

中间支座负筋长度＝中间支座宽度＋左右两边伸出支座的长度

伸出支座的长度，第一排为净跨的 1/3，第二排为净跨的 1/4。当支座两端净跨不相等时，取左右跨中较大的跨度值。

④ 架立筋长度计算：

架立筋长度＝每跨净长－左右两边伸出支座的负筋长度＋2×搭接长度

架立筋与支座负筋搭接长度按 150mm 计算（图 5.3.28）。

⑤ 下部钢筋长度计算。下部钢筋一般为分跨布置，当布置有贯通钢筋时与上部钢筋计算相同。当分跨布置时，下部钢筋长度计算公式为：

下部钢筋长度（分跨布置）＝净跨长＋左侧锚固长度＋右侧锚固长度

当下部钢筋不深入支座时，按下列公式计算。

下部钢筋长度（不伸入支座）＝净跨长－2×0.1l_{ni}（l_{ni} 各跨净跨长度）

⑥ 侧面纵向钢筋长度计算。侧面纵向钢筋包括侧面构造钢筋和受扭钢筋，如图 5.3.30 所示。当 $h_w \geqslant 450$mm 时，在梁的两个侧面应沿高度配置纵向构造钢筋，纵向钢筋的间距 $a \leqslant 200$mm。当配置受扭筋时，可代替构造钢筋。梁侧面构造纵筋的搭接与锚固长度可取 15d；受扭筋的搭接长度为 l_{1E} 或 l_1，锚固长度为 l_{aE} 或 l_a，锚固方式同框架梁下部纵筋。侧面纵向钢筋长度计算见下列公式。

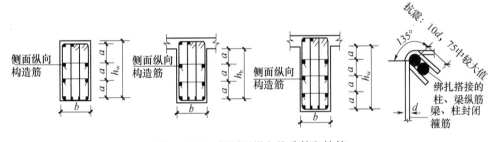

图 5.3.30 梁侧面纵向构造筋和拉筋

侧面纵向构造钢筋长度＝净跨长＋2×15d＋搭接长度

侧面纵向抗扭钢筋长度＝净跨长＋锚固长度＋搭接长度

⑦ 箍筋和拉筋长度的计算。对于有抗震设防要求的结构构件的两肢箍箍筋的单根长度可按下列公式计算。

两肢箍单根长度＝（梁宽＋梁高）×2－8×保护层＋2×max（75＋1.9d，11.9d）

图 5.3.31 中加密区的范围为：抗震等级为一级的 $\geqslant 2.0h_b$ 且 $\geqslant 500$，抗震等级为二至四级的 $\geqslant 1.5h_b$ 且 $\geqslant 500$；h_b 为梁截面高度。

箍筋根数＝[（加密区长度－50）/加密区间距＋1]×2＋

（非加密区长度－50）/非加密区间距－1

当梁宽≤350mm时，拉筋的直径为6mm；梁宽>35mm时，直径为8mm。

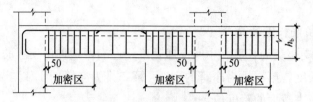

图5.3.31　框架梁箍筋加密区范围

$$拉筋单根长度＝梁宽－8×保护层＋2×max（75＋1.9d，11.9d）$$

拉筋的根数计算，其间距为非加密区箍筋间距的2倍。当有多排拉筋时，上下两排拉筋竖向错开设置（图5.3.30）。

⑧吊筋长度按下列公式计算。吊筋构造如图5.3.32所示。

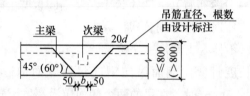

5.3.32　附加吊筋构造

$$吊筋长度＝2×锚固长度＋2×斜段长度＋次梁宽度＋2×50$$

当梁高度>800mm时，α＝60°；当梁高度≤800mm，α＝45°。

10. 螺栓、铁件（编号：010516）

螺栓、铁件包括螺栓、预埋铁件和机械连接。

1）螺栓、预埋铁件，按设计图示尺寸以质量"t"计算。

2）机械连接，按数量"个"计算。

3）钢筋计算相关说明。

$$现浇混凝土构件钢筋图示用量＝（构件长度－两端保护层＋弯钩长度＋$$
$$锚固增加长度＋弯起增加长度＋钢筋搭接长度）×$$
$$线密度（钢筋单位理论质量）$$

混凝土保护层：受力钢筋保护层不能小于受力钢筋直径和表5.3.6中的规定。环境类别详见国家建筑标准设计图集16G101-1（以下简称16G101-1）第56页。基础混凝土保护层详见国家建筑标准设计图集16G101-3（以下简称16G101-3）第57页。

表5.3.6　混凝土保护层的最小厚度（mm）

环境类别	板、墙	梁、柱
一	15	20
二 a	20	25
二 b	25	35

续表

环境类别	板、墙	梁、柱
三 a	30	40
三 b	40	50

注：1. 表中混凝土保护层厚度指最外层钢筋外边缘至混凝土表面的距离，适用于设计使用年限为 50 年的混凝土结构。

2. 构件中受力钢筋的保护层厚度不应小于钢筋的公称直径。

3. 设计使用年限为 100 年的混凝土结构，一类环境中，最外层钢筋的保护层厚度不应小于表中数值的 1.4 倍；二三类环境中，应采取专门的有效措施。

4. 混凝土强度等级不高于 C25 时，表中保护层厚度数值应增加 5。

5. 基础底面钢筋的保护层厚度，有混凝土垫层时应从垫层顶面算起，且不应小于 40mm。

弯钩增加长度：纵向钢筋弯钩如图 5.3.33（a）（b）（c）所示。板上负筋直钩长度一般为板厚减去一个保护层厚度。

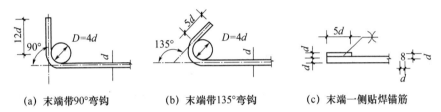

(a) 末端带90°弯钩　　　(b) 末端带135°弯钩　　　(c) 末端一侧贴焊锚筋

图 5.3.33　纵向钢筋弯钩示意图

当纵向受拉普通钢筋末端采用弯钩或机械锚固措施时，包括弯钩或锚固端头在内的锚固长度（投影长度）可取基本锚固长度的 60%。抗震情况下计算时一般取箍筋 180° 时 13.25d，90° 时 10.5d，135° 时 11.9d；直筋 180° 时 6.25d；拉结筋 90° 时 5.5d，135° 时 6.9d。

弯起钢筋增加长度：如图 5.3.34 所示。

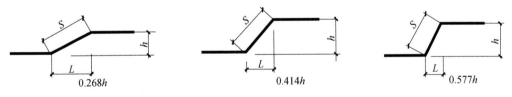

图 5.3.34　钢筋弯起示意图

钢筋锚固及搭接长度：受拉钢筋基本锚固长度，按表 5.3.7、表 5.3.8 计算。

表 5.3.7　受拉钢筋基本锚固长度 l_{ab}

钢筋种类	混凝土强度等级								
	C20	C25	C30	C35	C40	C45	C50	C55	≥C60
HPB300	39d	34d	30d	28d	25d	24d	23d	22d	21d
HRB335、HRBF335	38d	33d	29d	27d	25d	23d	22d	21d	21d

续表

钢筋种类	混凝土强度等级								
	C20	C25	C30	C35	C40	C45	C50	C55	≥C60
HRB400、HRBF400、RRB400	—	40d	35d	32d	29d	28d	27d	26d	25d
HRB500、HRBF500		48d	43d	39d	36d	34d	32d	31d	30d

表 5.3.8　抗震设计时受拉钢筋基本锚固长度 l_{abE}

钢筋种类	抗震等级	混凝土强度等级								
		C20	C25	C30	C35	C40	C45	C50	C55	≥C60
HPB300	一二级	45d	39d	35d	32d	29d	28d	26d	25d	24d
	三级	41d	36d	32d	29d	26d	25d	24d	23d	22d
HRB335 HRBF335	一二级	44d	38d	33d	31d	29d	26d	25d	24d	24d
	三级	40d	35d	31d	28d	26d	24d	23d	22d	22d
HRB400 HRBF400 RRB400	一二级	—	46d	40d	37d	33d	32d	31d	30d	29d
	三级	—	42d	37d	34d	30d	29d	28d	27d	26d
HRB500 HRBF500	一二级		55d	49d	45d	41d	39d	37d	36d	35d
	三级		50d	45d	41d	38d	36d	34d	33d	32d

注：1. 四级抗震时，$l_{abE}=l_{ab}$。

　　2. 当锚固钢筋的保护层厚度不大于 5d 时，锚固钢筋长度范围内应设置横向构造钢筋，其直径不应小于 (1/4) d（d 为锚固钢筋的最大直径）；对梁、柱等构件间距不应大于 5d，对板、墙等构件间距不应大于 10d，且均不应大于 100（d 为锚固钢筋的最小直径）。

受拉钢筋锚固长度 l_a 及抗震锚固长度 l_{aE} 详见 16G101-1 第 58 页。基础受拉钢筋锚固长度详见 16G101-3 第 59 页。

纵向受拉钢筋搭接长度、抗震搭接长度，详见 16G101-1 第 60、61 页。

箍筋长度：箍筋长度＝构件截面周长－8×保护层厚＋2×钩长，钩长＝1.9×d＋max (10d，75)。d 表示箍筋直径。如图 5.3.35 所示。基础箍筋及拉筋弯钩构造详见 16G101-3 第 63 页。

箍筋根数：箍筋根数＝配置范围/配筋间距＋1，如图 5.3.35 所示。

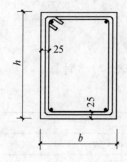
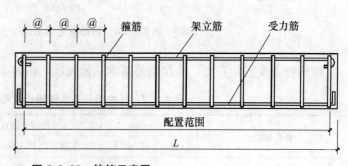

图 5.3.35　箍筋示意图

钢筋单位理论质量：钢筋每米理论质量（kg）＝0.006165×d^2（d 为钢筋直径，mm），或按表5.3.9计算。

表 5.3.9　钢筋单位理论质量表

钢筋直径 d（mm）	4	6.5	8	10	12	14	16
理论质量（kg/m）	0.099	0.260	0.395	0.617	0.888	1.208	1.578
钢筋直径 d（mm）	18	20	22	25	28	30	32
理论质量（kg/m）	1.998	2.466	2.984	3.850	4.830	5.550	6.310

4）先张法预应力钢筋，按构件外形尺寸计算长度；后张法预应力钢筋按设计规定的预应力钢筋预留孔道长度，并区别不同的锚具类型，分别按下列规定计算：

低合金钢筋两端采用螺杆锚具时，预应力钢筋按预留孔道长度减0.35m，螺杆另行计算。

低合金钢筋一端采用镦头插片，另一端为螺杆锚具时，预应力钢筋长度按预留孔道长度计算，螺杆另行计算。

低合金钢筋一端采用镦头插片，另一端采用帮条锚具时，预应力钢筋长度增加0.15m；两端均采用帮条锚具时，预应力钢筋长度共增加0.3m。

低合金钢筋采用后张混凝土自锚时，预应力钢筋长度增加0.35m。

低合金钢筋或钢绞线采用JM、XM、QM型锚具，孔道长度≤20m时，预应力钢筋长度增加1m；孔道长度＞20m时，预应力钢筋长度增加1.8m。

碳素钢丝采用锥形锚具，孔道长度≤20m时，预应力钢筋长度增加1m；孔道长度＞20m时，预应力钢筋长度增加1.8m。

碳素钢丝两端采用镦粗头时，预应力钢丝长度增加0.35m。

5）其他。

（1）马凳，如图5.3.36所示。

① 现场布置是通长设置，按设计图纸规定或已审批的施工方案计算。

② 编制标底时或设计无规定时现场马凳布置方式是其他形式的，马凳的材料应比底板钢筋降低一个规格（若底板钢筋规格不同，按其中规格大的钢筋降低一个规格计算），长度按底板厚度的2倍加200mm计算，按1个/m²计入马凳筋工程量。

墙体拉结S钩，是指用于拉结现浇钢筋混凝土墙内受力钢筋的单肢箍。如图5.3.36所示。设计有规定的按设计规定，设计无规定按 $\phi 8$ 钢筋，长度按墙厚加150mm计算，按3个/m²计入钢筋总量。

马凳　　　　　　　　　　　　　　　　S钩

图 5.3.36　示意图

（2）砌体加固钢筋按设计用量以质量计算。

（3）锚喷护壁钢筋、钢筋网按设计用量以质量计算。防护工程的钢筋锚杆、护壁钢筋、钢筋网，执行现浇构件钢筋子目。

（4）螺纹套筒接头、冷挤压带肋钢筋接头、电渣压力焊接头，按设计要求或按施工组织设计规定，以数量计算。

（5）混凝土构件预埋铁件工程量，按设计图纸尺寸，以质量计算。计算铁件工程量时，不扣除孔眼、切肢、切边的质量，焊条的质量不另计算。对于不规则形状的钢板，按其最长对角线乘以最大宽度所形成的矩形面积计算。

（6）桩基工程钢筋笼制作安装，按设计图示长度乘以理论质量，以质量计算。

（7）钢筋间隔件子目，发生时按实际计算。编制标底时，按水泥基类间隔件 1.21 个/m² （模板接触面积）计算。设计与定额不同时可以换算。

（8）对拉螺栓增加子目，按照混凝土墙的模板接触面积乘以系数 0.5 计算。

（9）植筋项目不包括植入的钢筋制安，植入的钢筋制安按相应钢筋制安项目执行。

（10）钢筋的混凝土保护层厚度，按设计规定计算。设计无规定时，按规范规定计算。

（11）钢筋的弯钩增加长度和弯起增加长度，按设计规定计算。

6）预制混凝土构件安装，均按图示尺寸，以体积计算。

（1）预制混凝土构件安装子目中的安装高度，指建筑物的总高度。

（2）焊接成型的预制混凝土框架结构，其柱安装按框架柱计算；梁安装按框架梁计算。

（3）预制钢筋混凝土工字形柱、矩形柱、空腹柱、双肢柱、空心柱、管道支架等的安装，均按柱安装计算。

（4）柱加固子目，是指柱安装后至楼板提升完成前的预制混凝土柱的搭设加固。其工程量按提升混凝土板的体积计算。

（5）组合屋架安装，以混凝土部分的实体积计算，钢杆件部分不另计算。

（6）预制钢筋混凝土多层柱安装，首层柱按柱安装计算，二层及二层以上按柱接柱计算。

5.3.6 金属结构工程（编码：0106）

金属结构工程包括钢网架，钢屋架、钢托架、钢桁架、钢架桥，钢柱，钢梁，钢板楼板、墙板，钢构件，金属制品。金属构件的切边，不规则及多边形钢板发生的损耗在综合单价中考虑；工作内容中综合了补刷油漆，但不包括刷防火涂料，金属构件刷防火涂料单独列项计算工程量。

1. 钢网架（编码：010601）

钢网架工程量按设计图示尺寸以质量"t"计算。不扣除孔眼的质量，焊条、铆钉等不另增加质量。项目特征描述为：钢材品种、规格；网架节点形式、连接方式；网架跨度、安装高度；探伤要求；防火要求等。其中防火要求指耐火极限。

2. 钢屋架、钢托架、钢桁架、钢架桥（编码：010602）

包括钢屋架、钢托架、钢桁架、钢架桥等项目。

（1）钢屋架，以"榀"计量时，按设计图示数量计算；以"t"计量时，按设计图示尺寸以质量计算。不扣除孔眼的质量，焊条、铆钉、螺栓等不另增加质量。

（2）钢托架、钢桁架、钢架桥，按设计图示尺寸以质量"t"计算。不扣除孔眼的质量，焊条、铆钉、螺栓等不另增加质量。

3. 钢柱（编码：010603）

钢柱包括实腹钢柱、空腹钢柱、钢管柱等项目。

（1）实腹钢柱、空腹钢柱，按设计图示尺寸以质量"t"计算。不扣除孔眼的质量，焊条、铆钉、螺栓等不另增加质量，依附在钢柱上的牛腿及悬臂梁等并入钢柱工程量内。

（2）钢管柱，按设计图示尺寸以质量"t"计算。不扣除孔眼的质量，焊条、铆钉、螺栓等不另增加质量，钢管柱上的节点板、加强环、内衬管、牛腿等并入钢管柱工程量内。

4. 钢梁（编码：010604）

钢梁包括钢梁、钢吊车梁等项目。

钢梁、钢吊车梁，按设计图示尺寸以质量"t"计算。不扣除孔眼的质量，焊条、铆钉、螺栓等不另增加质量，制动梁、制动板、制动桁架、车挡并入钢吊车梁工程量内。

5. 钢板楼板、墙板（编码：010605）

（1）压型钢板楼板，按设计图示尺寸以铺设水平投影面积"m^2"计算。不扣除单个面积≤0.3m^2柱、垛及孔洞所占面积。

（2）压型钢板墙板，按设计图示尺寸以铺挂面积"m^2"计算。不扣除单个面积小于或等于0.3m^2的梁、孔洞所占面积，包角、包边、窗台泛水等不另加面积。

6. 钢构件（编码：010606）

钢构件包括钢支撑和钢拉条、钢檩条、钢天窗架、钢挡风架、钢墙架、钢平台、钢走道、钢梯、钢护栏、钢漏斗、钢板天沟、钢支架、零星钢构件。

（1）钢支撑、钢拉条、钢檩条、钢天窗架、钢挡风架、钢墙架、钢平台、钢走道、钢梯、钢护栏、钢支架、零星钢构件，按设计图示尺寸以质量"t"计算。不扣除孔眼的质量，焊条、铆钉、螺栓等不另增加质量。

（2）钢漏斗、钢板天沟，按设计图示尺寸以重量"t"计算。不扣除孔眼的质量，焊条、铆钉、螺栓等不另增加质量，依附漏斗的型钢并入漏斗工程量内。

7. 金属制品（编码：010607）

金属制品包括成品空调金属百叶护栏、成品栅栏、成品雨篷、金属网栏、砌块墙钢丝网加固、后浇带金属网。

（1）成品空调金属百叶护栏、成品栅栏、金属网栏，按设计图示尺寸以面积"m²"计算。

（2）成品雨篷，以"m"计量时，按设计图示接触边以长度"m"计算；以"m²"计量时，按设计图示尺寸以展开面积"m²"计算。

（3）砌块墙钢丝网加固、后浇带金属网，按设计图示尺寸以面积"m²"计算。

5.3.7　木结构（编码：0107）

木结构包括木屋架、木构件、屋面木基层。

1. 木屋架（编码：010701）

木屋架包括木屋架和钢木屋架。

（1）木屋架，以"榀"计量时，按设计图示数量计算；以"m³"计量时，按设计图示的规格尺寸以体积计算。

（2）钢木屋架，以"榀"计量，按设计图示数量计算。

2. 木构件（编码：010702）

木构件包括木柱、木梁、木檩条、木楼梯及其他木构件。

（1）木柱、木梁，按设计图示尺寸以体积"m³"计算。

（2）木檩条，以"m³"计量时，按图示尺寸以体积计算。以"m"计量时，按设计图示尺寸以长度计算。

（3）木楼梯，按设计图示尺寸以水平投影面积"m²"计算。不扣除宽度小于300mm的楼梯井，伸入墙内部分不计算。

3. 屋面木基层（编码：010703）

按设计图示尺寸以斜面面积计算，不扣除房上烟囱、风帽底座、风道、小气窗、斜沟等所占面积，小气窗的出檐部分不增加面积。

5.3.8　门窗工程（编码：0108）

门窗工程包括木门、金属门、金属卷帘（闸）门、厂库房大门、特种门、其他门、木窗、金属窗、门窗套、窗台板、窗帘、窗帘盒（轨）等。

1. 木门（编码：010801）

木门包括木质门、木质门带套、木质连窗门、木质防火门、木门框、门锁安装。

（1）木质门、木质门带套、木质连窗门、木质防火门，以"樘"计量时，按设计图示数量计算；以"m²"计量时，按设计图示洞口尺寸以面积计算。项目特征描述为：门代号及洞口尺寸；镶嵌玻璃品种、厚度。

（2）木门框以"樘"计量时，按设计图示数量计算；以"m"计量时，按设计图示框的中心线以"延长米"计算。单独制作安装木门框按木门框项目编码列项。木门框项目特征除了描述门代号及洞口尺寸、防护材料的种类外，还需描述框截面尺寸。

（3）门锁安装，按设计图示数量"个（套）"计算。

2. 金属门（编码：010802）

金属门包括金属（塑钢）门、彩板门、钢质防火门、防盗门。

金属（塑钢）门、彩板门、钢质防火门、防盗门，以"樘"计量时，按设计图示数量计算；以"m²"计量时，按设计图示洞口尺寸以面积计算。

3. 金属卷帘（闸）门（编码：010803）

金属卷帘（闸）门包括金属卷帘（闸）门、防火卷帘（闸）门，以"樘"计量时，按设计图示数量计算；以"m²"计量时，按设计图示洞口尺寸以面积"m²"计算。

以"樘"计量时，项目特征必须描述洞口尺寸；以"m²"计量时，项目特征可不描述洞口尺寸。

4. 厂库房大门、特种门（编码：010804）

厂库房大门、特种门包括木板大门、钢木大门、全钢板大门、防护铁丝门、金属格栅门、钢质花饰大门、特种门。

（1）木板大门、钢木大门、全钢板大门、金属格栅门、特种门，以"樘"计量时，按设计图示数量计算；以"m²"计量时，按设计图示洞口尺寸以面积计算。项目特征描述为：门代号及洞口尺寸，门框或扇外围尺寸，门框、扇材质，五金种类、规格，防护材料种类等；刷防护涂料应包括在综合单价中。

（2）防护铁丝门、钢质花饰大门，以"樘"计量时，按设计图示数量计算；以"m²"计量时，按设计图示门框或扇以面积计算。

5. 其他门（编码：010805）

其他门包括平开电子感应门、旋转门、电子对讲门、电动伸缩门、全玻自由门、镜面不锈钢饰面门、复合材料门。

工程量以"樘"计量时，按设计图示数量计算；以"m²"计量时，按设计图示洞口尺寸以面积计算。

6. 木窗（编码：010806）

木窗包括木质窗、木飘（凸）窗、木橱窗、木纱窗。

（1）木质窗以"樘"计量时，按设计图示数量计算；以"m²"计量时，按设计图示洞口尺寸以面积计算。

（2）木飘（凸）窗、木橱窗，以"樘"计量时，按设计图示数量计算；以"m²"计量时，按设计图示尺寸以框外图展开面积计算。木橱窗、木飘（凸）窗以"樘"计量时，项目特征必须描述框截面及外用展开面积。

（3）木纱窗以"樘"计量时，按设计图示数量计算；以"m²"计量时，按框的外围尺寸以面积计算。

7. 金属窗（编码：010807）

金属窗包括金属（塑钢、断桥）窗、金属防火窗、金属百叶窗、金属纱窗、金属格栅窗、金属（塑钢、断桥）橱窗、金属（塑钢、断桥）飘（凸）窗、彩板窗、复合材料窗。

（1）金属（塑钢、断桥）窗、金属防火窗、金属百叶窗、金属格栅窗工程量，以"樘"计量时，按设计图示数量计算；以"m²"计量时，按设计图示洞口尺寸以面积计算。

（2）金属纱窗以"樘"计量时，按设计图示数量计算；以"m²"计量时，按框的外围尺寸以面积计算。

（3）金属（塑钢、断桥）橱窗、金属（塑钢、断桥）飘（凸）窗的工程量，以"樘"计量时，按设计图示数量计算；以"m²"计量时，按设计图示尺寸以框外围展开面积计算。

（4）彩板窗、复合材料窗以"樘"计量时，按设计图示数量计算；以"m²"计量时，按设计图示洞口尺寸或框外围以面积计算。

8. 门窗套（编码：010808）

门窗套包括木门窗套、木筒子板、饰面夹板筒子板、金属门窗套、石材门窗套、门窗木贴脸、成品木门窗套。

（1）木门窗套、木筒子板、饰面夹板筒子板、金属门窗套、石材门窗套、成品木门窗套，以"樘"计量时，按设计图示数量计算；以"m²"计量时，按设计图示尺寸以展开面积计算；以"m"计量，按设计图示中心以延长米计算。

（2）门窗木贴脸，以"樘"计量时，按设计图示数量计算；以"m²"计量时，按设计图示尺寸以延长米计算。

9. 窗台板（编码：010809）

窗台板包括木窗台板、铝塑窗台板、金属窗台板、石材窗台板。工程量按设计图示尺寸以展开面积计算。

10. 窗帘、窗帘盒、窗帘轨（编码：010810）

包括窗帘、木窗帘盒、饰面夹板、塑料窗帘盒、铝合金窗帘盒、窗帘轨。

（1）窗帘工程量以"m"计量时，按设计图示尺寸以成活后长度计算；以"m²"计量时，按图示尺寸以成活后展开面积计算。

（2）木窗帘盒、饰面夹板、塑料窗帘盒、铝合金属窗帘盒、窗帘轨，按设计图示尺寸以长度"m"计算。

5.3.9　屋面及防水工程（编码：0109）

屋面及防水工程包括瓦（型材）及其他屋面、屋面防水及其他、墙面防水及防潮、楼（地）面防水及防潮。

1. 瓦屋面、型材屋面及其他屋面（编码：010901）

瓦屋面、型材屋面及其他屋面包括瓦屋面、型材屋面、阳光板屋面、玻璃钢屋面、膜结构屋面。

（1）瓦屋面、型材屋面，按设计图示尺寸以斜面面积"m²"计算，不扣除房上烟囱、风帽底座、风道、小气窗、斜沟等所占面积，小气窗的出檐部分不增加面积。

（2）阳光板、玻璃钢屋面，按设计图示尺寸以斜面面积"m²"计算，不扣除屋面面积小于或等于0.3m²孔洞所占面积。

（3）膜结构屋面，按设计图示尺寸以需要覆盖的水平投影面积"m²"计算。

2. 屋面防水及其他（编码：010902）

屋面防水及其他包括屋面卷材防水、屋面涂膜防水、屋面刚性层、屋面排水管、屋面排（透）气管、屋面（廊、阳台）泄（吐）水管、屋面天沟及檐沟、屋面变形缝。

（1）屋面卷材防水、屋面涂膜防水，按设计图示尺寸以面积"m²"计算。斜屋顶（不包括平屋顶找坡）按斜面积计算，平屋顶按水平投影面积计算。不扣除房上烟囱、风帽底座、风道、屋面小气窗和斜沟所占面积。屋面的女儿墙、伸缩缝和天窗等处的弯起部分，并入屋面工程量内。

（2）屋面刚性层，按设计图示尺寸以面积"m²"计算。不扣除房上烟囱、风帽底座、风道等所占的面积。项目特征描述为：刚性层厚度、混凝土种类、混凝土强度等级、嵌缝材料种类、钢筋规格及型号，当无钢筋，其钢筋项目特征不必描述。同时还应注意，当有钢筋时，其工作内容中包含了钢筋制作安装，即钢筋计入综合单价，不另编码列项。

（3）屋面排水管，按设计图示尺寸以长度"m"计算。如设计未标注尺寸，以檐口至设计室外散水上表面垂直距离计算。

（4）屋面排（透）气管，按设计图示尺寸以长度"m"计算。

（5）屋面（廊、阳台）泄（吐）水管，按设计图示数量"根（个）"计算。

（6）屋面天沟及檐沟，按设计图示尺寸以展开面积"m²"计算。

（7）屋面变形缝，按设计图示以长度"m"计算。

3. 墙面防水及防潮（编码：010903）

墙面防水及防潮包括墙面卷材防水、墙面涂膜防水、墙面砂浆防水（防潮）、墙面变形缝。

（1）墙面卷材防水、墙面涂膜防水、墙面砂浆防水（防潮），按设计图示尺寸以面积"m²"计算。

（2）墙面变形缝，按设计图示尺寸以长度"m"计算。墙面变形缝，若做双面，工程量乘以系数2。

4. 楼（地）面防水及防潮（编码：010904）

楼（地）面防水及防潮包括楼（地）面卷材防水、楼（地）面涂膜防水、楼（地）

面砂浆防水（防潮）、楼（地）面变形缝。

（1）楼（地）面卷材防水、楼（地）面涂膜防水、楼（地）面砂浆防水（防潮），按设计图示尺寸以面积"m²"计算。

（2）楼（地）面防水，按主墙间净空面积计算，扣除凸出地面的构筑物、设备基础等所占面积，不扣除间壁墙及单个面积小于或等于0.3m²柱、垛、烟囱和孔洞所占面积。

（3）楼（地）面防水反边高度小于或等于300mm算作地面防水，反边高度大于300mm算作墙面防水计算。

（4）楼（地）面变形缝，按设计图示尺寸以长度"m"计算。

5.3.10 保温、隔热、防腐工程（编码：011001）

保温、隔热、防腐工程包括保温及隔热、防腐面层、其他防腐。

1. 保温、隔热（编码：011001）

保温、隔热包括保温隔热屋面、保温隔热天棚、保温隔热墙面、保温柱及梁、保温隔热楼地面、其他保温隔热。

（1）保温隔热屋面，按设计图示尺寸以面积"m²"计算。扣除面积大于0.3m²孔洞及占位面积。

（2）保温隔热天棚，按设计图示尺寸以面积"m²"计算。扣除面积大于0.3m²柱、垛、孔洞所占面积，与天棚相连的梁按展开面积计算，并入天棚工程量内。柱帽保温隔热应并入天棚保温隔热工程量内。

（3）保温隔热墙面，按设计图示尺寸以面积"m²"计算。扣除门窗洞口以及面积大于0.3m²梁、孔洞所占面积；门窗洞口侧壁以及与墙相连的柱，并入保温墙体工程量。

（4）保温柱、梁，按设计图示尺寸以面积"m²"计算。柱按设计图示柱断面保温层中心线展开长度乘保温层高度以面积计算，扣除面积大于0.3m²梁所占面积；梁按设计图示梁断面保温层中心线展开长度乘保温层长度以面积计算。

（5）保温隔热楼地面，按设计图示尺寸以面积"m²"计算。扣除面积大于0.3m²柱、垛、孔洞所占面积，门洞、空圈、暖气包槽、壁龛的开口部分不增加面积。

（6）其他保温隔热，按设计图示尺寸以展开面积"m²"计算。扣除面积大于0.3m²孔洞及占位面积。

2. 防腐面层（编码：011002）

防腐面层包括防腐混凝土面层、防腐砂浆面层、防腐胶泥面层、玻璃钢防腐面层、聚氯乙烯板面层、块料防腐面层、池及槽块料防腐面层。

（1）防腐混凝土面层、防腐砂浆面层、防腐胶泥面层、玻璃钢防腐面层、聚氯乙烯板面层、块料防腐面层，按设计图示尺寸以面积"m²"计算。

平面防腐：扣除凸出地面的构筑物、设备基础等以及面积大于 $0.3m^2$ 的孔洞、柱、垛所占面积，门洞、空圈、暖气包槽、壁龛的开口部分不增加面积。

立面防腐：扣除门窗洞口以及面积大于 $0.3m^2$ 的孔洞、梁所占面积，门窗洞口侧壁、垛凸出部分按展开面积并入墙面积内。

（2）池、槽块料防腐面层，按设计图示尺寸以展开面积"m^2"计算。

3. 其他防腐（编码：011003）

其他防腐包括隔离层、砌筑沥青浸渍砖、防腐涂料。

（1）隔离层，按设计图示尺寸以面积"m^2"计算。

平面防腐：扣除凸出地面的构筑物、设备基础等以及面积大于 $0.3m^2$ 孔洞、柱、垛所占面积，门洞、空圈、暖气包槽、壁龛的开口部分不增加面积。

立面防腐：扣除门窗洞口以及面积大于 $0.3m^2$ 孔洞、梁所占面积，门、窗、洞口侧壁、垛凸出部分按展开面积并入墙面积内。

（2）砌筑沥青浸渍砖，按设计图示尺寸以体积"m^3"计算。

（3）防腐涂料，按设计图示尺寸以面积"m^2"计算。

平面防腐：扣除凸出地面的构筑物、设备基础等以及面积大于 $0.3m^2$ 孔洞、柱、垛所占面积，门洞、空圈、暖气包槽、壁龛的开口部分不增加面积。

立面防腐：扣除门窗洞口以及面积大于 $0.3m^2$ 孔洞、梁所占面积，门窗洞口侧壁、垛凸出部分按展开面积并入墙面积内。

5.3.11 楼地面装饰工程（编码：0111）

楼地面装饰工程包括整体面层及找平层、块料面层、橡塑面层、其他材料面层、踢脚线、楼梯面层、台阶装饰、零星装饰项目。楼梯、台阶侧面装饰，小于或等于 $0.5m^2$ 少量分散的楼地面装修，应按零星装饰项目编码列项。

1. 整体面层及找平层（编码：011101）

整体面层及找平层包括水泥砂浆楼地面、现浇水磨石楼地面、细石混凝土楼地面、菱苦土楼地面、自流坪楼地面、平面砂浆找平层。

（1）水泥砂浆楼地面、现浇水磨石楼地面、细石混凝土楼地面、菱苦土楼地面、自流坪楼地面，按设计图示尺寸以面积"m^2"计算。扣除凸出地面构筑物、设备基础、室内铁道、地沟等所占面积，不扣除间壁墙及小于或等于 $0.3m^2$ 柱、垛、附墙烟囱及孔洞所占面积。门洞、空圈、暖气包槽、壁龛的开口部分不增加面积。

（2）平面砂浆找平层，按设计图示尺寸以面积"m^2"计算。平面砂浆找平层只适用于仅做找平层的平面抹灰。

2. 块料面层（编码：011102）

块料面层包括石材楼地面、碎石材楼地面、块料楼地面。

石材楼地面、碎石材楼地面、块料楼地面，按设计图示尺寸以面积计算。门洞、空圈、暖气包槽、壁龛的开口部分并入相应的工程量内。

3. 橡塑面层（编码：011103）

橡塑面层包括橡胶板楼地面、橡胶卷材楼地面、塑料板楼地面、塑料卷材楼地面。

橡胶板楼地面、橡胶卷材楼地面、塑料板楼地面、塑料卷材楼地面，按设计图示尺寸以面积计算。门洞、空圈、暖气包槽、壁龛的开口部分并入相应的工程量内。

4. 其他材料面层（编码：011104）

其他材料面层包括地毯楼地面，竹、木（复合）地板，金属复合地板，防静电活动地板。地毯楼地面、竹及木（复合）地板、金属复合地板、防静电活动地板，按设计图示尺寸以面积"m²"计算。门洞、空圈、暖气包槽、壁龛的开口部分并入相应的工程量内。

5. 踢脚线（编码：011105）

踢脚线包括水泥砂浆踢脚线、石材踢脚线、块料踢脚线、塑料板踢脚线、木质踢脚线、金属踢脚线、防静电踢脚线。工程量以"m²"计量，按设计图示长度乘高度以面积计算；以"m"计量，按延长米计算。

6. 楼梯面层（编码：011106）

楼梯面层包括石材楼梯面层、块料楼梯面层、拼碎块料面层、水泥砂浆楼梯面、现浇水磨石楼梯面、地毯楼梯面、木板楼梯面、橡胶板楼梯面层、塑料板楼梯面层。

石材楼梯面层、块料楼梯面层、拼碎块料面层、水泥砂浆楼梯面、现浇水磨石楼梯面、地毯楼梯面、木板楼梯面、橡胶板楼梯面层、塑料板楼梯面层，按设计图示尺寸以楼梯（包括踏步、休息平台及小于或等于500mm的楼梯井）水平投影面积"m²"计算。楼梯与楼地面相连时，算至梯口梁内侧边沿；无梯口梁者，算至最上一层踏步边沿加300mm。

7. 台阶装饰（编码：011107）

台阶装饰包括石材台阶面、块料台阶面、拼碎块料台阶面、水泥砂浆台阶面、现浇水磨石台阶面、剁假石台阶面。

石材台阶面、块料台阶面、拼碎块料台阶面、水泥砂浆台阶面、现浇水磨石台阶面、剁假石台阶面，工程量按设计图示尺寸以台阶（包括最上层踏步边沿加300mm）水平投影面积"m²"计算。

8. 零星装饰项目（编码：011108）

零星装饰项目包括石材零星项目、碎拼石材零星项目、块料零星项目、水泥砂浆零星项目。

石材零星项目、碎拼石材零星项目、块料零星项目、水泥砂浆零星项目，按设计图示尺寸以面积"m²"计算。

5.3.12 墙、柱面装饰与隔断、幕墙工程（编码：0112）

墙、柱面装饰与隔断、幕墙工程包括墙面抹灰、柱（梁）面抹灰、零星抹灰、墙面块料面层、柱（梁）面镶贴块料、镶贴零星块料、墙饰面、柱（梁）饰面、幕墙工程、隔断。

1. 墙面抹灰（编码：011201）

墙面抹灰包括墙面一般抹灰、墙面装饰抹灰、墙面勾缝、立面砂浆找平层。

墙面一般抹灰、墙面装饰抹灰、墙面勾缝、立面砂浆找平层，按设计图示尺寸以面积"m²"计算。扣除墙裙、门窗洞口及单个大于 0.3m² 的孔洞面积，不扣除踢脚线、挂镜线和墙与构件交接处的面积，门窗洞口和孔洞的侧壁及顶面不增加面积。附墙柱、梁、垛、烟囱侧壁并入相应的墙面面积内。飘窗凸出外墙面增加的抹灰并入外墙工程量内。

（1）外墙抹灰面积按外墙垂直投影面积计算。

（2）外墙裙抹灰面积按其长度乘以高度计算。

（3）内墙抹灰面积按主墙间的净长乘以高度计算。无墙裙的内墙高度按室内楼地面至天棚底面计算；有墙裙的内墙高度按墙裙顶至天棚底面计算。但有吊顶天棚的内墙面抹灰，抹至吊顶以上部分在综合单价中考虑，不另计算。

（4）内墙裙抹灰面积按内墙净长度乘以高度计算。

2. 柱（梁）面抹灰（编码：011202）

柱（梁）面抹灰包括柱（梁）面一般抹灰、柱（梁）面装饰抹灰、柱（梁）面砂浆找平层、柱面勾缝。

（1）柱面一般抹灰、柱面装饰抹灰、柱面砂浆找平层，按设计图示柱断面周长乘高度以面积"m²"计算。

（2）梁面一般抹灰、梁面装饰抹灰、梁面砂浆找平层，按设计图示梁断面周长乘长度以面积"m²"计算。

（3）柱面勾缝，按设计图示柱断面周长乘高度以面积"m²"计算。

3. 零星抹灰（编码：011203）

零星抹灰包括零星项目一般抹灰、零星项目装饰抹灰、零星砂浆找平层。

零星项目一般抹灰、零星项目装饰抹灰、零星砂浆找平层，按设计图示尺寸以面积"m²"计算。

4. 墙面块料面层（编码：011204）

墙面块料面层包括石材墙面、碎拼石材墙面、块料墙面、干挂石材钢骨架。

（1）石材墙面、碎拼石材墙面、块料墙面，按镶贴表面积"m²"计算。项目特征描述为：墙体类型，安装方式，面层材料品种、规格、颜色，缝宽、嵌缝材料种类，防护材料种类，磨光、酸洗、打蜡要求。

（2）干挂石材钢骨架，按设计图示尺寸以质量"t"计算。

5. 柱（梁）面镶贴块料（编码：011205）

柱（梁）面镶贴块料包括石材柱面、块料柱面、拼碎块柱面、石材梁面、块料梁面。

石材柱面、块料柱面、拼碎块柱面、石材梁面、块料梁面，按设计图示尺寸以镶贴表面积"m^2"计算。

6. 镶贴零星块料（编码：011206）

镶贴零星块料包括石材零星项目、块料零星项目、拼碎块零星项目。

石材零星项目、块料零星项目、拼碎块零星项目，按镶贴表面积"m^2"计算。

7. 墙饰面（编码：011207）

墙饰面包括墙面装饰板、墙面装饰浮雕。

（1）墙面装饰板，按设计图示墙净长度乘以净高度以面积"m^2"计算。扣除门窗洞口及单个大于 $0.3m^2$ 的孔洞所占面积。

（2）墙面装饰浮雕，按设计图示尺寸以面积"m^2"计算。

8. 柱（梁）饰面（编码：011208）

柱（梁）饰面包括柱（梁）面装饰、成品装饰柱。

（1）柱（梁）面装饰，按设计图示饰面外围尺寸以面积"m^2"计算，柱帽柱墩并入相应柱饰面工程量内。

（2）成品装饰柱，工程量以"根"计量时，按设计数量计算；以"m"计量时，按设计长度计算。

9. 幕墙工程（编码：011209）

幕墙包括带骨架幕墙、全玻（无框玻璃）幕墙。

（1）带骨架幕墙，按设计图示框外围尺寸以面积"m^2"计算。与幕墙同种材质的窗所占面积不扣除。

（2）全玻（无框玻璃）幕墙，按设计图示尺寸以面积"m^2"计算。带肋全玻幕墙按展开面积计算。

10. 隔断（编码：011210）

隔断包括木隔断、金属隔断、玻璃隔断、塑料隔断、成品隔断、其他隔断。

（1）木隔断、金属隔断，按设计图示框外围尺寸以面积计算。不扣除单个小于或等于 $0.3m^2$ 的孔洞所占面积；浴厕门的材质与隔断相同时，门的面积并入隔断面积内。

（2）玻璃隔断、塑料隔断，按设计图示框外围尺寸以面积计算。不扣除单个小于或等于 $0.3m^2$ 的孔洞所占的面积。

（3）成品隔断、其他隔断，以"m^2"计量，按设计图示框外围尺寸以面积计算；以"间"计量，按设计间的数量计算。

5.3.13 天棚工程（编码：0113）

天棚工程包括天棚抹灰、天棚吊顶、采光天棚、天棚其他装饰。

1. 天棚抹灰（编码：011301）

天棚抹灰适用于各种天棚抹灰。按设计图示尺寸以水平投影面积计算。不扣除间壁墙、垛、柱、附墙烟囱、检查口和管道所占的面积，带梁天棚、梁两侧抹灰面积并入天棚面积内。板式楼梯底面抹灰按斜面面积计算，锯齿形楼梯底板抹灰按展开面积计算。

天棚抹灰，按设计图示尺寸以水平投影面积"m²"计算。不扣除间壁墙、垛、柱、附墙烟囱、检查口和管道所占的面积。带梁天棚的梁两侧抹灰面积并入天棚面积内，板式楼梯底面抹灰按斜面面积计算，锯齿形楼梯底板抹灰按展开面积计算。

2. 天棚吊顶（编码：011302）

天棚吊顶包括吊顶天棚、格栅吊顶、吊筒吊顶、藤条造型悬挂吊顶、织物软雕吊顶、装饰网架吊顶。

（1）吊顶天棚，按设计图示尺寸以水平投影面积"m²"计算。天棚面中的灯槽及跌级、锯齿形、吊挂式、藻井式天棚面积不展开计算。不扣除间壁墙、检查口、附墙烟囱、柱、垛和管道所占面积，扣除单个大于 0.3m² 的孔洞、独立柱及与天棚相连的窗帘盒所占的面积。

（2）格栅吊顶、吊筒吊顶、藤条造型悬挂吊顶、织物软雕吊顶、装饰网架吊顶，按设计图示尺寸以水平投影面积"m²"计算。

3. 采光天棚（编码：011303）

采光天棚工程量计算按框外围展开面积计算。采光天棚骨架应单独按"金属结构"中相关项目编码列项。

4. 天棚其他装饰（编码：011304）

天棚其他装饰包括灯带（槽）、送风口及回风口。

（1）灯带（槽），按设计图示尺寸以框外围面积"m²"计算。

（2）送风口、回风口，按设计图示数量"个"计算。

【例5.3.3】某装饰工程，地面、墙面、天棚的装饰如图 5.3.37 至图 5.3.40 所示，房间外墙厚度 240mm，800mm×800mm 独立柱 4 根，墙体抹灰厚度 20mm（门窗占位面积 80m²，门窗洞口侧壁抹灰 15m²，柱垛展开面积 11m²，地砖地面施工完成后尺寸如图所示为 (12−0.24−0.04)×(18−0.24−0.04)，吊顶高度 3600mm（窗帘盒占位面积 7m²）。做法：地面 20 厚 1:3 水泥砂浆找平，20 厚 1:2 干性水泥砂浆粘贴玻化砖，玻化砖踢脚线，高度 150mm（门洞宽度合计 4m），乳胶漆一底两面，天棚轻钢龙骨石膏板面刮成品腻子面罩乳胶漆一底两面。柱面挂贴 30 厚花岗石板，花岗石板和柱结构面之间空隙填灌 50 厚的 1:3 水泥砂浆。根据工程量计算规范计算该装饰工程地面、墙面、天棚等分部分项工程量。见表 5.3.10。

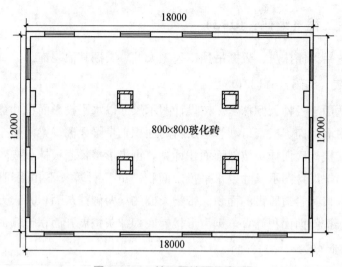

图 5.3.37　某工程地面示意图

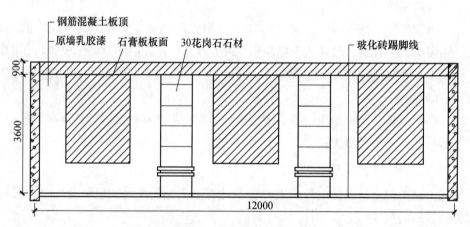

图 5.3.38　某工程大厅立面图

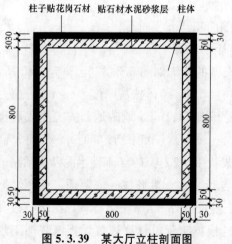

图 5.3.39　某大厅立柱剖面图

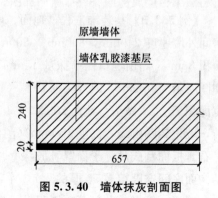

图 5.3.40　墙体抹灰剖面图

表 5.3.10　工程量计算表

序号	清单项目编码	清单项目名称	计　算　式	工程量合计	计量单位
1	011102001001	玻化砖地面	（12.00－0.24－0.04）×（18.00－0.24－0.04）＝207.68（m²） 扣柱占位面积：（0.80×0.80）×4（根）＝2.56（m²） 小计：207.68－2.56＝205.12（m²）	205.12	m²
2	0111050003001	玻化砖踢脚线	［（12.00－0.24－0.04）＋（18.00－0.24－0.04）×2－4.00（门洞宽度）＝54.88（m）］ 54.88×0.15＝8.23（m²）	8.23	m²
3	011201001001	墙面混合砂浆抹灰	［（12.00－0.24）＋（18.00－0.24）］×2×3.60（高度）－80.00（门窗洞口占位面积）＋11.00（柱垛展开面积）＝143.54（m²）	143.54	m²
4	011205001001	花岗石柱面	柱周长：［0.80＋（0.05＋0.03）×2］×4＝3.84（m） 3.84×3.60（高度）×4（根）＝55.30（m²）	55.30	m²
5	011302001001	轻钢龙骨石膏板吊顶天棚	同地面207.68－0.80×0.80×4－7.00（窗帘盒占位面积）＝198.12（m²）	198.12	m²
6	011407001001	墙面喷刷乳胶漆	同墙面抹灰143.54＋15.00（门窗洞口侧壁）＝158.54（m²）	158.54	m²
7	011407002001	天棚喷刷乳胶漆	207.68－（0.80＋0.05×2＋0.03×2）×（0.80＋0.05×2＋0.03×2）×4－7.00（窗帘盒占位面积）＝196.99（m²）	196.99	m²

5.3.14　油漆、涂料、裱糊工程（编号：0114）

油漆、涂料、裱糊工程包括门油漆、窗油漆、木扶手及其他板条（线条）油漆、木材面油漆、金属面油漆、抹灰面油漆、喷刷涂料、裱糊。

1. 门油漆（编号：011401）

门油漆包括木门油漆、金属门油漆。

木门油漆、金属门油漆，工程量以"樘"计量时，按设计图示数量计算；以"m²"计量时，按设计图示洞口尺寸以面积计算。

2. 窗油漆（编号：011402）

窗油漆包括木窗油漆、金属窗油漆。

木窗油漆、金属窗油漆，以"樘"计量时，按设计图示数量计算；以"m²"计量时，按设计图示洞口尺寸以面积计算。

3. 木扶手及其他板条、线条油漆（编号：011403）

木扶手及其他板条、线条油漆包括木扶手油漆，窗帘盒油漆，封檐板及顺水板油漆，挂衣板及黑板框油漆，挂镜线、窗帘棍、单独木线油漆。

木扶手油漆，窗帘盒油漆，封檐板及顺水板油漆，挂衣板及黑板框油漆，挂镜线、窗帘棍、单独木线油漆，按设计图示尺寸以长度"m"计算。

4. 木材面油漆（编号：011404）

木材面油漆包括木护墙、木墙裙油漆，窗台板、筒子板、盖板、门窗套、踢脚线油漆，清水板条天棚、檐口油漆，木方格吊顶天棚油漆，吸音板墙面、天棚面油漆，暖气罩油漆及其他木材面油漆，木间壁、木隔断油漆，玻璃间壁露明墙筋油漆，木栅栏、木栏杆（带扶手）油漆，衣柜、壁柜油漆，梁柱饰面油漆，零星木装修油漆，木地板油漆，木地板烫硬蜡面。

（1）木护墙、木墙裙油漆，窗台板、筒子板、盖板、门窗套、踢脚线油漆，清水板条天棚、檐口油漆，木方格吊顶天棚油漆，吸音板墙面、天棚面油漆，暖气罩油漆及其他木材面油漆的工程量均按设计图示尺寸以面积"m²"计算。

（2）木间壁及木隔断油漆、玻璃间壁露明墙筋油漆、木栅栏及木栏杆（带扶手）油漆，按设计图示尺寸以单面外围面积"m²"计算。

（3）衣柜及壁柜油漆、梁柱饰面油漆、零星木装修油漆，按设计图示尺寸以油漆部分展开面积"m²"计算。

（4）木地板油漆、木地板烫硬蜡面，按设计图示尺寸以面积"m²"计算。空洞、空圈、暖气包槽、壁龛的开口部分并入相应的工程量内。

5. 金属面油漆（编号：011405）

金属面油漆以"t"计量时，按设计图示尺寸以质量计算；以"m²"计量时，按设计展开面积计算。

6. 抹灰面油漆（编号：011406）

抹灰面油漆包括抹灰面油漆、抹灰线条油漆、满刮腻子。

（1）抹灰面油漆，按设计图示尺寸以面积"m²"计算。

（2）抹灰线条油漆，按设计图示尺寸以长度"m"计算。

（3）满刮腻子，按设计图示尺寸以面积"m²"计算。

7. 喷刷涂料（编号：011407）

喷刷涂料包括墙面喷刷涂料、天棚喷刷涂料、空花格及栏杆刷涂料、线条刷涂料、金属构件刷防火涂料、木材构件喷刷防火涂料。喷刷墙面涂料部位要注明内墙或外墙。

（1）墙面喷刷涂料、天棚喷刷涂料、空花格及栏杆刷涂料，按设计图示尺寸以面积"m²"计算。

（2）线条刷涂料，按设计图示尺寸以长度"m"计算。

（3）金属构件刷防火涂料以"t"计量时，按设计图示尺寸以质量计算；以"m²"

计量时，按设计展开面积计算。

（4）木材构件喷刷防火涂料以"m²"计量，按设计图示尺寸以面积计算。

8. 裱糊（编号：011408）

裱糊包括墙纸裱糊、织锦缎裱糊，按设计图示尺寸以面积"m²"计算。

5.3.15 其他装饰工程（编号：0115）

其他装饰工程包括柜类、货架，压条、装饰线，扶手、栏杆、栏板装饰，暖气罩，浴厕配件，雨篷、旗杆，招牌、灯箱和美术字。项目工作内容中包括"刷油漆"的，不得单独将油漆分离而单列油漆清单项目；工作内容中没有包括"刷油漆"的，可单独按油漆项目列项。

1. 柜类、货架（编号：011501）

柜类、货架包括柜台、酒柜、衣柜、存包柜、鞋柜、书柜、厨房壁柜、木壁柜、厨房低柜、厨房吊柜、矮柜、吧台背柜、酒吧吊柜、酒吧台、展台、收银台、试衣间、货架、书架、服务台。

工程量以"个"计量时，按设计图示数量计量；以"m"计量时，按设计图示尺寸以延长米计算；以"m³"计量时，按设计图示尺寸以体积计算。

2. 压条、装饰线（编号：011502）

压条、装饰线包括金属装饰线、木质装饰线、石材装饰线、石膏装饰线、镜面玻璃线、铝塑装饰线、塑料装饰线、GRC装饰线。工程量按设计图示尺寸以长度"m"计算。

3. 扶手、栏杆、栏板装饰（编号：011503）

扶手、栏杆、栏板装饰包括金属扶手、栏杆、栏板，硬木扶手、栏杆、栏板，塑料扶手、栏杆、栏板，GRC栏杆、扶手，金属靠墙扶手，硬木靠墙扶手，塑料靠墙扶手，玻璃栏板。工程量按设计图示尺寸以扶手中心线长度（包括弯头长度）"m"计算。

4. 暖气罩（编号：011504）

暖气罩包括饰面板暖气罩、塑料板暖气罩、金属暖气罩，按设计图示尺寸以垂直投影面积（不展开）"m²"计算。

5. 浴厕配件（编号：011505）

浴厕配件包括洗漱台、晒衣架、帘子杆、浴缸拉手、卫生间扶手、毛巾杆（架）、毛巾环、卫生纸盒、肥皂盒、镜面玻璃、镜箱。

（1）洗漱台按设计图示尺寸以台面外接矩形面积"m²"计算，不扣除孔洞、挖弯、削角所占面积，挡板、吊沿板面积并入台面面积内；或按设计图示数量以"个"计算。

（2）晒衣架、帘子杆、浴缸拉手、卫生间扶于、卫生纸盒、肥皂盒、镜箱按设计图示数量"个"计算。

（3）毛巾杆（架）按设计图示数量以"套"计算。

（4）毛巾环按设计图示数量以"副"计算。

（5）镜面玻璃按设计图示尺寸以边框外围面积"m²"计算。

6. 雨篷、旗杆（编号：011506）

雨篷、旗杆包括雨篷吊挂饰面、金属旗杆、玻璃雨篷。

（1）雨篷吊挂饰面、玻璃雨篷按设计图示尺寸以水平投影面积"m²"计算。

（2）金属旗杆按设计图示数量"根"计算。

7. 招牌、灯箱（编号：011506）

招牌、灯箱包括平面、箱式招牌，竖式标箱，灯箱，信报箱。

（1）平面、箱式招牌按设计图示尺寸以正立面边框外围面积"m²"计算。复杂形的凸凹造型部分不增加面积。

（2）竖式标箱、灯箱、信报箱按设计图示数量以"个"计算。

8. 美术字（编号：011508）

美术字包括泡沫塑料字、有机玻璃字、木质字、金属字、吸塑字。按设计图示数量以"个"计算。

5.3.16　拆除工程（编码：0116）

拆除工程包括砖砌体拆除，混凝土及钢筋混凝土构件拆除，木构件拆除，抹灰面拆除，块料面层拆除，龙骨及饰面拆除，屋面拆除，铲除油漆、涂料、裱糊面，栏杆栏板、轻质隔断隔墙拆除，门窗拆除，金属构件拆除，管道及卫生洁具拆除，灯具、玻璃拆除，其他构件拆除，开孔（打洞）。适用于房屋工程的维修、加固、二次装修前的拆除，不适用于房屋的整体拆除。

1. 砖砌体拆除（编码：011601）

砖砌体拆除以"m²"计算时。以"米"计量时，按拆除的延长米计算。

2. 混凝土及钢筋混凝土构件拆除（编码：011602）

混凝土及钢筋混凝土构件拆除包括混凝土构件拆除、钢筋混凝土构件拆除。

混凝土构件拆除、钢筋混凝土构件拆除以"m³"计量时，按拆除构件的混凝土体积计算；以"m²"计量时，按拆除部位的面积计算；以"m"计量时，按拆除部位的延长米计算。

3. 木构件拆除（编码：011603）

（1）工程量计算规则。木构件拆除以"m³"计量时，按拆除构件的体积计算；以"m²"计量时，按拆除面积计算；以"m"计量时，按拆除延长米计算。

（2）相关说明。

① 拆除木构件应按木梁、木柱、木楼梯、木屋架、承重木楼板等分别在构件名称中描述。

② 以"m³"作为计量单位时，可不描述构件的规格尺寸；以"m²"作为计量单位时，则应描述构件的厚度；以"m"作为计量单位时，则必须描述构件的规格尺寸。

③ 项目特征描述中构件表面的附着物种类指抹灰层、块料层、龙骨及装饰面层等。

4. 抹灰面拆除（编码：011604）

抹灰面拆除包括平面抹灰层拆除、立面抹灰层拆除、天棚抹灰面拆除。

平面抹灰层拆除、立面抹灰层拆除、天棚抹灰面拆除，按拆除部位的面积"m²"计算。

5. 块料面层拆除（编码：011605）

块料面层拆除包括平面块料拆除、立面块料拆除。

平面块料拆除、立面块料拆除，按拆除面积"m²"计算。项目特征描述为：拆除的基层类型、饰面材料种类。

6. 龙骨及饰面拆除（编码：011606）

龙骨及饰面拆除包括楼地面龙骨及饰面拆除、墙柱面龙骨及饰面拆除、天棚面龙骨及饰面拆除。

楼地面龙骨及饰面拆除、墙柱面龙骨及饰面拆除、天棚面龙骨及饰面拆除，按拆除面积以"m²"计算。

7. 屋面拆除（编码：011607）

屋面拆除包括刚性层拆除、防水层拆除。按铲除部位的面积以"m²"计算。

8. 铲除油漆、涂料、裱糊面（编码：011608）

铲除油漆涂料裱糊面包括铲除油漆面、铲除涂料面、铲除裱糊面。

铲除油漆面、铲除涂料面、铲除裱糊面以"m²"计量，按铲除部位的面积计算；以"m"计量，按铲除部位的延长米计算。

9. 栏杆栏板、轻质隔断隔墙拆除（编码：011609）

（1）栏杆、栏板拆除以"m²"计量时，按拆除部位的面积计算；以"m"计量时，按拆除的延长米计算。

（2）隔断隔墙拆除，按拆除部位的面积计算。

10. 门窗拆除（编码：011610）

门窗拆除包括木门窗拆除、金属门窗拆除。

木门窗拆除、金属门窗拆除以"m²"计量；以"樘"计量时，按拆除樘数计算。项目特征描述为：室内高度、门窗洞口尺寸。

11. 金属构件拆除（编码：011611）

金属构件拆除包括钢梁拆除、钢柱拆除、钢网架拆除、钢支撑及钢墙架拆除、其他金属构件拆除。工程量计算规则为：

（1）钢梁拆除、钢柱拆除以"t"计量时，按拆除构件的质量计算；以"m"计量时，按拆除延长米计算。

（2）钢网架拆除，按拆除构件的质量计算。

（3）钢支撑及钢墙架拆除、其他金属构件拆除以"t"计量时，按拆除构件的质量计算；以"m"计量时，按拆除延长米计算。

12. 管道及卫生洁具拆除（编码：011612）

管道及卫生洁具拆除包括管道拆除、卫生洁具拆除。工程量计算规则为：

（1）管道拆除，按拆除管道的延长米计算。

（2）卫生洁具拆除，按拆除的数量以"套"或"个"计算。

13. 灯具、玻璃拆除（编码：011613）

灯具、玻璃拆除包括灯具拆除、玻璃拆除。

（1）灯具拆除，按拆除的数量以"套"计算。

（2）玻璃拆除，按拆除的面积以"m²"计算。

14. 其他构件拆除（编码：011614）

其他构件拆除包括暖气罩拆除、柜体拆除、窗台板拆除、筒子板拆除、窗帘盒拆除、窗帘轨拆除。

（1）暖气罩拆除、柜体拆除以"个"为单位计量时，按拆除个数计算；以"m"为单位计量时，按拆除延长米计算。

（2）窗台板拆除、筒子板拆除以"块"计量时，按拆除块数计算；以"m"计量时，按拆除的延长米计算。

（3）窗帘盒拆除、窗帘轨拆除，按拆除的延长米计算。

15. 开孔（打洞）（编码：011615）

开孔（打洞），按数量"个"计算。项目特征描述为：部位、打洞部位材质、洞尺寸。

5.3.17 措施项目（编码：0117）

措施项目包括脚手架工程、混凝土模板及支架（撑）、垂直运输、超高施工增加、大型机械设备进出场及安拆、施工降水及排水、安全文明施工及其他措施项目。措施项目可以分为两类：一类是可以计算工程量的措施项目（单价措施项目），如脚手架、混凝土模板及支架（撑）、垂直运输、超高施工增加、大型机械设备进出场及安拆、施工降水及排水等；一类是不方便计算工程量的措施项目（总价措施项目，可采用费率计取的措施项目），如安全文明施工费等。

1. 脚手架工程（编码：011701）

脚手架工程包括综合脚手架、外脚手架、里脚手架、悬空脚手架、挑脚手架、满堂脚手架、整体提升架、外装饰吊篮。

（1）综合脚手架，按建筑面积"m²"计算。项目特征描述为：建筑结构形式，檐口高度。

（2）外脚手架、里脚手架、整体提升架、外装饰吊篮，按所服务对象的垂直投影面积计算。

（3）悬空脚手架、满堂脚手架，按搭设的水平投影面积计算。

（4）挑脚手架，按搭设长度乘以搭设层数以延长米计算。

2. 混凝土模板及支架（撑）（编码：011702）

混凝土模板及支架（撑）包括基础、矩形柱、构造柱、异形柱、基础梁、矩形梁、异形梁、圈梁、过梁、弧形及拱形梁、直形墙、弧形墙、短肢剪力墙及电梯井壁、有梁板、无梁板、平板、拱板、薄壳板、空心板、其他板、栏板、天沟及檐沟、雨篷、悬挑板、阳台板、楼梯、其他现浇构件、电缆沟、地沟、台阶、扶手、散水、后浇带、化粪池、检查井。

混凝土模板及支架（撑）的工程量计算有两种处理方法：一种是以"m³"计量的模板及支撑，按混凝土及钢筋混凝土项目执行，其综合单价应包含模板及支撑；另一种是以"m²"计量，按模板与混凝土构件的接触面积计算。按接触面积计算的规则与方法为：

（1）现浇混凝土基础、柱、梁、墙板等主要构件模板及支架工程量按模板与现浇混凝土构件的接触面积"m²"计算。

现浇钢筋混凝土墙、板单孔面积小于或等于0.3m²的孔洞不予扣除，洞侧壁模板亦不增加；单孔面积大于0.3m²时应予扣除，洞侧壁模板面积并入墙、板工程量内计算。

现浇框架分别按梁、板、柱有关规定计算；附墙柱、暗梁、暗柱并入墙内工程量内计算。

柱、梁、墙、板相互连接的重叠部分，均不计算模板面积。

构造柱按图示外露部分计算模板面积。

（2）天沟、檐沟、电缆沟、地沟、散水、扶手、后浇带、化粪池、检查井，按模板与现浇混凝土构件的接触面积"m²"计算。

（3）雨篷、悬挑板、阳台板，按图示外挑部分尺寸的水平投影面积"m²"计算，挑出墙外的悬臂梁及板边不另计算。

（4）楼梯，按楼梯（包括休息平台、平台梁、斜梁和楼层板的连接梁）的水平投影面积"m²"计算，不扣除宽度小于或等于500mm的楼梯井所占面积，楼梯踏步、踏步板、平台梁等侧面模板不另计算，伸入墙内部分亦不增加。

3. 垂直运输（编码：011703）

垂直运输指施工工程在合理工期内所需垂直运输机械。

垂直运输，按建筑面积"m²"计算，或按施工工期日历天数"天"计算。项目特征描述为：建筑物建筑类型及结构形式；地下室建筑面积；建筑物檐口高度、层数。

4. 超高施工增加（编码：011704）

单层建筑物檐口高度超过 20m，多层建筑物超过 6 层时（计算层数时，地下室不计入层数），可按超高部分的建筑面积计算超高施工增加。

超高施工增加，按建筑物超高部分的建筑面积"m²"计算。项目特征描述为：建筑物建筑类型及结构形式；建筑物檐口高度、层数；单层建筑物高度超过 20m，多层建筑物超过 6 层部分的建筑面积。

5. 大型机械设备进出场及安拆（编码：011705）

大型机械设备进出场及安拆需要单独编码列项，与一般中小型机械不同。一般中小型机械进出场、安拆的费用已经计入机械台班单价，不应独立编码列项。

大型机械设备进出场及安拆，按使用机械设备的数量"台次"计算。项目特征描述为：机械设备名称、机械设备规格型号。

6. 施工排水、降水（编码：011706）

施工排水、降水包括成井、排水及降水。

（1）成井，按设计图示尺寸以钻孔深度"m"计算。

（2）排水、降水，按排水、降水日历天数"昼夜"计算。

7. 安全文明施工及其他措施项目（编码：011707）

安全文明施工及其他措施项目包括安全文明施工、夜间施工及非夜间施工照明、二次搬运、冬雨季施工、地上及地下设施及建筑物的临时保护设施、已完工程及设备保护等。属于总价措施项目，按项列，不计算工程量。

（1）安全文明施工。安全文明施工（含环境保护、文明施工、安全施工、临时设施）包含的具体范围如下：

① 环境保护。现场施工机械设备降低噪声、防扰民措施；水泥和其他易飞扬细颗粒建筑材料密闭存放或采取覆盖措施等；工程防扬尘洒水；土石方、建渣外运车辆防护措施等；现场污染源的控制、生活垃圾清理外运、场地排水排污措施；其他环境保护措施。

② 文明施工。"五牌一图"；现场围挡的墙面美化（包括内外粉刷、刷白、标语等）、压顶装饰；现场厕所便槽刷白、贴面砖，水泥砂浆地面或地砖，建筑物内临时便溺设施；其他施工现场临时设施的装饰装修、美化措施；现场生活卫生设施；符合卫生要求的饮水设备、淋浴、消毒等设施；生活用洁净燃料；防煤气中毒、防蚊虫叮咬等措施；施工现场操作场地的硬化；现场绿化、治安综合治理；现场配备医药保健器材、物品和急救人员培训；现场工人的防暑降温、电风扇、空调等设备及用电；其他文明施工措施。

③ 安全施工。安全资料、特殊作业专项方案的编制，安全施工标志的购置及安全宣传；"三宝"（安全帽、安全带、安全网）、"四口"（楼梯口、电梯井口、通道口、预留洞口）、"五临边"（阳台围边、楼板围边、屋面围边、槽坑围边、卸料平台两侧），水

平防护架、垂直防护架、外架封闭等防护；施工安全用电，包括配电箱三级配电、两级保护装置要求、外电防护措施；起重机、塔吊等起重设备（含井架、门架）及外用电梯的安全防护措施（含警示标志）及卸料平台的临边防护、层间安全门、防护棚等设施；建筑工地起重机械的检验检测；施工机具防护棚及其围栏的安全保护设施；施工安全防护通道；工人的安全防护用品、用具购置；消防设施与消防器材的配置；电气保护、安全照明设施；其他安全防护措施。

④ 临时设施。施工现场采用彩色、定型钢板，砖、混凝土砌块等围挡的安砌、维修、拆除；施工现场临时建筑物、构筑物的搭设、维修、拆除，如临时宿舍、办公室、食堂、厨房、厕所、诊疗所、临时文化福利用房、临时仓库、加工场、搅拌台、临时简易水塔、水池等；施工现场临时设施的搭设、维修、拆除，如临时供水管道、临时供电管线、小型临时设施等；施工现场规定范围内临时简易道路铺设，临时排水沟、排水设施安砌、维修、拆除；其他临时设施搭设、维修、拆除。

（2）夜间施工。夜间施工包含的工作内容及范围有：夜间固定照明灯具和临时可移动照明灯具的设置、拆除；夜间施工时，施工现场交通标志、安全标牌、警示灯等的设置、移动、拆除；夜间照明设备及照明用电、施工人员夜班补助、夜间施工劳动效率降低等。

（3）非夜间施工照明。非夜间施工照明包含的工作内容及范围有：为保证工程施工正常进行，在地下室等特殊施工部位施工时所采用的照明设备的安拆、维护、摊销及照明用电等。

（4）二次搬运。由于施工场地条件限制而发生的材料、成品、半成品等一次运输不能到达堆放地点，必须进行的二次或多次搬运。

（5）冬雨季施工。冬雨季施工包含的工作内容及范围有：冬雨（风）季施工时增加的临时设施（防寒保温、防雨、防风设施）的搭设、拆除；冬雨（风）季施工时，对砌体、混凝土等采用的特殊加温、保温和养护措施；冬雨（风）季施工时，施工现场的防滑处理、对影响施工的雨雪的清除；冬雨（风）季施工时增加的临时设施、施工人员的劳动保护用品、冬雨（风）季施工劳动效率降低等。

（6）地上、地下设施、建筑物的临时保护设施。地上、地下设施、建筑物的临时保护设施包含的工作内容及范围有：在工程施工过程中，对已建成的地上、地下设施和建筑物进行的遮盖、封闭、隔离等必要保护措施。

（7）已完工程及设备保护。已完工程及设备保护包含的工作内容及范围有：对已完工程及设备采取的覆盖、包裹、封闭、隔离等必要保护措施。

【例 5.3.4】图 5.3.41 为某工程框架结构建筑物某层现浇混凝土及钢筋混凝土柱梁板结构圈，层高 3.00m，其中板厚为 120mm，梁、顶标高为＋6.00m，柱的区域部分为（＋3.00m 至＋6.00m），不计入混凝土实体项目综合单价，不采用清水模板。根据工程工程量计算规范，计算该层现浇混凝土模板工程的工程量。见表 5.3.11。

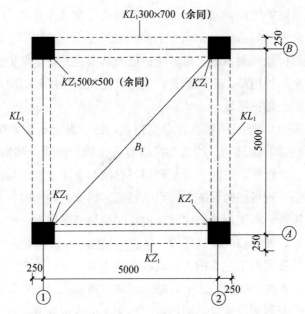

图 5.3.41　某工程现浇混凝土柱梁板结构示意图

表 5.3.11　工程量计算表

序号	清单项目编码	清单项目名称	计　算　式	工程量合计	计量单位
1	011702002001	矩形柱	$S=4\times(3.00\times0.50\times4-0.30\times0.70\times2-0.20\times0.12\times2)=22.13$（m²）	22.13	m²
2	011702006001	矩形梁	$S=[4.50\times(0.70\times2+0.30)-4.50\times0.12]\times4=28.44$（m²）	28.44	m²
3	011702014001	板	$S=(5.50-2\times0.30)\times(5.50-2\times0.30)-0.20\times0.20\times4=23.85$（m²）	23.85	m²

本章小结：

　　工程量是工程计量的结果，是指按一定规则并以物理计量单位或自然计量单位所表示的建设工程各分部分项工程、措施项目或结构构件的数量。我国现行的工程量计算规则主要有工程量计算规范中的工程量计算规则和消耗量定额中的工程量计算规则。建筑面积是指建筑物（包括墙体）所形成的楼地面面积。建筑面积主要是墙体围合的楼地面面积（包括墙体的面积），因此计算建筑面积时，先以外墙结构外围水平面积计算。建筑面积还包括附属于建筑物的室外阳台、雨篷、檐廊、室外走廊、室外楼梯等建筑部件的面积。分部分项工程量的计算主要以《建设工程工程量清单计价规范》为依据，介绍了建筑工程计量与计价的基本规则与方法，以及计算的顺序和步骤。

思考与练习

一、选择题

1. 建筑物场地厚度（　　）的挖、填、运、找平，应按平整场地项目编码列项。

A. ≤±100mm　　B. ≤±200mm　　C. ≤±300mm　　D. ≤±400mm

2. 若底宽（　　）且底长>3 倍底宽为沟槽。

A. ≤7m　　　　B. ≤5m　　　　C. ≤3m　　　　D. ≤2m

3. 地基处理时，换填垫层按设计图示尺寸以（　　）计算。

A. 面积　　　　B. 体积　　　　C. 图示尺寸　　　　D. 厚度

4. 灌注桩后压浆按设计图示以（　　）计算。

A. 体积　　　　B. 桩长　　　　C. 桩截面　　　　D. 注浆孔数

5. 砖围墙应以（　　）为界，以下为基础，以上为墙身。

A. 设计室内地坪　　B. 外墙防潮层　　C. 设计室外地坪　　D. 水平防潮层

6. 实心砖墙按设计图示尺寸以体积计算，不扣除单个面积（　　）的孔洞所占体积。

A. ≤0.3m²　　B. ≤0.4m²　　C. ≤0.5m²　　D. ≤0.6m²

7. 计算外墙高度时，有屋架且室内外均有天棚者算至屋架下弦底另加（　　）。

A. 100mm　　B. 150mm　　C. 200mm　　D. 250mm

8. 计算内墙高度时，位于屋架下弦者算至屋架下弦底，无屋架者算至天棚底另加（　　）。

A. 100mm　　B. 150mm　　C. 200mm　　D. 250mm

9. 短肢剪力墙是指截面厚度不大于（　　），各肢截面高度与厚度之比的最大值大于 4 但不大于 8 的剪力墙。

A. 100mm　　B. 200mm　　C. 300mm　　D. 400mm

10. 现浇混凝土楼梯按设计图示尺寸以水平投影面积计算，不扣除宽度（　　）的楼梯井。

A. ≤300mm　　B. ≤400mm　　C. ≤500mm　　D. ≤600mm

11. 当整体楼梯与现浇楼板无梯梁连接时，以楼梯的最后一个踏步边缘加（　　）为界。

A. 100mm　　B. 200mm　　C. 300mm　　D. 400mm

12. 低合金钢筋两端均采用螺杆锚具时，钢筋长度按孔道长度减（　　）计算。

A. 0.25m　　B. 0.35m　　C. 0.45m　　D. 0.55m

13. 碳素钢丝采用锥形锚具，孔道长度在（　　）以内时，钢丝束长度按孔道长度增加 1m 计算。

A. 12m　　　　　　　　　　B. 15m

C. 18m　　　　　　　　　　D. 20m

14. 碳素钢丝采用锥形锚具，孔道长在 20m 以上时，钢丝束长度按孔道长度增加（　　）计算。

A. 1m　　　　　B. 1.5m　　　　　C. 1.8m　　　　　D. 2m

15. 楼（地）面防水反边高度（　　）算作地面防水。

A. ≤100mm　　　B. ≤200mm　　　C. ≤300mm　　　D. ≤400mm

16. 间壁墙指墙厚（　　）的墙。

A. ≤100mm　　　B. ≤120mm　　　C. 150mm　　　D. ≤180mm

17. 楼梯与楼地面相连时，算至梯口梁内侧边沿，无梯口梁者，算至最上一层踏步边沿加（　　）。

A. 100mm　　　　B. 200mm　　　　C. 300mm　　　　D. 400mm

18. 墙、柱（梁）面（　　）的少量分散的抹灰按零星抹灰项目编码列项。

A. ≤0.5m²　　　B. ≤1m²　　　C. 1.5m²　　　D. ≤2m²

19. 整体提升架工程量按所服务对象的垂直投影面积计算，包括（　　）高的防护架体设施。

A. 1m　　　　　B. 1.5m　　　　　C. 2m　　　　　D. 2.5m

20. 若现浇混凝土梁、板支撑高度超过（　　）时，项目特征应描述支撑高度。

A. 1.5m　　　　B. 2.2m　　　　C. 3.6m　　　　D. 4.8m

二、简答题

1. 土方工程量计算时如何考虑放坡？基础所需工作面如何考虑？（以混凝土基础和垫层为例）

2. 土方开挖和运输时考虑土方的哪种状态？

3. 建筑物外墙砌筑界限如何划分？

4. 有梁板的工程量如何计算？

5. 建筑物首层框架梁脚手架工程量如何计算？

6. 柱模板支撑超高工程量如何计算？

06 建设项目决策和设计
阶段计量与计价

本章导读:

　　建设项目在决策阶段需要编制投资估算，在设计阶段需要编制设计概算和施工图预算。投资估算是在投资决策阶段，以方案设计或可行性研究文件为依据，按照规定的程序、方法和依据，对拟建项目所需总投资及其构成进行的预测和估计；设计概算是以初步设计文件为依据，按照规定的程序、方法和依据，对建设项目总投资及其构成进行的概略计算；施工图预算是以施工图设计文件为依据，按照规定的程序、方法和依据，在工程施工前对工程项目的工程费用进行的预测与计算。同学们学习过程中需要掌握投资估算、设计概算和施工图预算的编制内容和方法，熟悉文件的具体内容及形式。

学习目标:

　　1. 熟悉投资估算的含义及作用；

　　2. 掌握投资估算的编制方法；

　　3. 了解设计阶段影响工程造价的主要因素；

　　4. 熟悉设计概算的概念及作用；

　　5. 掌握三级概算之间的相互关系和费用构成；

　　6. 掌握单位工程概算的编制方法；

　　7. 掌握施工图预算的编制内容与编制方法。

思想政治教育的融入点:

　　介绍建设项目决策与设计阶段计量与计价，引入案例——安全环保，给医院穿上"防护铠甲"。

　　火神山、雷神山两座医院分别毗邻知音湖、黄家湖大型水体，医疗污水是否会影响到周边环境，建成后能否达到环保标准，是医院建设以来大众关心的焦点。

　　项目按照《传染病医院建设标准》实施，采用污水、雨水、医疗垃圾单独收集处理工艺设计，一方面采用"两布一膜"的设计工艺全封闭收集废水，另一方面对污水进行

严格的消毒处理后排放。

"两座医院的水处理工艺标准远高于普通传染病（医院）。"中建三局绿投公司水务事业部技术总监介绍，"经过反复研究，项目地基基底采用新型的 HDPE 防渗膜。" HDPE 防渗膜具有很高的防渗系数及良好的耐热性和耐寒性，其使用环境温度为高温110℃、低温−70℃，能耐 80 余种强酸、碱等化学腐蚀，长时间裸露仍能保持原来的性能。

最终，通过混凝土基层、防渗膜和钢筋混凝土地面层等 3 层隔离防护，确保将地上构筑物与地下水和土壤物理隔离，做到滴水不漏。在运营设计上，医院污水处理站按医疗机构废水排放量两倍进行设计，采用双回路、双保险系统，即使一组设备发生故障，另外一组也能满足整个医院的废水处理要求。在消毒处理上，医院消毒剂的投加量高于普通传染病医院的消毒剂量，消毒时间近 5 小时，远高于国家标准 1.5 小时。医疗废水先经过全封闭收集和预消毒处理，再提升到污水处理站，进行生化处理和再消毒处理，前后 7 道严格工序，经系统检测达标后，最终排入市政管网。

"为做到万无一失，项目还设计了雨水调蓄池，通过雨污分流，将雨水全收集、全消毒后，泵送至市政管网，剩余的污泥经过浓缩、脱水，进行危废处置。"中建三局安装公司副总工程师说。

此外，项目还"妥善安置"了固体废弃物。医院单独设置两个衣物消毒间和两个焚烧炉，对非污染的衣服进行杀毒处理后再使用，对污染的废弃物直接无害化焚烧处理，防止污染环境。

2019 年 6 月 7 日习近平总书记在第二十三届圣彼得堡国际经济论坛全会上的致辞中提到：中国的发展绝不会以牺牲环境为代价。我们将秉持绿水青山就是金山银山的发展理念，坚决打赢蓝天、碧水、净土三大保卫战，鼓励发展绿色环保产业，大力发展可再生能源，促进资源节约集约和循环利用。

预期教学成效：

培养学生绿色环保理念，勇于担责，努力攀登科学高峰，不断学习新能源、新方法、新技术。同时，体现了国家以人为本的生产理念和保护环境的决心，作为未来建筑业的中坚力量，学生们应该感到自信与自豪，在平时的学习生活中也要提高安全和环境保护意识。

6.1　投资估算的编制

6.1.1　投资估算的概念及其编制内容

1. 投资估算的含义

投资估算是在投资决策阶段，以方案设计或可行性研究文件为依据，按照规定的程序、方法和依据，对拟建项目所需总投资及其构成进行的预测和估计，是在研究并确定项目的建设规模、产品方案、技术方案、工艺技术、设备方案、厂址方案、工程建设方案以及项目进度计划等的基础上，依据特定的方法，估算项目从筹建、施工直至建成投产所需全部建设资金总额并测算建设期各年资金使用计划的过程。投资估算的成果文件称作投资估算书，也简称投资估算。投资估算书是项目建议书或可行性研究报告的重要组成部分，是项目决策的重要依据之一。

投资估算按委托内容可分为建设项目投资估算、单项工程投资估算、单位工程投资估算。投资估算的准确与否不仅影响到可行性研究工作的质量和经济评价结果，而且直接关系到下一阶段设计概算和施工图预算的编制，以及建设项目的资金筹措方案。因此，全面准确地估算建设项目的工程造价，是可行性研究乃至整个决策阶段造价管理的重要任务。

2. 投资估算的作用

投资估算作为论证拟建项目的重要经济文件，既是建设项目技术经济评价和投资决策的重要依据，又是该项目实施阶段投资控制的目标值。投资估算在建设工程的投资决策、造价控制、筹集资金等方面都有重要作用。

（1）项目建议书阶段的投资估算，是项目主管部门审批项目建议书的依据之一，也是编制项目规划、确定建设规模的参考依据。

（2）项目可行性研究阶段的投资估算，是项目投资决策的重要依据，也是研究、分析、计算项目投资经济效果的重要条件。政府投资项目的可行性研究报告被批准后，其投资估算额将作为设计任务书中下达的投资限额，即建设项目投资的最高限额，不能随意突破。

（3）项目投资估算是设计阶段造价控制的依据。投资估算一经确定，即成为限额设计的依据，用以对各设计专业实行投资切块分配，作为控制和指导设计的尺度。

（4）项目投资估算可作为项目资金筹措及制定建设贷款计划的依据，建设单位可根据批准的项目投资估算额，进行资金筹措和向银行申请贷款。

（5）项目投资估算是核算建设项目固定资产投资需要额和编制固定资产投资计划的重要依据。

（6）投资估算是建设工程设计招标、优选设计单位和设计方案的重要依据。在工程设计招标阶段，投标单位报送的投标书中包括项目设计方案、项目的投资估算和经济性分析，招标单位根据投资估算对各项设计方案的经济合理性进行分析、衡量、比较，在此基础上，择优确定设计单位和设计方案。

3. 投资估算的阶段划分与精度要求

（1）国外项目投资估算的阶段划分与精度要求。在英、美等国，对一个建设项目从开发设想直至施工图设计期间各阶段项目投资的预计额均称为估算，只是因各阶段设计深度、技术条件不同，对投资估算的准确度要求有所不同。英、美等国把建设项目的投

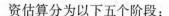

资估算分为以下五个阶段：

① 投资设想阶段的投资估算。在尚无工艺流程图、平面布置图，也未进行设备分析的情况下，即根据假想条件比照同类已投产项目的投资额，并考虑涨价因素编制项目所需投资额。这一阶段称为毛估阶段，或称比照估算。这一阶段投资估算的意义是判断一个项目是否需要进行下一步工作，此阶段对投资估算精度的要求较低，允许误差可超出±30%。

② 投资机会研究阶段的投资估算。此时应有初步的工艺流程图、主要生产设备的生产能力及项目建设的地理位置等条件，故可套用相近规模厂的单位生产能力建设费用来估算拟建项目所需的投资额，据以初步判断项目是否可行，或审查项目引起投资兴趣的程度。这一阶段称为粗估阶段，或称因素估算，对投资估算精度的要求为误差控制在±30%以内。

③ 初步可行性研究阶段的投资估算。此时已具有设备规格表、主要设备的生产能力和尺寸、项目的总平面布置、各建筑物的大致尺寸、公用设施的初步位置等条件。此时的投资估算额，可据以决定拟建项目是否可行，或据以列入投资计划。这一阶段称为初步估算阶段，或称认可估算，对投资估算精度的要求为误差控制在±20%以内。

④ 详细可行性研究阶段的投资估算。此时项目的细节已清楚，并已进行了建筑材料、设备的询价，也已进行了设计和施工的咨询，但工程图纸和技术说明尚不完备。可根据此时的投资估算额进行筹款。这一阶段称为确定估算，或称控制估算，对投资估算精度的要求为误差控制在±10%以内。

⑤ 工程设计阶段的投资估算。此时应具有工程的全部设计图纸、详细的技术说明、材料清单、工程现场勘察资料等，故可根据单价逐项计算，从而汇总出项目所需的投资额。可据此投资估算控制项目的实际建设。这一阶段称为详细估算，或称投标估算，对投资估算精度的要求为误差控制在±5%以内。

（2）我国项目投资估算的阶段划分与精度要求。投资估算是进行建设项目技术经济评价和投资决策的基础。在建设项目规划、项目建议书（投资机会研究）、预可行性研究、可行性研究阶段应编制投资估算。投资估算的准确性不仅影响可行性研究工作的质量和经济评价结果，还直接关系到下一阶段设计概算和施工图预算的编制。因此，准确编制投资估算尤为重要。项目决策的各个阶段编制投资估算的精度要求如下：

① 建设项目规划和项目建议书阶段的投资估算。在项目规划和项目建议书阶段，按项目建议书中的产品方案、项目建设规模、产品主要生产工艺、企业车间组成、初选建厂地点等，估算建设项目所需投资额。此阶段项目投资估算是审批项目建议书的依据，是判断项目是否需要进入下一阶段工作的依据，对投资估算精度的要求为误差控制在±30%以内。

② 预可行性研究阶段的投资估算。预可行性研究阶段，在掌握更详细、更深入的资料的条件下，估算建设项目所需投资额。此阶段项目投资估算是初步明确项目方案，为项目进行技术经济论证提供依据，同时是判断是否进行可行性研究的依据，对投资估

算精度的要求为误差控制在±20％以内。

③ 可行性研究阶段的投资估算。可行性研究阶段的投资估算较为重要，是对项目进行较详细的技术经济分析，决定项目是否可行，并比选出最佳投资方案的依据，此阶段的投资估算经审查批准后，即是工程设计任务书中规定的项目投资限额，对工程设计概算起控制作用，对投资估算精度的要求为误差控制在±10％以内。

根据《建设项目投资估算编审规程》（CECA/GC 1—2015）的规定，有时在方案设计（包括概念方案设计和报批方案设计）以及项目申请报告中也可能需要编制投资估算。

6.1.2　投资估算的编制依据及编制步骤

1. 投资估算的编制依据

建设项目投资估算编制依据是指在编制投资估算时所遵循的计量规则、市场价格、费用标准及工程计价有关参数、率值等基础资料，主要有以下几个方面：

（1）国家、行业和地方政府的有关法律、法规或规定；政府有关部门、金融机构等发布的价格指数、利率、汇率、税率等有关参数。

（2）行业部门、项目所在地工程造价管理机构或行业协会等编制的投资估算指标、概算指标（定额）、工程建设其他费用定额（规定）、综合单价、价格指数和有关造价文件等。

（3）类似工程的各种技术经济指标和参数。

（4）工程所在地同期的人工、材料、机具市场价格，建筑、工艺及附属设备的市场价格和有关费用。

（5）与建设项目有关的工程地质资料、设计文件、图纸或有关设计专业提供的主要工程量和主要设备清单等。

（6）委托单位提供的其他技术经济资料。

2. 投资估算的编制要求

建设项目投资估算编制时，应满足以下要求：

（1）应根据主体专业设计的阶段和深度，结合各行业的特点，所采用生产工艺流程的成熟性，以及国家及地区、行业或部门、市场相关投资估算基础资料和数据的合理、可靠、完整程度，采用合适的方法，对建设项目投资估算进行编制，并对主要技术经济指标进行分析。

（2）应做到工程内容和费用构成齐全，不重不漏，不提高或降低估算标准，计算合理。

（3）应充分考虑拟建项目设计的技术参数和投资估算所采用的估算系数、估算指标，在质和量方面所综合的内容，应遵循口径一致的原则。

（4）投资估算应参考相应工程造价管理部门发布的投资估算指标，依据工程所在地市场价格水平，结合项目实体情况及科学合理的建造工艺，全面反映建设项目建设前期和建设期的全部投资。对于建设项目的边界条件，如建设用地费和外部交通、水、电、通信条件，或市政基础设施配套条件等差异所产生的与主要生产内容投资无必然关联的费用，应结合建设项目的实际情况进行修正。

（5）应对影响造价变动的因素进行敏感性分析，分析市场的变动因素，充分估计物价上涨因素和市场供求情况对项目造价的影响，确保投资估算的编制质量。

（6）投资估算精度应能满足控制初步设计概算要求，并尽量减少投资估算的误差。

3. 投资估算的编制步骤

根据投资估算的不同阶段，主要包括项目建议书阶段及可行性研究阶段的投资估算。可行性研究阶段的投资估算的编制一般包含静态投资部分、动态投资部分与流动资金估算三部分，主要包括以下步骤：

（1）分别估算各单项工程所需建筑工程费、设备及工器具购置费、安装工程费，在汇总各单项工程费用的基础上，估算工程建设其他费用和基本预备费，完成工程项目静态投资部分的估算。

（2）在静态投资部分的基础上，估算价差预备费和建设期利息，完成工程项目动态投资部分的估算。

（3）估算流动资金。

（4）估算建设项目总投资。

投资估算编制的具体流程图如图 6.1.1 所示。

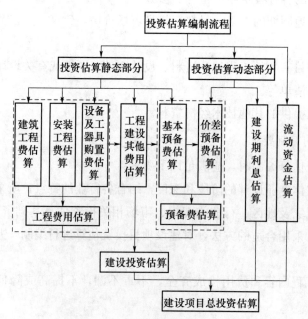

图 6.1.1　建设项目投资估算编制流程

6.1.3 投资估算静态投资部分的估算方法

静态投资部分估算的方法很多，各有其适用的条件和范围，而且误差程度也不相同。一般情况下，应根据项目的性质、占有的技术经济资料和数据的具体情况，选用适宜的估算方法。在项目建议书阶段，投资估算的精度较低，可采取简单的匡算法，如生产能力指数法、系数估算法、比例估算法或混合法等，在条件允许时，也可采用指标估算法；在可行性研究阶段，对投资估算精度的要求高，需采用相对详细的投资估算方法，即指标估算法。

1. 项目建议书阶段投资估算方法

1）生产能力指数法，又称指数估算法，是根据已建成的类似项目生产能力和投资额来粗略估算同类但生产能力不同的拟建项目静态投资额的方法。其计算公式为：

$$C_2 = C_1 \left(\frac{Q_2}{Q_1}\right)^x \cdot f$$

式中：C_1——已建类似项目的静态投资额；

C_2——拟建项目静态投资额；

Q_1——已建类似项目的生产能力；

Q_2——拟建项目的生产能力；

f——不同时期、不同地点的定额、单价、费用变更等的综合调整系数；

x——生产能力指数。

上式表明造价与规模（或容量）呈非线性关系，且单位造价随工程规模（或容量）的增大而减小。生产能力指数法的关键是生产能力指数的确定，一般要结合行业特点确定，并应有可靠的例证。正常情况下，$0 \leqslant x \leqslant 1$。不同生产率水平的国家和不同性质的项目中，$x$ 的取值是不同的。若已建类似项目规模和拟建项目规模的比值在 $0.5 \sim 2$，x 的取值近似为 1；若已建类似项目规模与拟建项目规模的比值为 $2 \sim 50$，且拟建项目生产规模的扩大仅靠增大设备规模来达到时，则 x 的取值 $0.6 \sim 0.7$；若是靠增加相同规格设备的数量达到的，x 的取值在 $0.8 \sim 0.9$。

【例 6.1.1】某地 2018 年拟建一年产 20 万吨化工产品的项目。根据调查，该地区 2016 年建设的年产 10 万吨相同产品的已建项目的投资额为 5000 万元。生产能力指数为 0.6，2016 年至 2018 年工程造价平均每年递增 10%。估算该项目的静态投资。

解：拟建项目的静态投资 $= 5000 \times \left(\frac{20}{10}\right)^{0.6} \times (1+10\%)^2 = 9170$（万元）

【例 6.1.2】某地 2016 年拟建一年产 50 万吨产品的工业项目，预计建设期为 3 年，该地区 2013 年已建年产 40 万吨的类似项目投资为 2 亿元。已知生产能力指数为 0.9，该地区 2013 年、2016 年同类工程造价指数分别为 108、112，预计拟建项目建设期内工程造价年上涨率为 5%。用生产能力指数法估算拟建项目静态投资。

解：拟建项目静态投资 $= 2.00 \times (50/40)^{0.9} \times 112/108 = 2.54$（亿元）

生产能力指数法误差可控制在±20％以内。生产能力指数法主要应用于设计深度不足，拟建项目与类似已建项目的规模不同，设计定型并系列化，行业内相关指数和系数等基础资料完备的情况。一般拟建项目与已建类似项目生产能力比值不宜大于50，以在10倍内效果较好，否则误差就会增大。另外，尽管该办法估价误差仍较大，但有其独特的好处，即这种估价方法不需要详细的工程设计资料，只需要知道工艺流程及规模就可以，在总承包工程报价时，承包商大都采用这种方法。

2）系数估算法，也称因子估算法，是以拟建项目的主体工程费或主要设备购置费为基数，以其他辅助配套工程费同主体工程费或设备购置费的比值为系数，依此估算拟建项目静态投资的方法。本办法主要应用于设计深度不足，拟建建设项目与类似建设项目的主体工程费或主要设备购置费占比较大，行业内相关系数等基础资料完备的情况。在我国国内常用的方法有设备系数法和主体专业系数法，世行项目投资估算常用的方法是朗格系数法。

（1）设备系数法，是指以拟建项目的设备购置费为基数，根据已建成的同类项目的建筑安装工程费和其他工程费等同设备购置费的比值，求出拟建项目建筑安装工程费和其他工程费，进而求出项目的静态投资。其计算公式为：

$$C=E（1+f_1 p_1+f_2 p_2+f_3 p_3+\cdots）+I$$

式中：　　　　C——拟建项目的静态投资；

E——拟建项目根据当时当地价格计算的设备购置费；

p_1，p_2，p_3，…——已建成类似项目中建筑安装工程费及其他工程费等同设备购置费的比值；

f_1，f_2，f_3，…——不同建设时间、地点而产生的定额、价格、费用标准等差异的调整系数；

I——拟建项目的其他费用。

（2）主体专业系数法，是指以拟建项目中投资占比较大，并与生产能力直接相关的工艺设备购置费为基数，根据已建同类项目的有关统计资料，计算出拟建项目各专业工程费（总图、土建、采暖、给排水、管道、电气、自控等）同工艺设备购置费的比值，据以求出拟建项目各专业投资，然后加和即为拟建项目的静态投资。其计算公式为：

$$C=E（1+f_1 p'_1+f_2 p'_2+f_3 p'_3+\cdots）+I$$

式中：　　　E——拟建项目中投资占比较大且与生产能力直接相关的工艺设备购置费；

p'_1，p'_2，p'_3——已建成类似项目中各专业工程费用同工艺设备购置费的比值。

其他符号同上述公式。

（3）朗格系数法，即以设备购置费为基数，乘以适当系数来推算项目的静态投资。这种方法在国内不常见，是世行项目投资估算常采用的方法。该方法的基本原理是将项目建设中的总成本费用中的直接成本和间接成本分别计算，再合为项目的静态投资。其计算公式为：

$$C+E\cdot（1+\sum K_i）\cdot K_c$$

式中：K_i——管线、仪表、建筑物等项费用的估算系数；

K_c——管理费、合同费、应急费等间接费用的总估算系数。

静态投资 C 与设备购置费 E 之比为朗格系数 K_L，即：

$$L_L = (1 + \sum K_i) \cdot K_c$$

朗格系数包含的内容见表 6.1.1。

表 6.1.1　朗格系数包含的内容

项目		固体流程	固流流程	流体流程
朗格系数 K_L		3.1	3.63	4.74
内容	(a) 包括基础、设备、绝热、油漆及设备安装费	$E \times 1.43$		
	(b) 包括上述在内和配管工程费	(a) ×1.1	(a) ×1.25	(a) ×1.6
	(c) 装置直接费	(b) ×1.5		
	(d) 包括上述在内和间接费，总投资 C	(c) ×1.31	(c) ×1.35	(c) ×1.38

【例 6.1.3】 在北非某地建设一座年产 30 万套汽车轮胎的工厂，已知该工厂的设备到达工地的费用为 2204 万美元。试估算该工厂的静态投资。

解： 轮胎工厂的生产流程基本上属于固体流程，因此在采用朗格系数法时，全部数据应采用固体流程的数据。现计算如下：

(1) 设备到达现场的费用 2204 万美元。

(2) 根据表 6.1.1 计算费用 (a)：

(a) $= E \times 1.43 = 2204 \times 1.43 = 3151.72$（万美元）

则设备基础、绝热、刷油及安装费用为：$3151.72 - 2204 = 947.72$（万美元）

(3) 计算费用 (b)：

(b) $= E \times 1.43 \times 1.1 = 2204 \times 1.43 \times 1.1 = 3466.89$（万美元）

其中配管（管道）工程费用为：$3466.89 - 3151.72 = 315.17$（万美元）

(4) 计算费用 (c) 即装置直接费：

(c) $= E \times 1.43 \times 1.1 \times 1.5 = 5200.34$（万美元）

则电气、仪表、建筑等工程费用为：$5200.34 - 3466.89 = 1733.45$（万美元）

(5) 计算总投资 C：

$C = E \times 1.43 \times 1.1 \times 1.5 \times 1.31 = 6812.45$（万美元）

则间接费用为：$6812.45 - 5200.34 = 1612.11$（万美元）

由此估算出该工厂的静态投资为 6812.45 万美元，其中间接费用为 1612.11 万美元。

朗格系教法是国际上估算一个工程项目或一套装置的费用时采用较为广泛的方法。但是应用朗格系数法进行工程项目或装置估价的精度仍不是很高，主要原因为：①装置规模大小发生变化；②不同地区自然地理条件的差异；③不同地区经济地理条件的差异；④不同地区气候条件的差异；⑤主要设备材质发生变化时，设备费用变化较大而安装费变化不大。

尽管如此，由于朗格系数法是以设备购置费为计算基础，而设备费用在一项工程中所占的比重较大，对于石油、石化、化工工程而言占 45％～55％，同时一项工程中每台设备所含有的管道、电气、自控仪表、绝热、油漆、建筑等，都有一定的规律，所以，只要对各种不同类型工程的朗格系数掌握得准确，估算精度仍可较高。朗格系教法估算误差在 10％～15％。

3）比例估算法，是根据已知的同类建设项目主要设备购置费占整个建设项目静态投资的比例，先逐项估算出拟建项目主要设备购置费，再按比例估算拟建项目的静态投资的方法。本办法主要应用于设计深度不足，拟建建设项目与类似建设项目的主要设备购置费占比较大，行业内相关系数等基础资料完备的情况。其计算公式为：

$$C = \frac{1}{K} \sum_{i=1}^{n} Q_i P_i$$

式中：C——拟建项目的静态投资；

$\quad K$——已建项目主要设备购置费占已建项目静态投资的比例；

$\quad n$——主要设备种类数；

$\quad Q_i$——第 i 种主要设备的数量；

$\quad P_i$——第 i 种主要设备的购置单价（到厂价格）。

4）混合法，是根据主体专业设计的阶段和深度，投资估算编制者所掌握的国家及地区、行业或部门相关投资估算基础资料和数据，以及其他统计和积累的可靠的相关造价基础资料，对一个拟建建设项目采用生产能力指数法与比例估算法或系数估算法与比例估算法混合估算其静态投资额的方法。

2. 可行性研究阶段投资估算方法

指标估算法是投资估算的主要方法。为了保证编制精度，可行性研究阶段建设项目投资估算原则上应采用指标估算法。指标估算法是指依据投资估算指标，对各单位工程或单项工程费用进行估算，进而估算建设项目总投资的方法。首先，把拟建建设项目以单项工程或单位工程为单位，按建设内容纵向划分为各个主要生产系统、辅助生产系统、公用工程、服务性工程、生活福利设施，以及各项其他工程费用。同时，按费用性质横向划分为建筑工程、设备购置、安装工程费用等。其次，根据各种具体的投资估算指标，进行各单位工程或单项工程投资的估算，在此基础上汇集编制成拟建建设项目的各个单项工程费用和拟建项目的工程费用投资估算。最后，按相关规定估算工程建设其他费、基本预备费等，形成拟建建设项目静态投资。

在条件具备时，对于对投资有重大影响的主体工程应估算出分部分项工程量，套用相关综合定额（概算指标）或概算定额进行编制。对于子项单一的大型民用公共建筑，主要单项工程估算应细化到单位工程估算书。无论如何，可行性研究阶段的投资估算应满足项目的可行性研究与评估，并最终满足国家和地方相关部门批复或备案的要求。预可行性研究阶段、方案设计阶段项目建设投资估算视设计深度，宜参照可行性研究阶段的编制办法进行。

（1）建筑工程费用估算。建筑工程费用是指为建造永久性建筑物和构筑物所需要的费用。主要采用单位实物工程量投资估算法，是以单位实物工程量的建筑工程费乘以实物工程总量来估算建筑工程费的方法。当无适当估算指标或类似工程造价资料时，计算主体实物工程量时可套用相关综合定额或概算定额进行估算，但通常需要较为详细的工程资料，工作量较大。实际工作中可根据具体条件和要求选用。建筑工程费估算通常应根据不同的专业工程选择不同的实物工程量计算方法。

① 工业与民用建筑物以"m²"或"m³"为单位，套用规模相当、结构形式和建筑标准相适应的投资估算指标或类似工程造价资料进行估算；构筑物以"延长米""m²""m³"或"座"为单位，套用技术标准、结构形式相适应的投资估算指标或类似工程造价资料进行建筑工程费估算。

② 大型土方、总平面竖向布置、道路及场地铺砌、室外综合管网和线路、围墙大门等，分别以"m²""m³""延长米"或"座"为单位，套用技术标准、结构形式相适应的投资估算指标或类似工程造价资料进行建筑工程费估算。

③ 矿山井巷开拓、露天剥离工程、坝体堆砌等，分别以"m³""延长米"为单位，套用技术标准、结构形式、施工方法相适应的投资估算指标或类似工程造价资料进行建筑工程费估算。

④ 公路、铁路、桥梁、隧道、涵洞设施等，分别以"公里"（铁路、公路）、"100平方米桥面（桥梁）""100平方米断面（隧道）""道（涵洞）"为单位，套用技术标准、结构形式、施工方法相适应的投资估算指标或类似工程造价资料进行建筑工程费估算。

（2）设备及工器具购置费估算。设备购置费根据项目主要设备表及价格、费用资料编制，工器具购置费按设备费的一定比率计取。对于价值高的设备应按单台（套）估算购置费，价值较小的设备可按类估算，国内设备和进口设备应分别估算。具体估算方法见本书第2章第2节。

（3）安装工程费估算。安装工程费包括安装主材费和安装费。其中，安装主材费可以根据行业和地方相关部门定期发布的价格信息或市场询价进行估算。安装费根据设备专业属性，可按以下方法估算：

① 工艺设备安装费估算，以单项工程为单元，根据单项工程的专业特点和各种具体的投资估算指标，采用按设备费百分比估算指标进行估算，或根据单项工程设备总质量，采用以"t"为单位的综合单价指标进行估算。即：

$$安装工程费＝设备原价×设备安装费率$$
$$安装工程费＝设备质量（吨）×单位质量（t）安装费指标$$

② 工艺非标准件、金属结构和管道安装费估算，以单项工程为单元，根据设计选用的材质、规格，以"t"为单位，套用技术标准、材质和规格、施工方法相适应的投资估算指标或类似工程造价资料进行估算。即：

$$安装工程费＝总质量×单位质量安装费指标$$

③ 工业炉窑砌筑和保温工程安装费估算，以单项工程为单元，以"t""m³或

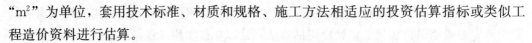

"m²"为单位，套用技术标准、材质和规格、施工方法相适应的投资估算指标或类似工程造价资料进行估算。

$$安装工程费＝质量（体积、面积）总量×单位质量（"m³""m²"）安装费指标$$

④ 电气设备及自控仪表安装费估算，以单项工程为单元，根据该专业设计的具体内容，采用相适应的投资估算指标或类似工程造价资料进行估算，或根据设备台套数、变配电容量、装机容量、桥架质量、电缆长度等工程量，采用相应综合单价指标进行估算。即：

$$安装工程费＝设备工程量×单位工程量安装费指标$$

（4）工程建设其他费用估算。工程建设其他费用估算应结合拟建项目的具体情况，有合同或协议明确的费用按合同或协议列入；无合同或协议明确的费用，根据国家和各行业部门、工程所在地地方政府的有关工程建设其他费用定额（规定）和计算办法估算，没有定额或计算办法的，参照市场价格标准计算。

（5）基本预备费估算。基本预备费估算一般是以建设项目的工程费用和工程建设其他费用之和为基础，乘以基本预备费费率进行计算。基本预备费费率的大小，应根据建设项目的设计阶段和具体的设计深度，以及在估算中所采用的各项估算指标与设计内容的贴近度、项目所属行业主管部门的具体规定确定。

$$基本预备费＝（工程费用＋工程建设其他费用）×基本预备费费率$$

（6）使用指标估算法时的注意事项。使用指标估算法时，应注意以下事项：

① 影响投资估算精度的因素主要包括价格变化、现场施工条件、项目特征的变化等。因而，在应用指标估算法时，应根据不同地区、建设年代、条件等进行调整。因为地区、年代不同，人工、材料与设备的价格均有差异，调整方法可以以人工、主要材料消耗量或"工程量"为计算依据，也可以按不同的工程项目的"万元工料消耗定额"确定不同的系数。在有关部门颁布定额或人工、材料价差系数（物价指数）时，可以据其调整。

② 使用指标估算法进行投资估算时绝不能生搬硬套，必须对工艺流程、定额、价格及费用标准进行分析，经过实事求是的调整与换算后，才能提高其精确度。

6.1.4 投资估算动态投资部分的估算方法

动态投资部分包括价差预备费和建设期利息两部分。动态部分的估算应以基准年静态投资的资金使用计划为基础，而不是以编制年的静态投资为基础。

1. 价差预备费

价差预备费计算可详见第 2 章第 5 节。除此之外，如果是涉外项目，还应该计算汇率的影响。汇率是两种不同货币之间的兑换比例，汇率的变化意味着一种货币相对于另一种货币的升值或贬值。在我国人民币与外币之间的汇率采取以人民币表示外币价格的形式给出，如 1 美元＝6.9 元人民币。由于涉外项目的投资中包含人民币以外的币种，需要按照相应的汇率把外币投资额换算为人民币投资额，所以汇率变化就会对涉外项目的投资额产生影响。

（1）外币对人民币升值。项目从国外市场购买设备材料所支付的外币金额不变，但换算成人民币的金额增加；从国外借款，本息所支付的外币金额不变，但换算成人民币的金额增加。

（2）外币对人民币贬值。项目从国外市场购买设备材料所支付的外币金额不变，但换算成人民币的金额减少；从国外借款，本息所支付的外币金额不变，但换算成人民币的金额减少。

估计汇率变化对建设项目投资的影响，是通过预测汇率在项目建设期内的变动程度，以估算年份的投资额为基数，二者相乘计算求得。

2. 建设期利息

建设期利息包括银行借款和其他债务资金的利息，以及其他融资费用。其他融资费用是指某些债务融资中发生的手续费、承诺费、管理费、信贷保险费等融资费用，一般情况下应将其单独计算并计入建设期利息；在项目前期研究的初期阶段，也可做粗略估算并计入建设投资；对于不涉及国外贷款的项目，在可行性研究阶段，也可做粗略估算并计入建设投资。建设期利息的计算可详见第 2 章第 5 节。

6.1.5　流动资金的估算

1. 流动资金估算方法

流动资金是指项目运营需要的流动资产投资，指生产经营性项目投产后，为进行正常生产运营，用于购买原材料、燃料，支付工资及其他经营费用等所需的周转资金。流动资金估算一般采用分项详细估算法，个别情况或者小型项目可采用扩大指标估算法。

（1）分项详细估算法。流动资金的显著特点是在生产过程中不断周转，其周转额的大小与生产规模及周转速度直接相关。分项详细估算法是根据项目的流动资产和流动负债，估算项目所占用流动资金的方法。其中，流动资产的构成要素一般包括存货、库存现金、应收账款和预付账款；流动负债的构成要素一般包括应付账款和预收账款。流动资产和流动负债的差额计算公式为：

$$流动资金＝流动资产－流动负债$$
$$流动资产＝应收账款＋预付账款＋存货＋库存现金$$
$$流动负债＝应付账款＋预收账款$$
$$流动资金本年增加额＝本年流动资金－上年流动资金$$

进行流动资金估算时，首先计算各类流动资产和流动负债的年周转次数，然后再分项估算占用资金额。

① 周转次数，是指流动资金的各个构成项目在一年内完成多少个生产过程，可用 1 年天数（通常按 360 天计算）除以流动资金的最低周转天数计算，则各项流动资金年平均占用额度为流动资金的年周转额度除以流动资金的年周转次数。即：

$$周转次数＝360/流动资金最低周转天数$$

各类流动资产和流动负债的最低周转天数，可参照同类企业的平均周转天数并结合项目特点确定，或按部门（行业）的规定。另外，在确定最低周转天数时应考虑储存天数、在途天数，并考虑适当的保险系数。

② 应收账款，是指企业对外赊销商品、提供劳务尚未收回的资金。其计算公式为：

$$应收账款＝年经营成本/应收账款周转次数$$

③ 预付账款，是指企业为购买各类材料、半成品或服务所预先支付的款项。其计算公式为：

$$预付账款＝外购商品或服务年费用金额/预付账款周转次数$$

④ 存货，是指企业为销售或者生产耗用而储备的各种物资，主要有原材料、辅助材料、燃料、低值易耗品、维修备件、包装物、商品、在产品、自制半成品和产成品等。为简化计算，仅考虑外购原材料、燃料、其他材料、在产品和产成品，并分项进行计算。其计算公式为：

存货＝外购原材料、燃料＋其他材料＋在产品＋产成品

外购原材料、燃料＝年外购原材料、燃料费用/分项周转次数

其他材料＝年其他材料费用/其他材料周转次数

$$在产品＝\frac{年外购原材料、燃料费用＋年工资及福利费＋年修理费＋年其他制造费用}{在产品周转次数}$$

产成品＝（年经营成本－年其他营业费用）/产成品周转次数

⑤ 现金，项目流动资金中的现金是指货币资金，即企业生产运营活动中停留于货币形态的那部分资金，包括企业库存现金和银行存款。计算公式为：

$$现金＝（年工资及福利费＋年其他费用）/现金周转次数$$

年其他费用＝制造费用＋管理费用＋营业费用－（以上三项费用中所含
工资及福利费、折旧费、摊销费、修理费）

⑥ 流动负债估算，是指在一年或者超过一年的一个营业周期内，需要偿还的各种债务，包括短期借款、应付票据、应付账款、预收账款、应付工资、应付福利费、应付股利、应交税金、其他暂收应付款、预提费用和一年内到期的长期借款等。在可行性研究中，流动负债的估算可以只考虑应付账款和预收账款两项。计算公式为：

$$应付账款＝外购原材料、燃料动力费及其他材料年费用/应付账款周转次数$$

$$预收账款＝预收的营业收入年金额/预收账款周转次数$$

（2）扩大指标估算法，是根据现有同类企业的实际资料，求得各种流动资金率指标，亦可依据行业或部门给定的参考值或经验确定比率，将各类流动资金率乘以相对应的费用基数来估算流动资金。一般常用的基数有营业收入、经营成本、总成本费用和建设投资等，究竟采用何种基数依行业习惯而定。其计算公式为：

$$年流动资金额＝年费用基数×各类流动资金率$$

扩大指标估算法简便易行，但准确度不高，适用于项目建议书阶段的估算。

2. 流动资金估算应注意的问题

（1）在采用分项详细估算法时，应根据项目实际情况分别确定现金、应收账款、预付账款、存货、应付账款和预收账款的最低周转天数，并考虑一定的保险系数。因为最低周转天数减少，将增加周转次数，从而减少流动资金需用量，因此，必须切合实际地选用最低周转天数。对于存货中的外购原材料和燃料，要分品种和来源，考虑运输方式和运输距离，以及占用流动资金的比重大小等因素确定。

（2）流动资金属于长期性（永久性）流动资产，流动资金的筹措可通过长期负债和资本金（一般要求占 30%）的方式解决。流动资金一般要求在投产前一年开始筹措，为简化计算，可规定在投产的第一年开始按生产负荷安排流动资金需用量。其借款部分按全年计算利息，流动资金利息应计入生产期间财务费用，项目计算期末收回全部流动资金（不含利息）。

（3）用扩大指标估算法计算流动资金，需以经营成本及其中的某些科目为基数，因此实际上流动资金估算应能够在经营成本估算之后进行。

（4）在不同生产负荷下的流动资金，应按不同生产负荷所需的各项费用金额，根据上述公式分别估算，而不能直接按照 100% 生产负荷下的流动资金乘以生产负荷百分比求得。

【例 6.1.4】某一项目应收账款为 1000 万元，预收账款为 1200 万元，应付账款为 600 万元，预付账款为 900 万元，现金为 300 万元，存货为 500 万元，求该项目流动资金。

解：流动资产＝应收账款＋预付账款＋存货＋库存现金＝1000＋900＋500＋300＝2700（万元）

流动负债＝应付账款＋预收账款＝600＋1200＝1800（万元）

流动资金＝流动资产－流动负债＝2700－1800＝900（万元）

6.1.6 投资估算文件的编制

根据《建设项目投资估算编审规程》（CECA/GC 1—2015）的规定，单独成册的投资估算文件应包括封面、签署页、目录、编制说明、有关附表等，与可行性研究报告（或项目建议书）统一装订的应包括签署页、编制说明、有关附表等。在编制投资估算文件的过程中，一般需要编制建设投资估算表、建设期利息估算表、流动资金估算表、单项工程投资估算汇总表、总投资估算汇总表和分年度总投资估算表等。对于对投资有重大影响的单位工程或分部分项工程的投资估算应另附主要单位工程或分部分项工程投资估算表，列出主要分部分项工程量和综合单价进行详细估算。

1. 建设投资估算表的编制

建设投资是项目投资的重要组成部分，也是项目财务分析的基础数据。当估算出建设投资后需编制建设投资估算表，按照费用归集形式，建设投资可按概算法或按形成资产法分类。

（1）概算法。按照概算法分类，建设投资由工程费用、工程建设其他费用和预备费三部分构成。其中工程费用又由建筑工程费、设备及工器具购置费（含工器具及生产家具购置费）和安装工程费构成；工程建设其他费用内容较多，随行业和项目不同而有所区别；预备费包括基本预备费和价差预备费。按照概算法编制的建设投资估算表，见表 6.1.2。

表 6.1.2　建设投资估算表（概算法）

人民币单位：万元　　　　　　　　　　　　　　　　　　　　　　　　　　外币单位：

序号	工程或费用名称	估算价值（万元）					技术经济指标	
		建筑工程费	设备购置费	安装工程费	工程建设其他费用	合计	其中：外币	比率（%）
1	工程费用							
1.1	主体工程							
1.1.1	×××							
	……							
1.2	辅助工程							
1.2.1	×××							
	……							
1.3	公用工程							
1.3.1	×××							
	……							
1.4	服务性工程							
1.4.1	×××							
	……							
1.5	厂外工程							
1.5.1	×××							
	……							
1.6	×××							
2	工程建设其他费用							
2.1	×××							
	……							
3	预备费							
3.1	基本预备费							
3.2	价差预备费							
4	建设投资合计							
	比率（%）							

（2）形成资产法。按照形成资产法分类，建设投资由形成固定资产的费用、形成无形资产的费用、形成其他资产的费用和预备费四部分组成。固定资产费用是指项目投产

时将直接形成固定资产的建设投资，包括工程费用和工程建设其他费用中按规定将形成固定资产的费用，后者被称为固定资产其他费用，主要包括建设管理费、可行性研究费、研究试验费、勘察设计费、专项评价及验收费、场地准备及临时设施费、引进技术和引进设备其他费、工程保险费、联合试运转费、特殊设备安全监督检验费和市政公用设施建设及绿化费等；无形资产费用是指将直接形成无形资产的建设投资，主要是专利权、非专利技术、商标权、土地使用权和商誉等；其他资产费用是指建设投资中除形成固定资产和无形资产以外的部分，如生产准备费等。按形成资产法编制的建设投资估算表见表 6.1.3。

表 6.1.3 建设投资估算表（形成资产法）

| 序号 | 工程或费用名称 | 估算价值（万元） | | | | | 技术经济指标 | |
		建筑工程费	设备购置费	安装工程费	工程建设其他费用	合计	其中：外币	比率（%）
1	固定资产费用							
1.1	工程费用							
1.1.1	×××							
1.1.2	×××							
1.1.3	×××							
	……							
1.2								
1.2.1	×××							
	……							
2	无形资产费用							
2.1	×××							
3	其他资产费用							
3.1	×××							
	……							
4	预备费							
4.1	基本预备费							
4.2	价差预备费							
5	建设投资合计							
	比率（%）							

【例 6.1.5】某建设项目投资估算中，建设管理费 600 万元，可行性研究费 100 万元，勘察设计费 500 万元，研究试验费 400 万元，市政公用配套设施费 1000 万元，专利权使用费 200 万元，非专利技术使用费 100 万元，生产准备费 500 万元，则按形成资产法编制建设投资估算表，固定资产其他费、无形资产费用和其他资产费用分别为多少？

解：固定资产其他费＝600＋100＋500＋400＋1000＝2600（万元）

无形资产费用＝200＋100＝300（万元）

其他资产费用＝500（万元）

2. 单项工程投资估算汇总表的编制

按照指标估算法，可行性研究阶段根据各种投资估算指标，进行各单位工程或单项工程投资的估算。单项工程投资估算应按建设项目划分的各个单项工程分别计算组成工程费用的建筑工程费、设备及工器具购置费和安装工程费，形成单项工程投资估算汇总表，见表6.1.4。

表6.1.4　单项工程投资估算汇总表

工程名称：

| 序号 | 工程和费用名称 | 估算价值（万元） | | 安装工程费 | | 其他费用 | 合计 | 技术经济指标 | | | |
		建筑工程费	设备及工器具购置费	安装费	主材费			单位	数量	单位价值	比率（%）
一	工程费用										
（一）	主要生产系统										
1	××车间										
	一般土建及装修										
	给排水										
	采暖										
	通风空调										
	照明										
	工艺设备及安装										
	工艺金属结构										
	工艺管道										
	工艺筑炉及保温										
	工艺非标准件										
	变配电设备及安装										
	仪表设备及安装										
	……										
	小计										
	……										
2	×××										
	……										

3. 项目总投资估算汇总表的编制

将上述投资估算内容和估算方法所估算的各类投资进行汇总，编制项目总投资估算汇总表，见表6.1.5。项目建议书阶段的投资估算一般只要求编制总投资估算表。总投资估算表中工程费用的内容应分解到主要单项工程；工程建设其他费用可在总投资估算表中分项计算。

表 6.1.5　项目总投资估算汇总表

工程名称：

序号	费用名称	估算价值（万元）					技术经济指标			
		建筑工程费	设备及工器具购置费	安装工程费	其他费用	合计	单位	数量	单位价值	比率（％）
一	工程费用									
（一）	主要生产系统									
1	××车间									
2	××车间									
3	……									
（二）	辅助生产系统									
1	××车间									
2	××仓库									
3	……									
（三）	公用及福利设施									
1	变电所									
2	锅炉房									
3	……									
（四）	外部工程									
1	××工程									
2	……									
	小计									
二	工程建设其他费用									
1	……									
2	小计									
三	预备费									
1	基本预备费									
2	价差预备费									
	小计									
四	建设期利息									
五	流动资金									
	投资估算合计（万元）									
	比率（％）									

4. 项目分年投资计划表的编制

估算出项目总投资后，应根据项目计划进度的安排，编制分年投资计划表，见

表 6.1.6。该表中的分年建设投资可以作为安排融资计划、估算建设期利息的基础。

表 6.1.6 分年投资计划表

人民币单位：万元   外币单位：

序号	项目	人民币			外币		
		第1年	第2年	……	第1年	第2年	……
	分年计划（％）						
1	建设投资						
2	建设期利息						
3	流动资金						
4	项目投入总资金（1+2+3）						

6.2 设计概算的编制

根据国家有关文件的规定，一般工业项目设计可按初步设计和施工图设计两个阶段进行，称为"两阶段设计"；对于技术上复杂、在设计时有一定难度的工程，根据项目相关管理部门的意见和要求，可以按初步设计、技术设计和施工图设计三个阶段进行，称为"三阶段设计"。小型工程建设项目，技术上较简单的，经项目相关管理部门同意可以简化为施工图设计一阶段进行。

6.2.1 设计阶段影响工程造价的主要因素

国内外相关资料研究表明，设计阶段的费用只占工程全部费用1％左右，但在项目决策正确的前提下，它对工程造价影响程度高达75％以上。根据工程项目类别不同，在设计阶段需要考虑的影响工程造价的因素也有所不同。以下就工业建设项目和民用建设项目的影响工程造价因素进行介绍。

1. 影响工业建设项目工程造价的主要因素

1) 总平面设计。总平面设计指总图运输设计和总平面配置，主要内容包括：厂址方案、占地面积、土地利用情况；总图运输、主要建筑物和构筑物及公用设施的配置；外部运输、水、电、气及其他外部协作条件等。

总平面设计是否合理对于整个设计方案的经济合理性有重大影响。正确合理的总平面设计可大大减少建筑工程量，节约建设用地，节省建设投资，加快建设进度，降低工程造价和项目运行后的使用成本，并为企业创造良好的生产组织、经营条件和生产环境，还可以为城市建设或工业区创造完美的建筑艺术整体。

总平面设计中影响工程造价的主要因素包括：

（1）现场条件。现场条件是制约设计方案的重要因素之一，对工程造价的影响主要体现在：地质、水文、气象条件等影响基础形式的选择、基础的埋深（持力层、冻土线）；地形地貌影响平面及室外标高的确定；场地大小、邻近建筑物地上附着物等影响平面布置、建筑层数、基础形式及埋深。

（2）占地面积。占地面积的大小一方面影响征地费用的高低，另一方面影响管线布置成本和项目建成运营的运输成本。因此在满足建设项目基本使用功能的基础上，应尽可能节约用地。

（3）功能分区。无论是工业建筑还是民用建筑都有许多功能，这些功能之间相互联系、相互制约。合理的功能分区既可以使建筑物的各项功能充分发挥，又可以使总平面布置紧凑、安全。比如在建筑施工阶段避免大挖大填，可以减少土石方量和节约用地，降低工程造价。对于工业建筑，合理的功能分区还可以使生产工艺流程顺畅，从全生命周期造价管理考虑还可以使运输简便，降低项目建成后的运营成本。

（4）运输方式。运输方式决定运输效率及成本，不同运输方式的运输效率和成本不同。例如，有轨运输的运量大，运输安全，但是需要一次性投入大量资金；无轨运输无须一次性大规模资金，但运量小、安全性较差。因此，要综合考虑建设项目生产工艺流程和功能区的要求以及建设场地等具体情况，选择经济合理的运输方式。

2）工艺设计。工艺设计阶段影响工程造价的主要因素包括：建设规模、标准和产品方案；工艺流程和主要设备的选型；主要原材料、燃料供应情况；生产组织及生产过程中的劳动定员情况；"三废"治理及环保措施等。

按照建设程序，建设项目的工艺流程在可行性研究阶段已经确定。设计阶段的任务就是严格按照批准的可行性研究报告的内容进行工艺技术方案的设计，确定具体的工艺流程和生产技术。在具体项目工艺设计方案的选择时，应以提高投资的经济效益为前提，深入分析、比较，综合考虑各方面的因素。

3）建筑设计。在进行建筑设计时，设计单位及设计人员应首先考虑业主所要求的建筑标准，根据建筑物、构筑物的使用性质、功能及业主的经济实力等因素确定；其次应在考虑施工条件和施工过程的合理组织的基础上，决定工程的立体平面设计和结构方案的工艺要求。

建筑设计阶段影响工程造价的主要因素包括：

（1）平面形状。一般来说，建筑物平面形状越简单，单位面积造价就越低。当一座建筑物的形状不规则时，将导致室外工程、排水工程、砌砖工程及屋面工程等复杂化，增加工程费用。即使在同样的建筑面积下，建筑平面形状不同，建筑周长系数 $K_周$（建筑物周长与建筑面积比，即单位建筑面积所占外墙长度）便不同。通常情况下建筑周长系数越低，设计越经济。圆形、正方形、矩形、T形、L形的建筑 $K_周$ 依次增大。但是圆形建筑物施工复杂，施工费用一般比矩形建筑增加 20%～30%，所以其墙体工程量所节约的费用并不能使建筑工程造价降低。虽然正方形建筑既有利于施工，又能降低工程造价，但是若不能满足建筑物美观和使用要求，则毫无意义。因此，建筑物平面形状的设计应在满足建筑物使用功能的前提下，降低建筑周长系数，充分注意建筑平面形状的简洁、布局的合理，从而降低工程造价。

（2）流通空间。在满足建筑物使用要求的前提下，应将流通空间减少到最小，这是

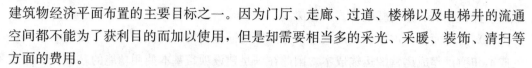

建筑物经济平面布置的主要目标之一。因为门厅、走廊、过道、楼梯以及电梯井的流通空间都不能为了获利目的而加以使用，但是却需要相当多的采光、采暖、装饰、清扫等方面的费用。

（3）空间组合，包括建筑物的层高、层数、室内外高差等因素。

① 层高。在建筑面积不变的情况下，建筑层高的增加会引起各项费用的增加。如墙与隔墙及其有关粉刷、装饰费用的提高；楼梯造价和电梯设备费用的增加；供暖空间体积的增加；卫生设备、上下水管道长度的增加等。另外，由于施工垂直运输量增加，可能增加屋面造价；由于层高增加而导致建筑物总高度增加很多时，还可能增加基础造价。

② 层数。建筑物层数对造价的影响，因建筑类型、结构和形式不同而不同。层数不同，则荷载不同，对基础的要求也不同，同时也影响占地面积和单位面积造价。如果增加一个楼层不影响建筑物的结构形式，单位建筑面积的造价可能会降低。但是当建筑物超过一定层数时，结构形式就要改变，单位造价通常会增加。建筑物越高，电梯及楼梯的造价将有提高的趋势，建筑物的维修费用也将增加，但是采暖费用有可能下降。

③ 室内外高差。室内外高差过大，则建筑物的工程造价提高；高差过小又影响使用及卫生要求等。

（4）建筑物的体积与面积。建筑物尺寸增加，一般会引起单位面积造价降低。对于同一项目，固定费用不一定会随着建筑体积和面积的扩大而有明显的变化，一般情况下，单位面积固定费用会相应减少。对于工业建筑，厂房、设备布置紧凑合理，可提高生产能力，采用大跨度、大柱距的平面设计形式，可提高平面利用系数，从而降低工程造价。

（5）建筑结构，即建筑工程中由基础、梁、板、柱、墙、屋架等构件所组成的起骨架作用的、能承受直接和间接荷载的空间受力体系。建筑结构因所用的建筑材料不同，可分为砌体结构、钢筋混凝土结构、钢结构、轻型钢结构、木结构和组合结构等。

建筑结构的选择既要满足力学要求，又要考虑其经济性。对于五层以下的建筑物一般选用砌体结构；对于大中型工业厂房一般选用钢筋混凝土结构；对于多层房屋或大跨度建筑，选用钢结构明显优于钢筋混凝土结构；对于高层或者超高层建筑，框架结构和剪力墙结构比较经济。由于各种建筑体系的结构各有利弊，在选用结构类型时应结合实际，因地制宜，就地取材，采用经济合理的结构形式。

（6）柱网布置。对于工业建筑，柱网布置对结构的梁板配筋及基础的大小会产生较大的影响，从而对工程造价和厂房面积的利用效率都有较大的影响。柱网布置是确定柱子的跨度和间距的依据。柱网的选择与厂房中有无吊车、吊车的类型及吨位、屋顶的承重结构以及厂房的高度等因素有关。对于单跨厂房，当柱间距不变时，跨度越大，单位面积造价越低。因为除屋架外，其他结构架分摊在单位面积上的平均造价随跨度的增大而减小。对于多跨厂房，当跨度不变时，中跨数目越多越经济，这是因为柱子和基础分摊在单位面积上的造价减少。

4）材料选用。建筑材料的选择是否合理，不仅直接影响到工程质量、使用寿命、耐火抗震性能，而且对施工费用、工程造价有很大的影响。建筑材料一般占直接费的

70％，降低材料费用，不仅可以降低直接费，而且还可以降低间接费。因此，设计阶段合理选择建筑材料，控制材料单价或工程量，是控制工程造价的有效途径。

5）设备选用。现代建筑越来越依赖于设备。对于住宅来说，楼层越多，设备系统越庞大。例如，高层建筑物内部空间的交通工具电梯，室内环境的调节设备如空调、通风、采暖等，各个系统的分布占用空间都在考虑之列，既有面积、高度的限额，又有位置的优选和规范的要求。因此，设备配置是否得当，直接影响建筑产品整个寿命周期的成本。

设备选用的重点因设计形式不同而不同，应选择能满足生产工艺和生产能力要求的最适用的设备和机械。此外，根据工程造价资料的分析，设备安装工程造价占工程总投资的20％～50％，由此可见设备方案设计对工程造价的影响。设备的选用应充分考虑自然环境对能源节约的有利条件，如果能从建筑产品的整个寿命周期分析，能源节约是一笔不可忽略的费用。

2. 影响民用建设项目工程造价的主要因素

民用建设项目设计是根据建筑物的使用功能要求，确定建筑标准、结构形式、建筑物空间与平面布置以及建筑群体的配置等。民用建筑设计包括住宅设计、公共建筑设计以及住宅小区设计。住宅建筑是民用建筑中最大量、最主要的建筑形式。

（1）住宅小区建设规划中影响工程造价的主要因素。在进行住宅小区建设规划时，要根据小区的基本功能和要求，确定各构成部分的合理层次与关系，据此安排住宅建筑、公共建筑、管网、道路及绿地的布局，确定合理人口与建筑密度、房屋间距和建筑层数，布置公共设施项目、规模及服务半径，以及水、电、热、煤气的供应等，并划分包括土地开发在内的上述各部分的投资比例。小区规划设计的核心问题是提高土地利用率。

① 占地面积。居住小区的占地面积不仅直接决定着土地费的高低，而且影响着小区内道路、工程管线长度和公共设备的多少，而这些费用对小区建设投资的影响通常很大。因而，用地面积指标在很大程度上影响小区建设的总造价。

② 建筑群体的布置形式。建筑群体的布置形式对用地的影响不容忽视，通过采取高低搭配、点条结合、前后错列以及局部东西向布置、斜向布置或拐角单元等手法节省用地。在保证小区居住功能的前提下，适当集中公共设施，提高公共建筑的层数，合理布置道路，充分利用小区内的边角用地，有利于提高建筑密度，降低小区的总造价。或者通过合理压缩建筑的间距、适当提高住宅层数或高低层搭配以及适当增加房屋长度等方式节约用地。

（2）民用住宅建筑设计中影响工程造价的主要因素。

① 建筑物平面形状和周长系数。与工业项目建筑设计类似，如按使用指标，虽然圆形建筑 $K_周$ 最小，但由于施工复杂，施工费用较矩形建筑增加20％～30％，故其墙体工程量的减少不能使建筑工程造价降低，而且使用面积有效利用率不高以及用户使用不便。因此，一般都建造矩形和正方形住宅，既有利于施工，又能降低造价和使用方便。在矩形住宅建筑中，又以长：宽＝2：1为佳。一般住宅单元以3～4个住宅单元、房屋长度60～80m较为经济。

在满足住宅功能和质量前提下，适当加大住宅宽度。这是由于宽度加大，墙体面积

系数相应减少，有利于降低造价。

②住宅的层高和净高。住宅的层高和净高直接影响工程造价。根据不同性质的工程综合测算住宅层高每降低10cm，可降低造价1.2%～1.5%。层高降低还可提高住宅区的建筑密度，节约土地成本及市政设施费。但是，层高设计中还需考虑采光与通风问题，层高过低不利于采光及通风，因此，民用住宅的层高一般不宜超过2.8m。

③住宅的层数。在民用建筑中，在一定幅度内，住宅层数的增加具有降低造价和使用费用以及节约用地的优点。表6.2.1分析了砖混结构的住宅单方造价与层数之间的关系。

表6.2.1 砖混结构多层住宅层数与造价的关系

住宅层数	一	二	三	四	五	六
单方造价系数（%）	138.05	116.95	108.38	103.51	101.68	100
边际造价系数（%）	—	−21.1	−8.57	−4.87	−1.83	−1.68

由上表可知，随着住宅层数增加，单方造价系数在逐渐降低，即层数越多越经济。但是边际造价系数也在逐渐减小，说明随着层数增加，单方造价系数下降幅度减缓，根据《住宅设计规范》（GB 50096—2011）的规定，7层及7层以上住宅或住户入口层楼面距室外设计地面的高度超过16m时必须设置电梯，需要较多的交通面积（过道、走廊要加宽）和补充设备（供水设备和供电设备等）。当住宅层数超过一定限度时，要经受较强的风力荷载，需要提高结构强度，改变结构形式，使工程造价大幅度上升。

④住宅单元组成、户型和住户面积。据统计，三居室住宅的设计比两居室的设计降低1.5%左右的工程造价。四居室的设计又比三居室的设计降低3.5%的工程造价。

衡量单元组成、户型设计的指标是结构面积系数（住宅结构面积与建筑面积之比），系数越小设计方案越经济。因为，结构面积小，有效面积就增加。结构面积系数除与房屋结构有关外，还与房屋外形及其长度和宽度有关，同时也与房间平均面积大小和户型组成有关。房屋平均面积越大，内墙、隔墙在建筑面积所占比重就越小。

⑤住宅建筑结构的选择。随着我国工业化水平提高，住宅工业化建筑体系的结构形式多种多样，考虑工程造价时应根据实际情况，因地制宜、就地取材，采用适合本地区经济合理的结构形式。

6.2.2 设计概算的概念及其编制内容

1. 设计概算的含义及作用

（1）设计概算的概念。设计概算是以初步设计文件为依据，按照规定的程序、方法，对建设项目总投资及其构成进行的概略计算。具体而言，设计概算是在投资估算的控制下根据初步设计或扩大初步设计的图纸及说明，利用国家或地区颁发的概算指标、概算定额、综合指标预算定额、各项费用定额或取费标准（指标）、建设地区自然条件、技术经济条件和设备、材料预算价格等资料，按照设计要求，对建设项目从筹建至竣工交付使用所需全部费用进行的预计。设计概算的成果文件称作设计概算书，也简称设计概算。设计概算书的编制工作相对简略，无须达到施工图预算的准确程度。采用两阶段设计的建设项目，初步设计阶段必须编制设计概算；采用三阶段设计的，扩大初步设计阶段必须编制修正概算。

设计概算的编制内容包括静态投资和动态投资两个层次。静态投资作为考核工程设计和施工图预算的依据；动态投资作为项目筹措、供应和控制资金使用的限额。

政府投资项目的设计概算经批准后，一般不得调整。各级政府投资管理部门对概算的管理都有相应规定。例如，《中央预算内直接投资项目概算管理暂行办法》（发改投资〔2015〕482号）及《中央预算内直接投资项目管理办法》（发改〔2014〕7号）规定：国家发展改革委核定概算且安排部分投资的，原则上超支不补，如超概算，由项目主管部门自行核定调整并处理。项目初步设计及概算批复核定后，应当严格执行，不得擅自增加建设内容、扩大建设规模、提高建设标准或改变设计方案。确需调整且将会突破设计概算的，必须事前向国家发展改革委正式申报；未经批准的，不得擅自调整实施。因项目建设期价格大幅上涨、政策调整、地质条件发生重大变化和自然灾害等不可抗力因素等原因导致原核定概算不能满足工程实际需要的，可以向国家发展改革委申请调整概算。概算调增幅度超过原批复概算10％的，概算核定部门原则上先商请审计机关进行审计，并依据审计结论进行概算调整。一个工程只允许调整一次概算。

（2）设计概算的作用。设计概算是工程造价在设计阶段的表现形式，但其并不具备价格属性。因为设计概算不是在市场竞争中形成的，而是设计单位根据有关依据计算出来的工程建设的预期费用，用于衡量建设投资是否超过估算并控制下一阶段费用支出。设计概算的主要作用是控制以后各阶段的投资，具体表现为：

① 设计概算是编制固定资产投资计划、确定和控制建设项目投资的依据。按照国家有关规定，政府投资项目编制年度固定资产投资计划，确定计划投资总额及其构成数额，要以批准的初步设计概算为依据，没有批准的初步设计文件及其概算，建设工程不能列入年度固定资产投资计划。

政府投资项目设计概算一经批准，将作为控制建设项目投资的最高限额。在工程建设过程中，年度固定资产投资计划安排、银行拨款或贷款、施工图设计及其预算、竣工决算等，未经规定程序批准，不能突破这一限额，确保对国家固定资产投资计划的严格执行和有效控制。

② 设计概算是控制施工图设计和施工图预算的依据。经批准的设计概算是政府投资建设工程项目的最高投资限额。设计单位必须按批准的初步设计和总概算进行施工图设计，施工图预算不得突破设计概算，设计概算批准后不得任意修改和调整；如需修改或调整，须经原批准部门重新审批。竣工结算不能突破施工图预算，施工图预算不能突破设计概算。

③ 设计概算是衡量设计方案技术经济合理性和选择最佳设计方案的依据。设计部门在初步设计阶段要选择最佳设计方案，设计概算是从经济角度衡量设计方案经济合理性的重要依据。因此，设计概算是衡量设计方案技术经济合理性和选择最佳设计方案的依据。

④ 设计概算是编制最高投标限价（招标控制价）的依据。以设计概算进行招投标的工程，招标单位以设计概算作为编制最高投标限价（招标控制价）的依据。

⑤ 设计概算是签订建设工程合同和贷款合同的依据。合同法中明确规定，建设工程合同价款是以设计概算、预算价为依据，且总承包合同不得超过设计总概算的投资额。银行贷款或各单项工程的拨款累计总额不能超过设计概算。如果项目投资计划所列支投资额与贷款突破设计概算时，必须查明原因，之后由建设单位报请上级主管部门调整或追加设计概算总投资。凡未获批准之前，银行对其超支部分不予拨付。

⑥ 设计概算是考核建设项目投资效果的依据。通过设计概算与竣工决算对比，可以分析和考核建设工程项目投资效果的好坏，同时还可以验证设计概算的准确性，有利于加强设计概算管理和建设项目的造价管理工作。

2. 设计概算的编制内容

按照《建设项目设计概算编审规程》（CECA/GC 2—2015）的相关规定，设计概算文件的编制应采用单位工程概算、单项工程综合概算、建设项目总概算三级概算编制形式。当建设项目为一个单项工程时，可采用单位工程概算、总概算两级概算编制形式。三级概算之间的相互关系和费用构成，如图6.2.1所示。

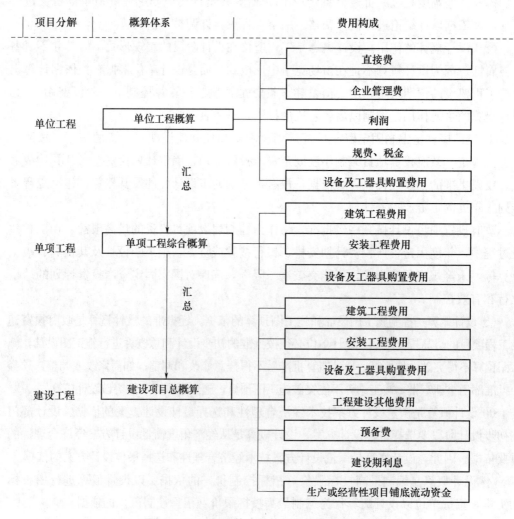

图 6.2.1 三级概算之间的相互关系和费用构成

（1）单位工程概算。单位工程是指具有独立的设计文件，能够独立组织施工，但不能独立发挥生产能力或使用功能的工程项目，是单项工程的组成部分。单位工程概算是以初步设计文件为依据，按照规定的程序、方法和依据，计算单位工程费用的成果文件，是编制单项工程综合概算（或项目总概算）的依据，是单项工程综合概算的组成部分。单位工程概算按其工程性质可分为建筑工程概算和设备及安装工程概算两大类。

（2）单项工程综合概算。单项工程是指在一个建设项目中，具有独立的设计文件，建成后能够独立发挥生产能力或使用功能的工程项目。单项工程是建设项目的组成部分，如生产车间、办公楼、食堂、图书馆、学生宿舍、住宅楼、配水厂等。单项工程综合概算是以初步设计文件为依据，在单位工程概算的基础上汇总单项工程费用的成果文件，由单项工程中的各单位工程概算汇总编制而成，是建设项目总概算的组成部分。单项工程综合概算的组成内容，如图 6.2.2 所示。

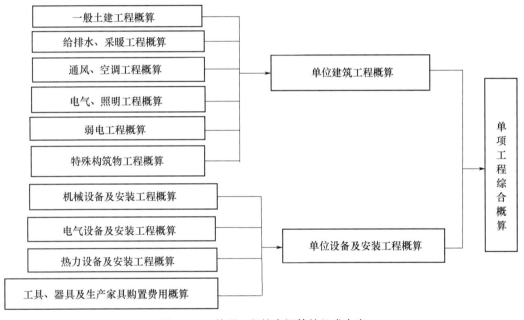

图 6.2.2　单项工程综合概算的组成内容

（3）建设项目总概算。建设项目总概算是以初步设计文件为依据，在单项工程综合概算的基础上计算建设项目概算总投资的成果文件，是由各单项工程综合概算、工程建设其他费用概算、预备费、建设期利息和铺底流动资金概算汇总编制而成的，如图 6.2.3所示。

若干个单位工程概算汇总后成为单项工程综合概算，若干个单项工程综合概算和工程建设其他费用、预备费、建设期利息、铺底流动资金等概算文件汇总后成为建设项目总概算。单项工程综合概算和建设项目总概算仅是一种归纳、汇总性文件，因此，最基本的计算文件是单位工程概算书。若建设项目为一个独立单项工程，则单项工程综合概算书与建设项目总概算书可合并编制，并以总概算书的形式出具。

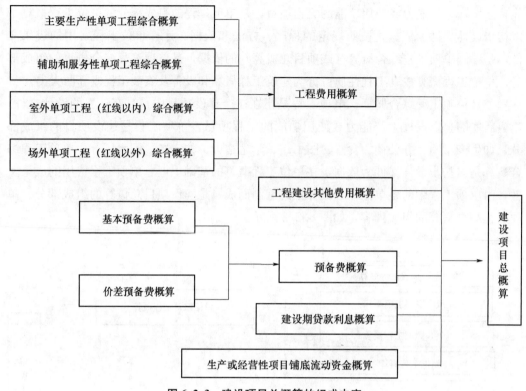

图 6.2.3　建设项目总概算的组成内容

6.2.3　设计概算的编制方法

1. 设计概算的编制依据及要求

（1）设计概算的编制依据。

① 国家、行业和地方有关规定。

② 相应工程造价管理机构发布的概算定额（或指标）。

③ 工程勘察与设计文件。

④ 拟订或常规的施工组织设计和施工方案。

⑤ 建设项目资金筹措方案。

⑥ 工程所在地编制同期的人工、材料、机具台班市场价格，以及设备供应方式及供应价格。

⑦ 建设项目的技术复杂程度，新技术、新材料、新工艺以及专利使用情况等。

⑧ 建设项目批准的相关文件、合同、协议等。

⑨ 政府有关部门、金融机构等发布的价格指数、利率、汇率、税率以及工程建设其他费用等。

⑩ 委托单位提供的其他技术经济资料。

（2）设计概算的编制要求。

① 设计概算应按编制时项目所在地的价格水平编制，总投资应完整地反映编制时建设项目实际投资；

② 设计概算应考虑建设项目施工条件等因素对投资的影响；

③ 设计概算应按项目合理建设期限预测建设期价格水平，以及资产租赁和贷款的时间价值等动态因素对投资的影响。

2. 单位工程概算的编制

单位工程概算应根据单项工程中所属的每个单体按专业分别编制，一般分土建、装饰、采暖通风、给排水、照明、工艺安装、自控仪表、通信、道路、总图竖向等专业或工程分别编制。总体而言，单位工程概算包括单位建筑工程概算和单位设备及安装工程概算两类。其中，建筑工程概算的编制方法有：概算定额法、概算指标法、类似工程预算法等；设备及安装工程概算的编制方法有：预算单价法、扩大单价法、设备价值百分比法和综合吨位指标法等。

1）概算定额法。概算定额法又称扩大单价法或扩大结构定额法，是套用概算定额编制建筑工程概算的方法。运用概算定额法，要求初步设计必须达到一定深度，建筑结构尺寸比较明确，能按照初步设计的平面图、立面图、剖面图纸计算出楼地面、墙身、门窗和屋面等扩大分项工程（或扩大结构构件）项目的工程量时，方可采用。

概算定额法编制设计概算的步骤如下：

（1）收集基础资料、熟悉设计图纸和了解有关施工条件和施工方法。

（2）按照概算定额子目，列出单位工程中分部分项工程项目名称并计算工程量。工程量计算应按概算定额中规定的工程量计算规则进行，计算时采用的原始数据必须以初步设计图纸所标识的尺寸或初步设计图纸能读出的尺寸为准，并将计算所得各分部分项工程量按概算定额编号顺序，填入工程概算表内。

（3）确定各分部分项工程费。工程量计算完毕后，逐项套用各子目的综合单价，各子目的综合单价应包括人工费、材料费、施工机具使用费、管理费、利润、规费和税金。然后分别将其填入单位工程概算表和综合单价表中。如遇设计图中的分项工程项目名称、内容与采用的概算定额手册中相应的项目有某些不相符时，则按规定对定额进行换算后方可套用。

（4）计算措施项目费。措施项目费的计算分两部分进行：

① 可以计量的措施项目费与分部分项工程费的计算方法相同，其费用按照步骤（3）的规定计算。

② 综合计取的措施项目费应以该单位工程的分部分项工程费和可以计量的措施项目费之和为基数乘以相应费率计算。

（5）计算汇总单位工程概算造价。如采用全费用综合单价，则：

$$单位工程概算造价＝分部分项工程费＋措施项目费$$

（6）编写概算编制说明。单位建筑工程概算按照规定的表格形式进行编制，以全费

建筑工程计量与计价

用综合单价法为例，具体格式参见表 6.2.2，所使用的综合单价应编制综合单价分析表（表 6.2.3）。

表 6.2.2　建筑工程概算表

单项工程概算编号：　　　　　　　　　　单项工程名称：　　　　　　　　　共　页　第　页

序号	项目编码	工程项目或费用名称	项目特征	单位	数量	综合单价（元）	合价（元）
一		分部分项工程					
(一)		土石方工程					
1	××	×××××					
		……					
(二)		砌筑工程					
1	××	×××××					
		……					
(三)		楼地面工程					
1	××	×××××					
		……					
(四)		××工程					
1	××	×××××					
		……					
		分部分项工程费用小计					
二		可计量措施项目					
(一)		××工程					
1	××	×××××					
		……					
(二)		××工程					
1	××	×××××					
		……					
		可计量措施项目费小计					
三		综合取定的措施项目费					
1		安全文明施工费					
2		夜间施工增加费					
3		二次搬运费					
4		冬雨季施工增加费					
		……					
		综合取定措施项目费小计					
		合计					

编制人：　　　　　　　　　　审核人：　　　　　　　　　　审定人：

　注：建筑工程概算表应以单项工程为对象进行编制，表中综合单价应通过综合单价分析表计算获得。

表 6.2.3　建筑工程设计概算综合单价分析表

单项工程概算编号：　　　　　　　　单项工程名称：　　　　　　　　共　页　第　页

项目编码			项目名称		计量单位		工程数量	
综合单价组成分析								

定额编号	定额名称	定额单位	定额直接费单价（元）			直接费合价（元）		
			人工费	材料费	机具费	人工费	材料费	机具费

间接费及利润税金计算	类别	取费基数描述	取费基数	费率（%）	金额（元）	备注
	管理费	如：人工费				
	利润	如：直接费				
	规费					
	税金					

综合单价（元）						
概算定额人、材、机消耗量和单价分析	人、材、机项目名称及规格、型号	单位	消耗量	单价（元）	合价（元）	备注

编制人：　　　　　　　　审核人：　　　　　　　　审定人：

注：1. 本表适用于采用概算定额法的分部分项工程项目，以及可以计量措施项目的综合单价分析；

2. 在进行概算定额消耗量和单价分析时，消耗量应采用定额消耗量，单价应为报告编制期的市场价。

2）概算指标法。概算指标法是用拟建的厂房、住宅的建筑面积或体积乘以技术条件相同或基本相同的概算指标而得出人、材、机费，然后按规定计算出企业管理费、利润、规费和税金等，得出单位工程概算的方法。

（1）概算指标法适用的情况。

① 在方案设计中，由于设计无详图而只有概念性设计时，或初步设计深度不够，不能准确地计算出工程量，但工程设计采用的技术比较成熟时可以选定与该工程相似类型的概算指标编制概算。

② 设计方案急需造价概算而又有类似工程概算指标可以利用的情况。

③ 图样设计间隔很久后再来实施，概算造价不适用于当前情况而又急需确定造价的情形下，可按当前概算指标来修正原有概算造价。

④ 通用设计图设计可组织编制通用图设计概算指标来确定造价。

（2）拟建工程结构特征与概算指标相同时的计算。在使用概算指标法时，如果拟建工程在建设地点、结构特征、地质及自然条件、建筑面积等方面与概算指标相同或相近，就可直接套用概算指标编制概算。在直接套用概算指标时，拟建工程应符合以下条件：

① 拟建工程的建设地点与概算指标中的工程建设地点相同；

② 拟建工程的工程特征和结构特征与概算指标中的工程特征、结构特征基本相同；

③ 拟建工程的建筑面积与概算指标中工程的建筑面积相差不大。

根据选用的概算指标内容，以指标中所规定的工程每平方米、每立方米的工料单价，根据管理费、利润、规费、税金的费（税）率确定该子目的全费用综合单价，乘以拟建单位工程建筑面积或体积，即可求出单位工程的概算造价。

单位工程概算造价＝概算指标每平方米（每立方米）综合单价×拟建工程建筑面积（体积）

（3）拟建工程结构特征与概算指标有局部差异时的调整。在实际工作中，经常会遇到拟建对象的结构特征与概算指标中规定的结构特征有局部不同的情况，因此，必须对概算指标进行调整后方可套用。调整方法如下：

①调整概算指标中的每平方米（每立方米）综合单价。这种调整方法是将原概算指标中的综合单价进行调整，扣除每平方米（每立方米）原概算指标中与拟建工程结构不同部分的造价，增加每平方米（每立方米）拟建工程与概算指标结构不同部分的造价，使其成为与拟建工程结构相同的综合单价。计算公式如下：

$$结构变化修正概算指标（元/m^2）＝J＋Q_1P_1－Q_2P_2$$

式中　J——原概算指标综合单价；

　　　Q_1——概算指标中换入结构的工程量；

　　　Q_2——概算指标中换出结构的工程量；

　　　P_1——换入结构的综合单价；

　　　P_2——换出结构的综合单价。

若概算指标中的单价为工料单价，则应根据管理费、利润、规费、税金的费（税）率确定该子目的全费用综合单价，再计算拟建工程造价为：

单位工程概算造价＝修正后的概算指标综合单价×拟建工程建筑面积（体积）

② 调整概算指标中的人、材、机数量。这种方法是将原概算指标中每 $100m^2$（$1000m^3$）建筑面积（体积）中的人、材、机数量进行调整，扣除原概算指标中与拟建工程结构不同部分的人、材、机消耗量，增加拟建工程与概算指标结构不同部分的人、材、机消耗量，使其成为与拟建工程结构相同的每 $100m^2$（$1000m^2$）建筑面积（体积）人、材、机数量，计算公式如下：

$$\begin{array}{l}结构变化修正概算指\\标的人、料、机数量\end{array}＝\begin{array}{l}原概算指标的\\人、料、机数量\end{array}＋\begin{array}{l}换入结构\\件工程量\end{array}×\begin{array}{l}相应定额人、\\料、机消耗量\end{array}－$$

$$\begin{array}{l}换出结构\\件工程量\end{array}×\begin{array}{l}相应定额人、\\料、机消耗量\end{array}$$

将修正后的概算指标结合报告编制期的人、材、机要素价格的变化，以及管理费、利润、规费、税金的费（税）率确定该子目的全费用综合单价。

以上两种方法，前者是直接修正概算指标单价，后者是修正概算指标人、材、机数量。修正之后，方可按上述方法分别套用。

【例 6.2.1】假设新建单身宿舍一座，其建筑面积为 $3500m^2$，按概算指标和地区材料预算价格等算出综合单价为 738 元/m^2，其中：一般土建工程 640 元/m^2，采暖工程 32 元/m²，给排水工程 36 元/m²，照明工程 30 元/m²。但新建单身宿舍设计资料与概算指标相比较，其结构构件有部分变更。设计资料表明，外墙为 1.5 砖外墙，而概算指标中外墙为 1 砖墙。根据当地土建工程预算定额计算，外墙带形毛石基础的综合单价为 147.87 元/m²，1 砖外墙的综合单价为 177.10 元/m²，1.5 砖外墙的综合单价为 178.08 元/m²；概算指标中每 100m² 中含外墙带形毛石基础为 18m³，1 砖外墙为 46.5m³。新建工程设计资料表明，每 100m² 中含外墙带形毛石基础为 19.6m³，1.5 砖外墙为 61.2m³。请计算调整后的概算综合单价和新建宿舍的概算造价。

解：土建工程中对结构构件的变更和单价调整见表 6.2.4。

表 6.2.4 结构变化引起的单价调整

序号	结构名称	单位	数量（每 100m² 含量）	单价（元）	合价（元）
	土建工程单位面积造价				640
	换出部分				
1	外墙带形毛石基础	m³	18	147.87	2661.66
2	1 砖外墙	m³	46.5	177.10	8235.15
	合计	元			10896.81
	换入部分				
3	外墙带形毛石基础	m³	19.6	147.87	2898.25
4	1.5 砖外墙	m³	61.2	178.08	10898.5
	合计	元			13796.75

单位造价修正系数：640－10896.81/100＋13796.75/100＝669（元）

其余的单价指标都不变，因此经调整后的概算综合单价为 669＋32＋36＋30＝767（元/m²）。新建宿舍的概算造价＝767×3500＝2684500 元。

3）类似工程预算法。类似工程预算法是利用技术条件与设计对象相类似的已完工程或在建工程的工程造价资料来编制拟建工程设计概算的方法。

当拟建工程初步设计与已完工程或在建工程的设计相类似而又没有可比性的概算指标时可以采用类似工程预算法。

（1）类似工程预算法的编制步骤。

① 根据设计对象的各种特征参数，选择最合适的类似工程预算；

② 根据本地区现行的各种价格和费用标准计算类似工程预算的人工费、材料费、施工机具使用费、企业管理费修正系数；

③ 根据类似工程预算修正系数和以上四项费用占预算成本的比重，计算预算成本总修正系数，并计算出修正后的类似工程平方米预算成本；

④ 根据类似工程修正后的平方米预算成本和编制概算地区的利税率计算修正后的类似工程平方米造价；

⑤ 根据拟建工程的建筑面积和修正后的类似工程平方米造价，计算拟建工程概算造价；

⑥ 编制概算编写说明。

（2）差异调整。类似工程预算法对条件有所要求，也就是可比性，即拟建工程项目在建筑面积、结构构造特征要与已建工程基本一致，如层数相同、面积相似、结构相似、工程地点相似等，采用此方法时必须对建筑结构差异和价差进行调整。

① 建筑结构差异的调整。结构差异调整方法与概算指标法的调整方法相同。即先确定有差别的部分，然后分别按每一项目算出结构构件的工程量和单位价格（按编制概算工程所在地区的单价），然后以类似工程中相应（有差别）的结构构件的工程数量和单价为基础，算出总差价。将类似预算的人、材、机费总额减去（或加上）这部分差价，就得到结构差异换算后的人、材、机费，再行取费得到结构差异换算后的造价。

② 价差调整。类似工程造价的价差调整可以采用两种方法。

当类似工程造价资料有具体的人工、材料、机具台班的用量时，可按类似工程预算造价资料中的主要材料、工日、机具台班数量乘以拟建工程所在地的主要材料预算价格、人工单价、机具台班单价，计算出人、材、机费，再计算企业管理费、利润、规费和税金，即可得出总价。

类似工程造价资料只有人工、材料、施工机具使用费和企业管理费等费用或费率时，可按下面公式调整：

$$D = A \cdot K$$
$$K = a\% K_1 + b\% K_2 + c\% K_3 + d\% K_4$$

式中：　　　　　　D——拟建工程成本单价；

　　　　　　　　　A——类似工程成本单价；

　　　　　　　　　K——成本单价综合调整系数；

$a\%$、$b\%$、$c\%$、$d\%$——类似工程预算的人工费、材料费、施工机具使用费、企业管理费占预算成本的比重，如：$a\%$＝类似工程人工费/类似工程预算成本×100%，$b\%$、$c\%$、$d\%$类同；

K_1、K_2、K_3、K_4——拟建工程地区与类似工程预算成本在人工费、材料费、施工机具使用费、企业管理费之间的差异系数，如：K_1＝拟建工程概算的人工费（或工资标准）/类似工程预算人工费（或地区工资标准），K_2、K_3、K_4类同。

以上综合调价系数是以类似工程中各成本构成项目占总成本的百分比为权重，按照加权的方式计算的成本单价的调价系数，根据类似工程预算提供的资料，也可按照同样的计算思路计算出人、材、机费综合调整系数，通过系数调整类似工程的工料单价，再按照相应取费基数和费率计算间接费、利润和税金，也可得出所需的综合单价。总之，以上方法可灵活应用。

【例 6.2.2】某地拟建一工程，与其类似的已完工程单方工程造价为 4500 元/m²，其中人工、材料、施工机具使用费分别占工程造价的 15%、55% 和 10%，拟建工程地区与类似工程地区人工、材料、施工机具使用费差异系数分别为 1.05、1.03 和 0.98。

假定人、材、机费用之和为基数取费，综合费率为 25%。用类似工程预算法计算拟建工程适用的综合单价。

解： 先使用调差系数计算出拟建工程的工料单价。

方法一：

类似工程的工料单价＝4500×80%＝3600（元/m²）

在类似工程的工料单价中，人工、材料、施工机具使用费的比重分别为 18.75%、68.75% 和 12.5%。

拟建工程的工料单价＝3600×（18.75%×1.05＋68.75%×1.03＋12.5%×0.98）
＝3699（元/m²）

拟建工程适用的综合单价＝3699×（1＋25%）＝4623.75（元/m²）

方法二：

拟建工程的工料单价＝4500×（15%×1.05＋55%×1.03＋10%×0.98）
＝3699（元/m²）

【例 6.2.3】拟建砖混结构住宅工程 3580m²，结构形式与已建成的某工程相同，只有外墙保温贴面不同，其他部分均较为接近。类似工程外墙为珍珠岩板保温、水泥砂浆抹面，每平方米建筑面积消耗量分别为 0.044m³、0.842m²，珍珠岩板 153.1 元/m³，水泥砂浆 8.95 元/m²；拟建工程外墙为加气混凝土保温、外贴釉面砖，每平方米建筑面积消耗量分别为：0.08m³、0.95m²，加气混凝土现行价格 185.48 元/m³，贴釉面砖现行价格 49.75 元/m²。类似工程单方造价 620 元/m²，其中，人工费、材料费、机械费、企业管理费和其他费用占单方造价比例分别为：11%、62%、6%、9% 和 12%，拟建工程与类似工程预算造价在这几方面的差异系数分别为 2.50、1.25、2.10、1.15 和 1.05，拟建工程除直接工程费以外的综合取费为 25%。

问题：（1）应用类似工程预算法确定拟建工程的土建单位工程概算造价。

（2）若类似概算指标中，每平方米建筑面积主要资源消耗为：人工消耗 5.08 工日，钢材 23.8kg，水泥 205kg，原木 0.05m³，铝合金门窗 0.24m²，其他材料费为主材费 45%，机械费占直接工程费 8%，拟建工程主要资源的现行市场价分别为：人工 40 元/工日，钢材 3.1 元/kg，水泥 0.35 元/kg，原木 1400 元/m³，铝合金门窗平均 350 元/m²。试运用概算指标法，确定拟建工程的土建单位工程概算造价。

解：（1）拟建工程概算指标＝已完类似工程单方造价×综合差异系数（k）

k＝11%×2.50＋62%×1.25＋6%×2.10＋9%×1.15＋12%×1.05＝1.41

结构差异额＝（0.08×185.48＋0.95×49.75）－（0.044×153.1＋0.842×8.95）
＝62.10－14.27＝47.83（元/m²）

拟建工程概算指标＝620×1.41＝874.2（元/m²）

修正概算指标＝874.2＋47.83×（1＋25%）＝933.99（元/m²）

拟建工程概算造价＝拟建工程建筑面积×修正概算指标
＝3580×933.99＝3343684.2（元）＝334.37（万元）

（2）人工费＝5.08×40＝203.20（元）

材料费＝（23.8×3.1＋205×0.35＋0.05×1400＋0.24×350）×（1＋45%）
　　　＝434.32（元）

机械费＝概算直接工程费×8%

概算直接工程费＝203.20＋434.32＋概算直接工程费×8%

概算直接工程费＝（203.20＋434.32）/（1－8%）＝692.96（元/m²）

概算指标＝692.96×（1＋25%）＝866.2（元/m²）

修正概算指标＝866.2＋47.83×（1＋25%）＝925.99（元/m²）

拟建工程概算造价＝3580×925.99＝3315044.2（元）＝331.50（万元）

4）单位设备及安装工程概算编制方法。单位设备及安装工程概算包括单位设备及工器具购置费概算和单位设备安装工程费概算两大部分。

（1）设备及工器具购置费概算。设备及工器具购置费是根据初步设计的设备清单计算出设备原价，并汇总求出设备总原价，然后按有关规定的设备运杂费率乘以设备总原价，两项相加再考虑工具、器具及生产家具购置费即为设备及工器具购置费概算。有关设备及工器具购置费概算可参见第2章第2节的计算方法。设备及工器具购置费概算的编制依据包括设备清单、工艺流程图，各部委、省、市、自治区规定的现行设备价格和运费标准、费用标准。

（2）设备安装工程费概算的编制方法。设备安装工程费概算的编制方法应根据初步设计深度和要求所明确的程度而采用，主要编制方法有：

① 预算单价法。当初步设计较深，有详细的设备清单时，可直接按安装工程预算定额单价编制安装工程概算，概算编制程序与安装工程施工图预算程序基本相同。该法的优点是计算比较具体，精确性较高。

② 扩大单价法。当初步设计深度不够，设备清单不完备，只有主体设备或仅有成套设备重量时，可采用主体设备、成套设备的综合扩大安装单价来编制概算。

上述两种方法的具体编制步骤与建筑工程概算相类似。

③ 设备价值百分比法，又称安装设备百分比法。当初步设计深度不够，只有设备出厂价而无详细规格、重量时，安装费可按占设备费的百分比计算。其百分比值（安装费率）由相关管理部门制定或由设计单位根据已完类似工程确定。该法常用于价格波动不大的定型产品和通用设备产品。其计算公式为：

设备安装费＝设备原价×装费率（%）

④ 综合吨位指标法。当初步设计提供的设备清单有规格和设备重量时，可采用综合吨位指标编制概算，其综合吨位指标由相关主管部门或由设计单位根据已完类似工程的资料确定。该法常用于设备价格波动较大的非标准设备和引进设备的安装工程概算。其计算公式为：

设备安装费＝设备吨重×每吨设备安装费指标（元/吨）

3. 单项工程综合概算的编制

单项工程综合概算是确定单项工程建设费用的综合性文件，是由该单项工程所属的各专业单位工程概算汇总而成的，是建设项目总概算的组成部分。

单项工程综合概算采用综合概算表（含其所附的单位工程概算表和建筑材料表）进行编制。对单一的、独立性的单项工程建设项目，按照两级概算编制形式，直接编制总概算。

综合概算表是根据单项工程所辖范围内的各单位工程概算等基础资料，按照国家或部委所规定统一表格进行编制的。对工业建筑而言，其概算包括建筑工程和设备及安装工程；对民用建筑而言，其概算包括土建工程、给排水、采暖、通风及电气照明工程等。

综合概算一般应包括建筑工程费用、安装工程费用、设备及工器具购置费。

单项工程综合概算见表 6.2.5。

表 6.2.5 单项工程综合概算表

综合概算编号：　　　　　　工程名称（单项工程）：　　　单位：万元　　　　共　页　第　页

序号	概算编号	工程项目或费用名称	设计规模或主要工程量	建筑工程费	设备购置费	安装工程费	合计	其中：引进部分		主要技术经济指标		
								美元	折合人民币	单位	数量	单位价值
一		主要工程										
1	×	××××										
2	×	××××										
二		辅助工程										
1	×	××××										
2	×	××××										
三		配套工程										
1	×	××××										
2	×	××××										
		单项工程概算费用合计										

编制人：　　　　　　　　　　审核人：　　　　　　　　　　审定人：

4. 建设项目总概算的编制

建设项目总概算是设计文件的重要组成部分，是预计整个建设项目从筹建到竣工交付使用所花费的全部费用的文件。它是由各单项工程综合概算、工程建设其他费用、建设期利息、预备费和经营性项目的铺底流动资金概算所组成，按照主管部门规定的统一表格进行编制而成的。

设计总概算文件应包括：编制说明、总概算表、各单项工程综合概算书、工程建设其他费用概算表、主要建筑安装材料汇总表。独立装订成册的总概算文件宜加封面、签署页（扉页）和目录。

（1）封面、签署页及目录。

（2）编制说明。

① 工程概况。简述建设项目性质、特点、生产规模、建设周期、建设地点、主要工程量、工艺设备等情况。引进项目要说明引进内容以及与国内配套工程等主要情况。

② 编制依据。包括国家和有关部门的规定、设计文件、现行概算定额或概算指标、设备材料的预算价格和费用指标等。

③ 编制方法。说明设计概算是采用概算定额法，还是采用概算指标法，或其他方法。

④ 主要设备、材料的数量。

⑤ 主要技术经济指标。主要包括项目概算总投资（有引进的给出所需外汇额度）及主要分项投资、主要技术经济指标（主要单位投资指标）等。

⑥ 工程费用计算表。主要包括建筑工程费用计算表、工艺安装工程费用计算表、配套工程费用计算表、其他涉及的工程的工程费用计算表。

⑦ 引进设备材料有关费率取定及依据。主要涉及国际运输费、国际运输保险费、关税、增值税、国内运杂费、其他有关税费等。

⑧ 引进设备材料从属费用计算表。

⑨ 其他必要的说明。

（3）总概算表。总概算表格式见表 6.2.6（适用于采用三级编制形式的总概算）。

表 6.2.6 总概算表

总概算编号： 　　　　　　工程名称： 　　　　　单位：万元 　　　共 页 第 页

序号	概算编号	工程项目和费用名称	建筑工程费	安装工程费	设备购置费	工器具购置费	其他费用	合计	其中：引进部分		占总投资比例（%）
									美元	折合人民币	
一		工程费用									
1		主要工程									
		……									
2		辅助工程									
		……									
3		配套工程									
		……									
二		工程建设其他费用									

续表

序号	概算编号	工程项目和费用名称	建筑工程费	安装工程费	设备购置费	工器具购置费	其他费用	合计	其中：引进部分		占总投资比例（％）
									美元	折合人民币	
		……									
三		预备费									
		……									
四		建设期利息									
		……									
五		铺底流动资金									
六		建设项目概算总投资									

编制人：　　　　　　　　　　审核人：　　　　　　　　　　审定人：

（4）工程建设其他费用概算表。工程建设其他费用概算按国家或地区或部委所规定的项目和标准确定，并按统一格式编制，见表6.2.7。应按具体发生的工程建设其他费用项目填写工程建设其他费用概算表，需要说明和具体计算的费用项目应依次在说明及计算式栏内填写或具体计算。填写时注意以下事项：

①土地征用及拆迁补偿费应填写土地补偿单价、数量和安置补助费标准、数量等，列式计算所需费用，填入金额。

②建设管理费包括建设单位（业主）管理费、工程监理费等，按"工程费用×费率"或有关定额列式计算。

③研究试验费，应根据设计需要进行研究试验的项目分别填写项目名称及金额，或列式计算或进行说明。

（5）单项工程综合概算表和建筑安装单位工程概算表。

（6）主要建筑安装材料汇总表。

针对每一个单项工程列出钢筋、型钢、水泥、木材等主要建筑安装材料的消耗量。

表6.2.7　工程建设其他费用概算表

工程名称：　　　　　　　　　　单位：万元　　　　　　　　　　共　页　第　页

序号	费用项目编号	费用项目名称	费用计算基数	费率	金额	计算公式	备注
1							
	……						
	合计						

编制人：　　　　　　　　　　审核人：　　　　　　　　　　审定人：

6.3 施工图预算的编制

6.3.1 施工图预算的概念及其编制内容

1. 施工图预算的含义及作用

1) 施工图预算的含义。施工图预算是以施工图设计文件为依据，按照规定的程序、方法和依据，在工程施工前对工程项目的工程费用进行的预测与计算，是施工图设计阶段对工程建设所需资金做出较精确计算的设计文件。

施工图预算价格既可以是按照政府统一规定的预算单价、取费标准、计价程序计算而得到的属于计划或预期性质的施工图预算价格，也可以是通过招标投标法定程序后施工企业根据自身的实力即企业定额、资源市场单价以及市场供求及竞争状况计算得到的反映市场性质的施工图预算价格。

2) 施工图预算的作用。施工图预算作为建设工程建设程序中一个重要的技术经济文件，在工程建设实施过程中具有重要作用，可以归纳为以下几个方面：

(1) 施工图预算对投资方的作用。

① 施工图预算是设计阶段控制工程造价的重要环节，是控制施工图设计不突破设计概算的重要措施。

② 施工图预算是控制造价及资金合理使用的依据。施工图预算确定的预算造价是工程的计划成本，投资方按施工图预算造价筹集建设资金，合理安排建设资金计划，确保建设资金的有效使用，保证项目建设顺利进行。

③ 施工图预算是确定工程最高投标限价（招标控制价）的依据。在设置招标控制价的情况下，招标控制价通常是在施工图预算的基础上考虑工程的特殊施工措施、工程质量要求、目标工期、招标工程范围以及自然条件等因素进行编制的。

④ 施工图预算可以作为确定合同价款、拨付工程进度款及办理工程结算的基础。

(2) 施工图预算对施工企业的作用。

① 施工图预算是建筑施工企业投标报价的基础。在激烈的建筑市场竞争中，建筑施工企业在施工图预算的基础上，结合企业定额和采取的投标策略，确定投标报价。

② 施工图预算是建筑工程预算包干的依据和签订施工合同的主要内容。在采用总价合同的情况下，施工单位通过与建设单位协商，可在施工图预算的基础上，考虑设计或施工变更后可能发生的费用与其他风险因素，增加一定系数作为工程造价一次性包干价。同样，施工单位与建设单位签订施工合同时，其中工程价款的相关条款也以施工图预算为依据。

③ 施工图预算是施工企业安排调配施工力量、组织材料供应的依据。施工企业在施工前，可以根据施工图预算的工、料、机分析，编制资源计划，组织材料、机具、设

备和劳动力供应，并编制进度计划，统计完成的工作量，进行经济核算并考核经营成果。

④ 施工图预算是施工企业控制工程成本的依据。根据施工图预算确定的中标价格是施工企业收取工程款的依据，企业只有合理利用各项资源，采取先进技术和管理方法，将成本控制在施工图预算价格以内，才能获得良好的经济效益。

（3）施工图预算对其他方面的作用。

① 对于工程咨询单位而言，客观、准确地为委托方做出施工图预算，不仅体现出其水平、素质和信誉，而且强化了投资方对工程造价的控制，有利于节省投资，提高建设项目的投资效益。

② 对于工程造价管理部门而言，施工图预算是其监督、检查执行定额标准，合理确定工程造价，测算造价指数以及审定工程招标控制价的重要依据。

③ 如在履行合同的过程中发生经济纠纷，施工图预算还是有关仲裁、管理、司法机关按照法律程序处理、解决问题的依据。

2. 施工图预算的编制内容

施工图预算由建设项目总预算、单项工程综合预算和单位工程预算组成。建设项目总预算由单项工程综合预算汇总而成，单项工程综合预算由组成本单项工程的各单位工程预算汇总而成，单位工程预算包括建筑工程预算和设备及安装工程预算。

施工图预算根据建设项目实际情况可采用三级预算编制或二级预算编制形式。当建设项目有多个单项工程时，应采用三级预算编制形式，三级预算编制形式由建设项目总预算、单项工程综合预算、单位工程预算组成。当建设项目只有一个单项工程时，应采用二级预算编制形式，二级预算编制形式由建设项目总预算和单位工程预算组成。

采用三级预算编制形式的工程预算文件包括：封面、签署页及目录、编制说明、总预算表、综合预算表、单位工程预算表、附件等内容。采用二级预算编制形式的工程预算文件包括：封面、签署页及目录、编制说明、总预算表、单位工程预算表、附件等内容。

6.3.2 施工图预算的编制依据和原则

1. 施工图预算的编制依据

施工图预算的编制必须遵循以下依据：

（1）国家、行业和地方有关规定；

（2）相应工程造价管理机构发布的预算定额；

（3）施工图设计文件及相关标准图集和规范；

（4）项目相关文件、合同、协议等；

（5）工程所在地的人工、材料、设备、施工机具预算价格；

（6）施工组织设计和施工方案；

（7）项目的管理模式、发包模式及施工条件；

（8）其他应提供的资料。

2. 施工图预算的编制原则

（1）施工图预算的编制应保证编制依据的合法性、全面性和有效性，以及预算编制成果文件的准确性、完整性。

（2）完整、准确地反映设计内容的原则。编制施工图预算时，要认真了解设计意图，根据设计文件、图纸准确计算工程量，避免重算和漏算。

（3）坚持结合拟建工程的实际，反映工程所在地当时价格水平的原则。编制施工图预算时，要求实事求是地对工程所在地的建设条件、可能影响造价的各种因素进行认真的调查研究。在此基础上，正确使用定额、费率和价格等各项编制依据，按照现行工程造价的构成，根据有关部门发布的价格信息及价格调整指数，考虑建设期的价格变化因素，使施工图预算尽可能地反映设计内容、实际施工条件和实际价格。

6.3.3 单位工程施工图预算的编制

1. 建筑安装工程费计算

单位工程施工图预算包括建筑工程费、安装工程费和设备及工器具购置费。单位工程施工图预算中的建筑安装工程费应根据施工图设计文件、预算定额（或综合单价）以及人工、材料及施工机械台班等价格资料进行计算。主要编制方法有单价法和实物量法，其中单价法分为工料单价法和全费用综合单价法。

工料单价法是用事先编制好的分项工程的单位估价表来编制施工图预算的方法。全费用综合单价法是指根据招标人按照国家统一的工程量计算规则提供工程数量，采用全费用综合单价的形式计算工程造价的方法。实物量法是依据施工图纸和预算定额的项目划分及工程量计算规则，先计算出分项工程量，然后套用预算定额来编制施工图预算的方法。

1）工料单价法，是以分项工程的单价为工料单价，将分项工程量乘以对应分项工程单价后的合计作为单位工程直接费，直接费汇总后，再根据规定的计算方法计取企业管理费、利润、规费和税金，将上述费用汇总后得到该单位工程的施工图预算造价。工料单价法中的单价一般采用地区统一单位估价表中的各分项工程工料单价（定额基价）。

$$建筑安装工程预算造价＝\sum（分项工程量×分项工程工料单价）＋$$
$$企业管理费＋利润＋规费＋税金$$

（1）准备工作。准备工作阶段应主要完成以下工作内容。

① 收集编制施工图预算的编制依据。其中主要包括现行建筑安装定额、取费标准、工程量计算规则、地区材料预算价格以及市场材料价格等各种资料。资料收集清单见表 6.3.1（以山东省为例）。

表 6.3.1 工料单价法收集资料一览表

序号	资料分类	资料内容
1	国家规范	国家或省级、行业建设主管部门颁发的计价依据和办法
2		预算定额
3	地方规定	山东省建筑工程消耗量定额
4		山东省安装工程消耗量定额
5	建设项目有关资料	建设工程设计文件及相关资料，包括施工图纸等
6		施工现场情况、工程特点及常规施工方案
7		经批准的初步设计概算或修正概算
8		工程所在地的劳资、材料、税务、交通等方面资料
9	其他有关资料	—

② 熟悉施工图纸等基础资料。熟悉施工图纸、有关的通用标准图、图纸会审记录、设计变更通知等资料，并检查施工图纸是否齐全、尺寸是否清楚，了解设计意图，掌握工程全貌。

③ 了解施工组织设计和施工现场情况。全面分析各分项工程，充分了解施工组织设计和施工方案，如工程进度、施工方法、人员使用、材料消耗、施工机械、技术措施等内容，注意影响费用的关键因素；核实施工现场情况，包括工程所在地地质、地形、地貌等情况，工程实地情况，当地气象资料，当地材料供应地点及运距等情况；了解工程布置、地形条件、施工条件、料场开采条件、场内外交通运输条件等。

（2）列项并计算工程量。工程量计算一般按下列步骤进行：首先将单位工程划分为若干分项工程，划分的项目必须和定额规定的项目一致，这样才能正确地套用定额。不能重复列项计算，也不能漏项少算。工程量应严格按照图纸尺寸和现行定额规定的工程量计算规则进行计算，分项子目的工程量应遵循一定的顺序逐项计算，避免漏算和重算。

（3）套用定额预算单价，计算直接费。核对工程量计算结果后，将定额子项中的基价填入预算表单价栏内，并将单价乘以工程量得出合价，将结果填入合价栏，汇总求出单位工程直接费。

（4）编制工料分析表。工料分析是按照各分项工程，依据定额或单位估价表，首先从定额项目表中分别将各分项工程消耗的每项材料和人工的定额消耗量查出；再分别乘以该工程项目的工程量，得到分项工程工料消耗量，最后将各分项工程工料消耗量加以汇总，得出单位工程人工、材料的消耗数量，即：

人工消耗量＝某工种定额用工量×某分项工程量

材料消耗量＝某种材料定额用量×某分项工程量

（5）计算主材费并调整直接费。许多定额项目基价为不完全价格，即未包括主材费用在内。因此还应单独计算出主材费，计算完成后将主材费的价差加入直接费。主材费计算的依据是当时当地的市场价格。

（6）按计价程序计取其他费用，并汇总造价。根据规定的税率、费率和相应的计取基础，分别计算企业管理费、利润、规费和税金。将上述费用累计后与直接费进行汇总，求出单位工程预算造价。

（7）复核。对项目填列、工程量计算公式、计算结果、套用单价、取费费率、数字计算结果、数据精确度等进行全面复核，及时发现差错并修改，以保证预算的准确性。

（8）填写封面、编制说明。封面应写明工程编号、工程名称、预算总造价和单方造价等。将封面、编制说明、预算费用汇总表、材料汇总表、工程预算分析表，按顺序编排并装订成册，便完成了单位施工图预算的编制工作。

2）实物量法。用实物量法编制单位工程施工图预算，就是根据施工图计算的各分项工程量分别乘以地区定额中人工、材料、施工机具台班的定额消耗量，分类汇总得出该单位工程所需的全部人工、材料、施工机具台班消耗数量，然后再乘以当时当地人工工日单价、各种材料单价、施工机械台班单价、施工仪器仪表台班单价，求出相应的人工费、材料费、机具使用费。企业管理费、利润、规费和税金等费用计取方法与工料单价法相同。实物量法编制施工图预算的公式如下：

$$
\begin{aligned}
单位工程人、材、机费 = &综合工日消耗量×综合工日单价+\sum（各种材料消\\
&耗量×相应材料单价）+\sum（各种施工机械消耗量×\\
&相应施工机械台班单价）+\sum（各施工仪器仪表消\\
&耗量×相应施工仪器仪表台班单价）
\end{aligned}
$$

$$建筑安装工程预算造价=单位工程直接费+企业管理费+利润+规费+税金$$

（1）准备资料、熟悉施工图纸。实物量法准备资料时，除准备工料单价法的各种编制资料外，重点应全面收集工程造价管理机构发布的工程造价信息及各种市场价格信息，如人工、材料、机械台班、仪器仪表台班当时当地的实际价格，应包括不同品种、不同规格的材料单价，不同工种、不同等级的人工工资单价，不同种类、不同型号的机械和仪器仪表台班单价等。要求获得的各种实际价格应全面、系统、真实和可靠。

（2）列项并计算工程量。本步骤与工料单价法相同。

（3）套用消耗定额，计算人工、材料、机具台班消耗量。根据预算人工定额所列各类人工工日的数量，乘以各分项工程的工程量，计算出各分项工程所需各类人工工日的数量，统计汇总后确定单位工程所需的各类人工工日消耗量。同理，根据预算材料定额、预算机具台班定额分别确定出单位工程各类材料消耗数量和各类施工机具台班数量。

（4）计算并汇总人工费、材料费和施工机具使用费。根据当时当地工程造价管理部门定期发布的或企业根据市场价格确定的人工工资单价、材料单价、施工机械台班单价、施工仪器仪表台班单价分别乘以人工、材料、机具台班消耗量，汇总即得到单位工程直接费。

（5）计算其他各项费用，汇总造价。本步骤与工料单价法相同。

（6）复核、填写封面、编制说明。检查人工、材料、机具台班的消耗量计算是否准确，有无漏算、重算或多算；套用的定额是否正确；检查采用的实际价格是否合理。其他内容同工料单价法。

两种方法的优缺点见表 6.3.2。

表 6.3.2　两种方法的对比

方法	优点	缺点
工料单价法	计算简单，工作量小，编制速度快，便于统一管理	计算不准确，需要调价
实物量法	计算时反映当时当地的市场价，计算准确，不需调价	工作量大，编制速度慢

2. 设备及工器具购置费计算

设备购置费由设备原价和设备运杂费构成；未达到固定资产标准的工器具购置费一般以设备购置费为计算基数，按照规定的费率计算。设备及工器具购置费编制方法及内容可参照设计概算相关内容。

3. 单位工程施工图预算书编制

单位工程施工图预算由建筑安装工程费和设备及工器具购置费组成，将计算好的建筑安装工程费和设备及工具、器具购置费相加，即得到单位工程施工图预算。即：

单位工程施工图预算＝建筑安装工程预算＋设备及工器具购置费

单位工程施工图预算由单位建筑工程预算书和单位设备及安装工程预算书组成。单位建筑工程预算书则主要由建筑工程预算表和建筑工程取费表构成，单位设备及安装工程预算书则主要由设备及安装工程预算表和设备及安装工程取费表构成，具体表格形式见表 6.3.3 至表 6.3.6。

表 6.3.3　建筑工程预算表

工程名称：　　　　　　　　　　　　　　　　　　　　　　　第　页　共　页

序号	定额编码	项目名称	单位	数量	单价	合价	其中		
							人工合价	材料合价	机械合价
一		土石方工程							
1	××	×××××							
2	××	×××××							
		……							
二		砌筑工程							
1	××	×××××							
2	××	×××××							
		……							

序号	定额编码	项目名称	单位	数量	单价	合价	其中		
							人工合价	材料合价	机械合价
三		混凝土及钢筋混凝土工程							
1	××	×××××							
2	××	×××××							
		......							
		合计							

表 6.3.4 建筑工程费用表（以山东省建筑工程为例）

工程名称：   第 页 共 页

行号	序号	费用名称	费率	计算方法	费用金额
1	一	分部分项工程费		Σ｛［定额Σ（工日消耗量×人工单价）＋Σ（材料消耗量×材料单价）＋Σ（机械台班消耗量×台班单价）］×分部分项工程量｝	
2	（一）	计费基础 JD1		Σ（工程量×省人工费）	
3	二	措施项目费		2.1＋2.2	
4	2.1	单价措施费		Σ｛［定额Σ（工日消耗量×人工单价）＋Σ（材料消耗量×材料单价）＋Σ（机械台班消耗量×台班单价）］×单价措施项目工程量｝	
5	2.2	总价措施费		（1）＋（2）＋（3）＋（4）	
6	（1）	夜间施工费	2.55	计费基础 JD1×费率	
7	（2）	二次搬运费	2.18	计费基础 JD1×费率	
8	（3）	冬雨季施工增加费	2.91	计费基础 JD1×费率	
9	（4）	已完工程及设备保护费	0.15	省价人、材、机之和×费率	
10		其中：人工费			
11	（二）	计费基础 JD2		Σ措施费中 2.1、2.2 中省价人工费	
12	三	其他项目费		3.1＋3.3＋3.4＋3.5＋3.6＋3.7＋3.8	
13	3.1	暂列金额			
14	3.2	专业工程暂估价			
15	3.3	特殊项目暂估价			
16	3.4	计日工			
17	3.5	采购保管费			
18	3.6	其他检验试验费			
19	3.7	总承包服务费			
20	3.8	其他			
21	四	企业管理费	25.6	（JD1＋JD2）×管理费费率	

续表

行号	序号	费用名称	费率	计算方法	费用金额
22	五	利润	15	（JD1＋JD2）×利润率	
23	六	规费		6.1＋6.2＋6.3＋6.4＋6.5＋6.6	
24	6.1	安全文明施工费		（1）＋（2）＋（3）＋（4）	
25	（1）	安全施工费	2.34	（一＋二＋三＋四＋五）×费率	
26	（2）	环境保护费	0.56	（一＋二＋三＋四＋五）×费率	
27	（3）	文明施工费	0.65	（一＋二＋三＋四＋五）×费率	
28	（4）	临时设施费	0.92	（一＋二＋三＋四＋五）×费率	
29	6.2	社会保险费	1.52	（一＋二＋三＋四＋五）×费率	
30	6.3	住房公积金	3.6	市价人工费×费率	
31	6.4	环境保护税	0.15	（一＋二＋三＋四＋五）×费率	
32	6.5	建设项目工伤保险	0.236	（一＋二＋三＋四＋五）×费率	
33	6.6	优质优价费	0	（一＋二＋三＋四＋五）×费率	
34	七	设备费		Σ（设备单价×设备工程量）	
35	八	税金	9	（一＋二＋三＋四＋五＋六＋七－甲供材料、设备款）×税率	
36	九	不取费项目合计			
37	十	工程费用合计		一＋二＋三＋四＋五＋六＋七＋八＋九	

表 6.3.5 设备及安装工程预算表

工程名称：
第 页 共 页

序号	定额编码	项目名称	单位	数量	单价	合价	其中		
							人工合价	材料合价	机械合价
一		设备安装							
1	××	×××××							
2	××	×××××							
		……							
二		管道安装							
1	××	×××××							
2	××	×××××							
		……							
三		防腐保温							
1	××	×××××							
2	××	×××××							
		……							
	合计								

表6.3.6 安装工程费用表（以山东省民用建筑安装工程为例）

工程名称：　　　　　　　　　　　　　　　　　　　　　　　　　　　　　第　页　共　页

行号	序号	费用名称	费率	计算方法	费用金额
1	一	分部分项工程费		$\sum$｛〔定额$\sum$（工日消耗量×人工单价）+$\sum$（材料消耗量×材料单价）+$\sum$（机械台班消耗量×台班单价）〕×分部分项工程量｝	
2	（一）	计费基础JD1		$\sum$（工程量×省人工费）	
3	二	措施项目费		2.1+2.2	
4	2.1	单价措施费		$\sum$｛〔定额$\sum$（工日消耗量×人工单价）+$\sum$（材料消耗量×材料单价）+$\sum$（机械台班消耗量×台班单价）〕×单价措施项目工程量｝	
5	2.2	总价措施费		（1）+（2）+（3）+（4）	
6	（1）	夜间施工费	2.5	计费基础JD1×费率	
7	（2）	二次搬运费	2.1	计费基础JD1×费率	
8	（3）	冬雨季施工增加费	2.8	计费基础JD1×费率	
9	（4）	已完工程及设备保护费	1.2	计费基础JD1×费率	
10		其中：人工费			
11	（二）	计费基础JD2		$\sum$措施费中2.1、2.2中省价人工费	
12	三	其他项目费		3.1+3.3+3.4+3.5+3.6+3.7+3.8	
13	3.1	暂列金额			
14	3.2	专业工程暂估价			
15	3.3	特殊项目暂估价			
16	3.4	计日工			
17	3.5	采购保管费			
18	3.6	其他检验试验费			
19	3.7	总承包服务费			
20	3.8	其他			
21	四	企业管理费	55	（JD1+JD2）×管理费费率	
22	五	利润	32	（JD1+JD2）×利润率	
23	六	规费		4.1+4.2+4.3+4.4+4.5+4.6	
24	6.1	安全文明施工费		（1）+（2）+（3）+（4）	
25	（1）	安全施工费	2.34	（一+二+三+四+五）×费率	
26	（2）	环境保护费	0.29	（一+二+三+四+五）×费率	
27	（3）	文明施工费	0.59	（一+二+三+四+五）×费率	
28	（4）	临时设施费	1.76	（一+二+三+四+五）×费率	
29	6.2	社会保险费	1.52	（一+二+三+四+五）×费率	
30	6.3	住房公积金	3.6	市价人工费×费率	
31	6.4	环境保护税	0.15	（一+二+三+四+五）×费率	

续表

行号	序号	费用名称	费率	计算方法	费用金额
32	6.5	建设项目工伤保险	0.236	（一＋二＋三＋四＋五）×费率	
33	6.6	优质优价费	0	（一＋二＋三＋四＋五）×费率	
34	七	设备费		∑（设备单价×设备工程量）	
35	八	税金	9	（一＋二＋三＋四＋五＋六＋七－甲供材料、设备款）×税率	
36	九	不取费项目合计			
37	十	工程费用合计		一＋二＋三＋四＋五＋六＋七＋八＋九	

6.3.4 单项工程综合预算的编制

单项工程综合预算造价由组成该单项工程的各个单位工程预算造价汇总而成。单项工程综合预算书主要由综合预算表构成，见表 6.3.7。

表 6.3.7 单项工程综合预算表

工程名称：　　　　　　　　　　　　　　　　　　　　　　　　　　第　页　共　页

序号	单位工程名称	金额（元）
1	建筑工程	
2	民用安装工程	
3	设备及工器具购置费	
	单项工程预算造价	

6.3.5 建设项目总预算的编制

建设项目总预算由组成该建设项目的各个单项工程综合预算，以及经计算的工程建设其他费、预备费和建设期利息和铺底流动资金汇总而成。三级预算编制中总预算由综合预算和工程建设其他费、预备费、建设期利息及铺底流动资金汇总而成。

采用三级预算编制形式的工程预算文件包括：封面、签署页及目录、编制说明、总预算表、综合预算表、单位工程预算表、附件七项内容。其中，总预算表的格式见表 6.3.8。

表 6.3.8 建设项目总预算表

工程名称：　　　　　　　　　　　　　　　　　　　　　　　　　　第　页　共　页

序号	单项工程名称	金额（元）
1	××住宅楼	
2	××宿舍楼	
3	××图书馆	
	建设项目总预算造价	

本章小结：

投资估算按照编制估算的工程对象划分，包括建设项目投资估算、单项工程投资估算和单位工程投资估算等。项目建议书阶段投资估算的方法有生产能力指数法、系数估算法、比例估算法，可行性研究阶段投资估算一般采用指标估算法。流动资金估算方法有分项详细估算法和扩大指标估算法。设计概算的编制内容包括单位工程概算、单项工程概算和建设项目总概算。单位工程概算的编制方法有概算定额法、概算指标法和类似工程预算法。单位设备安装工程概算编制方法有预算单价法、扩大单价法、设备价值百分比法和综合吨位指标法。施工图预算由建设项目总预算、单项工程综合预算和单位工程预算组成。建设项目总预算由单项工程综合预算汇总而成，单项工程综合预算由组成本单项工程的各单位工程预算汇总而成，单位工程预算包括建筑工程预算和设备及安装工程预算。单位工程施工图预算主要编制方法有单价法和实物量法。

思考与练习

1. 简述投资估算的阶段划分及精度要求。

2. 建设投资静态投资部分的估算方法有哪些？

3. 2009 年已建成年产 15 万吨的化工产品项目，其投资额为 8000 万元，2012 年拟建生产 25 万吨的相同产品的化工项目，建设期 2 年。自 2009 年至 2012 年每年平均造价指数递增 6%，生产能力指数 0.7，估算拟建项目的建设投资。

4. 建筑工程指标估算方法有哪些？

5. 简述流动资金的估算方法及适用范围。

6. 建设投资按照费用归集形式如何分类？

7. 设计概算的内容包括哪些？它们之间的关系如何？

8. 建筑工程概算有哪些编制方法，其适用条件是什么？

9. 拟建办公楼建筑面积为 4600m²，类似工程的建筑面积为 3200m²，预算成本 3860000 元。类似工程各种费用占预算成本的权重是：人工费 7%、材料费 60%、机械费 5%、措施费 3%、其他费用 25%。拟建工程地区与类似工程地区造价之间相对应的差异系数为 $K_1=1.05$、$K_2=1.06$、$K_3=1.02$、$K_4=1.03$、$K_5=0.98$。试用类似工程预算法计算拟建工程的概算造价。

10. 设备安装工程概算有哪些编制方法？其适用条件是什么？

11. 建筑工程施工图预算编制方法有哪些？各有什么特点？

建设项目发承包阶段计量与计价

本章导读：

在建设工程领域，招标投标是优选合作伙伴、确定发承包关系的主要方式，也是优化资源配置、实现市场有序竞争的交易行为。本章主要介绍招标文件的组成内容及其编制要求，招标工程量清单的编制，招标控制价的编制，投标报价的编制，以及中标价及合同价款的约定。

学习目标：

1. 熟悉招标文件的组成内容及其编制要求；
2. 掌握招标工程量清单的编制；
3. 掌握招标控制价的编制；
4. 掌握投标价的编制；
5. 熟悉合同方式的选择及合同价款约定的内容。

思想政治教育的融入点：

介绍建设项目发承包阶段计量与计价，引入案例——招投标的腐败问题。

2012 年至 2017 年，湖南××有限公司原党委书记、董事长蒋某利用职务便利，接受他人请托，帮助多名私营业主在建设工程承揽、监理工程承揽、国有土地使用权出让等事项上牟取利益。蒋某在 2016 年从公司辞职后，仍然不收敛、不收手，利用其影响力大肆收受他人财物。蒋某还存在其他违法违纪问题。2019 年 11 月，蒋某受到开除党籍处分，所在单位与其解除劳动合同关系，其涉嫌犯罪问题移送司法机关依法处理。

2018 年 7 月，××管委会项目服务和用地保障工作组原工作人员李某在负责××区林地征占可行性论证服务采购项目的招标工作期间，为使某勘察设计院和某规划设计公司顺利中标，特安排两家单位组成联合体竞标，并向招标代理机构明确表示该两家单位为意向中标单位。后李某将根据该两家单位优势制定的招标评分标准交与招标代理机构，最终让此两家单位中标。李某还有其他违纪违法问题。2020 年 1 月，李某受到开除党籍处分，同时解除劳动合同，并移送司法机关。

预期教学成效：

　　培养学生诚实守信、遵纪守法、不忘初心、砥砺前行的精神。教育学生牢固树立法治观念，坚定走中国特色社会主义法治道路的理想和信念，深化对法治理念、法治原则、重要法律概念的认知，提高运用法治思维和法治方式维护自身权利、参与社会公共事务、化解矛盾纠纷的意识和能力。

7.1　招标工程量清单与招标控制价的编制

7.1.1　建设项目招投标概述

　　在建设工程领域，招标投标是优选合作伙伴、确定发承包关系的主要方式，也是优化资源配置、实现市场有序竞争的交易行为。在工程项目招投标中，招标人发布招标文件，是一个要约邀请的活动，在招标文件中招标人要对投标人的投标报价进行约束，这一约束就是招标控制价。招标人在招标时，把合同条款的主要内容纳入招标文件中，对投标报价的编制办法和要求及合同价款的约定、调整和支付方式做详细说明，如采用"单价计价"方式、"总价计价"方式或"成本加酬金计价"的方式发包，在招标文件内均已明确。

　　投标人递交投标文件是一个要约的活动，投标文件要包括投标报价这一实质内容，投标人在获得招标文件后按其中的规定和要求、根据自行拟订的技术方案和市场因素等确定投标报价，报价应满足招标人的要求且不高于最高投标限价。招标人组织评标委员会对合格的投标文件进行评审，确定中标候选人或中标人，经过评审修正后的中标人的投标报价即为中标价，招标人发出中标通知书的行为是一个承诺的活动。招标人和中标人签订合同，依据中标价确定签约合同价，并在合同中载明，完成合同价款的约定过程。

7.1.2　招标文件的组成内容及其编制要求

　　招标文件是指导整个招标投标工作全过程的纲领性文件。按照《招标投标法》和《招标投标法实施条例》等法律法规的规定，招标文件应当包括招标项目的技术要求，对投标人资格审查的标准、投标报价要求和评标标准等所有实质性要求和条件以及拟签合同的主要条款。建设项目招标文件由招标人（或其委托的咨询机构）编制，由招标人发布，它既是投标单位编制投标文件的依据，也是招标人与中标人签订工程承包合同的基础。招标文件中提出的各项要求，对整个招标工作乃至承发包双方都有约束力，因此招标文件的编制及其内容必须符合有关法律法规的规定。建设工程招标文件的编制内

容，根据招标范围不同略有不同。本节重点介绍施工招标文件的内容。

1. 施工招标文件的编制内容

根据《标准施工招标文件》等文件规定，施工招标文件包括以下内容：

（1）招标公告（或投标邀请书）。当未进行资格预审时，招标文件中应包括招标公告。当进行资格预审时，招标文件中应包括投标邀请书，该邀请书可代替资格预审通过通知书，以明确投标人已具备了在某具体项目某具体标段的投标资格，其他内容包括招标文件的获取、投标文件的递交等。

（2）投标人须知。主要包括对于项目概况的介绍和招标过程的各种具体要求，在正文中的未尽事宜可以通过"投标人须知前附表"进行进一步明确，由招标人根据招标项目具体特点和实际需要编制和填写，但务必与招标文件的其他章节相衔接，并不得与投标人须知正文的内容相抵触，否则抵触内容无效。投标人须知包括如下 10 个方面的内容：

① 总则。主要包括项目概况、资金来源和落实情况、招标范围、计划工期和质量要求的描述，对投标人资格要求的规定，对费用承担、保密、语言文字、计量单位等内容的约定，对踏勘现场、投标预备会的要求，以及对分包和偏离问题的处理。项目概况中主要包括项目名称、建设地点以及招标人和招标代理机构的情况等。

② 招标文件。主要包括招标文件的构成以及澄清和修改的规定。

③ 投标文件。主要包括投标文件的组成，投标报价编制的要求，投标有效期和投标保证金的规定，需要提交的资格审查资料，是否允许提交备选投标方案，以及投标文件编制所应遵循的标准格式要求。

④ 投标。主要规定投标文件的密封和标识、递交、修改及撤回的各项要求。在此部分中应当确定投标人编制投标文件所需要的合理时间，即投标准备时间，是指自招标文件开始发出之日起至投标人提交投标文件截止之日止的期限，最短不得少于 20 天。采用电子招标投标在线提交投标文件的，最短不少于 10 日。

⑤ 开标。规定开标的时间、地点和程序。

⑥ 评标。说明评标委员会的组建方法、评标原则和采取的评标办法。

⑦ 合同授予。说明拟采用的定标方式、中标通知书的发出时间、要求承包人提交的履约担保和合同的签订时限。

⑧ 重新招标和不再招标。规定重新招标和不再招标的条件。

⑨ 纪律和监督。主要包括对招标过程各参与方的纪律要求。

⑩ 需要补充的其他内容。

（3）评标办法。评标办法可选择经评审的最低投标价法和综合评估法。

（4）合同条款及格式。包括本工程拟采用的通用合同条款、专用合同条款以及各种合同附件的格式。

（5）工程量清单（招标控制价）。工程量清单系指根据《建设工程工程量清单计价规范》（GB 50500—2013）编制的，表现拟建工程分部分项工程、措施项目和其他项目名称和相应数量的明细清单，以满足工程项目具体量化和计量支付的需要。它是招标人编制招标控制价和投标人编制投标价的重要依据。

如按照规定应编制招标控制价的项目，其招标控制价也应在招标时一并公布。

（6）图纸。是指应由招标人提供的用于计算招标控制价和投标人计算投标报价所必需的各种详细程度的图纸。

（7）技术标准和要求。招标文件规定的各项技术标准应符合国家强制性规定。招标文件中规定的各项技术标准均不得要求或标明某一特定的专利、商标、名称、设计、原产地或生产供应者，不得含有倾向或者排斥潜在投标人的其他内容。如果必须引用某一生产供应商的技术标准才能准确或清楚地说明拟招标项目的技术标准，则应当在参照后面加上"或相当于"的字样。

（8）投标文件格式。提供各种投标文件编制所应依据的参考格式。

（9）规定的其他材料。如需要其他材料，应在投标人须知前附表中予以规定。

2. 招标文件的澄清和修改

（1）招标文件的澄清。投标人应仔细阅读和检查招标文件的全部内容。如发现缺页或附件不全，应及时向招标人提出，以便补齐。如有疑问，应在规定的时间前以书面形式（包括信函、电报、传真等可以有形地表现所载内容的形式），要求招标人对招标文件予以澄清。

招标文件的澄清将在规定的投标截止时间 15 天前以书面形式发给所有获得招标文件的投标人，但不指明澄清问题的来源。如果澄清发出的时间距投标截止时间不足 15 天，相应延长投标截止时间。

投标人在收到澄清后，应在规定的时间内以书面形式通知招标人，确认已收到该澄清。招标人要求投标人收到澄清后的确认时间，可以采用一个相对的时间，如招标文件澄清发出后 12 小时以内；可以采用一个绝对的时间，如 2020 年 4 月 6 日中午 12∶00 以前。

（2）招标文件的修改。招标人若对已发出的招标文件进行必要的修改，应当在投标截止时间 15 天前，招标人可以书面形式修改招标文件，并通知所有已获取招标文件的投标人。如果修改招标文件的时间距投标截止时间不足 15 天，相应延长投标截止时间。投标人收到修改内容后，应在规定的时间内以书面形式通知招标人，确认已收到该修改文件。

7.1.3 招标工程量清单的编制

招标工程量清单是招标人依据国家标准、招标文件、设计文件以及施工现场实际情况编制的，随招标文件发布供投标报价的工程量清单，包括其说明和表格。编制招标工程量清单，应充分体现"实体净量""量价分离"和"风险分担"的原则。

招标工程量清单应由具有编制能力的招标人或受其委托，具有相应资质的工程造价咨询人编制。招标工程量清单必须作为招标文件的组成部分，其准确性和完整性由招标人负责。招标工程量清单是工程量清单计价的基础，应作为编制招标控制价、投标报价、计算或调整工程量、索赔等的依据之一。

招标工程量清单作为表达招标范围和要求的工具之一，应该与图纸、技术标准和要求一致。若不一致，会形成清单缺陷，这一责任和风险由招标人、发包人承担。可以说招标工程量清单至少应做到列项不重复不遗漏、项目特征和工程量计算准确三个方面。

1. 招标工程量清单的编制依据及要求

招标工程量清单应以单位（项）工程为单位编制，由分部分项工程项目清单、措施项目清单、其他项目清单、规费和税金项目清单组成。

编制招标工程量清单应依据：

（1）《建设工程工程量清单计价规范》以及各专业工程工程量计算规范等；

（2）国家或省级、行业建设主管部门颁发的计价定额和办法；

（3）建设工程设计文件及相关资料；

（4）与建设工程有关的标准、规范、技术资料；

（5）拟订的招标文件；

（6）施工现场情况、地勘水文资料、工程特点及常规施工方案；

（7）其他相关资料。

对于以上依据特别需要注意（6），清单项目需要根据施工现场情况、地勘水文资料、工程特点及常规施工方案确定及计算工程量，否则工程量清单达不到表达招标范围和要求的目的，会造成招标按招标清单而施工按图纸，二者不一致的情形。地勘水文资料对工程造价的影响巨大，特别是对土石方、地基处理和特殊的措施项目，对于这种情况在编制时可以采用暂估量或暂估价的方式进行，以避免引起纠纷。

2. 招标工程量清单的编制内容

（1）分部分项工程量清单编制。分部分项工程量清单反映的是招标项目分部分项工程名称和相应数量的明细清单，由招标人根据有关规范编制，重点是根据图纸、有关的技术标准、现场情况和施工方案等进行分部分项工程列项、确定项目名称、进行编码、项目特征描述、计量单位和工程量的计算等内容。

分部分项工程项目清单必须载明项目编码、项目名称、项目特征、计量单位和工程量。分部分项工程项目清单必须根据相关工程现行国家计量规范规定的项目编码、项目名称、项目特征、计量单位和工程量计算规则进行编制。具体内容的编制见 4.2 节。

（2）措施项目清单编制。措施项目清单必须根据相关工程现行国家计量规范的规定编制。措施项目清单应根据拟建工程的实际情况列项。

措施项目清单中可以计算工程量的按工程量计算规范编制，确定项目名称、进行编码、项目特征描述、计量单位和工程量的计算等内容。按总价项目编制的措施项目清单需要根据具体情况列项，项目名称和项目编码按工程计量规范规定确定。具体内容的编制见 4.2 节。

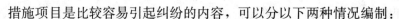

措施项目是比较容易引起纠纷的内容，可以分以下两种情况编制：

① 一般措施项目，可以考虑项目实际情况结合工程量计算规范编制，计算其工程量。

② 特殊措施项目，在招标时没有设计方案的（比如危险性比较大的工程需要专项设计）可以采用暂估的专业工程，列到招标范围中；或者先暂定工程量采用单价招标的方式确定其单价，根据实际的工程量结算。

（3）其他项目清单编制。其他项目清单的具体内容见 4.2 节。其中需要由招标人确定暂列金额，可按招标控制价（不含暂列金额和规费、税金）或施工图预算（不含规费、税金）一定比例暂列，如暂列金额可根据工程的复杂程度、设计深度、工程环境条件（包括地质、水文、气候条件等）进行估算，一般可以分部分项工程费的 10％～15％为参考；对于招标人要控制的主要材料和工程设备在招标工程量清单中先暂估其单价或金额（不含规费和税金）；计日工需要招标人确定零星项目及暂定工程量；总承包服务费需要招标人对投标人的总承包服务的范围提出要求。

（4）规费和税金清单编制。招标人根据国家、省、市等政府有关部门的规定列项，要考虑到地区的差异性，在编制时特别要清楚地区有关规费的要求。

（5）招标工程量清单总说明编制。招标工程量清单除了表格部分外，还需要编制有关的说明部分。工程量清单编制总说明一般包括以下内容：

① 工程概况。工程概况中要对建设规模、工程特征、计划工期、施工现场实际情况、自然地理条件、环境保护要求等作出描述。其中，建设规模是指建筑面积；工程特征应说明基础及结构类型、建筑层数、高度、门窗类型及各部位装饰、装修做法；计划工期是指按工期定额计算的施工天数；施工现场实际情况是指施工场地的地表状况；自然地理条件，是指建筑场地所处地理位置的气候及交通运输条件；环境保护要求，是针对施工噪声及材料运输可能对周围环境造成的影响和污染所提出的防护要求。

② 工程招标及分包范围。招标范围是指单位工程的招标范围，如建筑工程招标范围为"全部建筑工程"，装饰装修工程招标范围为"全部装饰装修工程"，或招标范围不含桩基础、幕墙头、门窗等。工程分包是指特殊工程项目的分包，如招标人自行采购安装"铝合金闸窗"等。

③ 工程量清单编制依据。包括建设工程工程量清单计价规范、设计文件、招标文件、施工现场情况、工程特点及常规施工方案等。

④ 工程质量、材料、施工等的特殊要求。工程质量的要求，是指招标人要求拟建工程的质量应达到合格或优良标准；对材料的要求，是指招标人根据工程的重要性、使用功能及装饰装修标准提出，诸如对水泥的品牌、钢材的生产厂家、花岗石的出产地与品牌等的要求；施工要求，一般是指建设项目中对单项工程的施工顺序等的要求。

⑤ 其他需要说明的事项。

（6）招标工程量清单汇总与审核。在分部分项工程量清单、措施项目清单、其他项目清单、规费和税金项目清单编制完成后，经审查复核，与工程量清单封面及总说明汇总并装订，由相关责任人签字和盖章，形成完整的工程量清单文件。

3. 招标工程量清单编制示例

以××教学楼工程招标工程量清单为例，招标工程量清单扉页见表 7.1.1，招标工程量清单总说明见表 7.1.2，分部分项工程和单价措施项目清单与计价表见表 7.1.3，总价措施项目清单与计价表见表 7.1.4，其他表格略。

表 7.1.1 招标工程量清单扉页

××中学教学楼工程

招标工程量清单

招　标　人：___××中学___　　　　造价咨询人：___××造价咨询企业___
　　　　（单位盖章）　　　　　　　　　　　　（单位资质专用章）

法定代表人　　　　　　　　　　　　法定代表人
或其授权人：___×××___　　　　　或其授权人：___×××___
　　　　（签字或盖章）　　　　　　　　　　　（签字或盖章）

编制人：___×××___　　　　　　　复核人：___×××___
（造价人员签字盖专用章）　　　　　　（造价工程师签字盖专用章）

编制时间：×年×月×日　复核时间：×年×月×日

表 7.1.2 招标工程量清单总说明

工程名称：××中学教学楼工程　　　　　　　　　　　　第 1 页　共 1 页

1. 工程概况：为框架结构，采用混凝土灌注桩，六层，建筑面积 109040m²，计划工期 200 日历天数。施工现场距离教学楼最近 20m，施工中应注意采取相应的防噪声措施。

2. 工程招标范围：为施工图范围内的建筑工程。

3. 工程量清单编制的依据：

(1) 教学楼施工图；

(2)《建设工程工程量清单计价规范》（GB 50500—2013）；

(3)《房屋建筑与装饰工程工程量计算规范》（GB 50854—2013）；

(4) 拟订的招标文件；

(5) 相关规范、标准图纸和技术资料。

4. 其他需要说明的问题：

(1) 招标人应提供全部钢筋，暂定单价 4000 元/t。

(2) 消防工程另行专业发包。总承包人需要配合完成对专业分包人现场管理，对竣工资料进行统一管理，为专业承包人提供垂直运输机械和焊接电源接入点，并承担相应费用。

建筑工程计量与计价

表 7.1.3 分部分项工程和单价措施项目清单与计价表

工程名称：××中学教学楼工程　　　　　标段：　　　　　第1页　共5页

序号	项目编码	项目名称	项目特征描述	计量单位	工程量	金额（元）		
						综合单价	合价	其中暂估价
			0101 土石方工程					
1	010101003001	挖沟槽土方	三类土，垫层底宽 2m，挖土深度小于 4m，弃土运距小于 10km	m³	1432			
			......					
			0103 桩基工程					
	010302001001	泥浆护壁混凝土灌注桩	桩长 10m，护壁段长 9m，共 42 根，直径 1000mm，扩大头直径 1100mm，桩混凝土 C25，护壁混凝土 C20	m	420			
			......					
			......					
			0117 措施项目					
	011701001001	综合脚手架	框架，檐高 22m					
			......					
			本页小计					
			合　计					

表 7.1.4 总价措施项目清单与计价表

工程名称：××中学教学楼工程　　　　　标段：　　　　　第1页　共1页

序号	项目编码	项目名称	计算基础	费率（%）	金额（元）	调整费率（%）	调整后金额（元）	备注
1	011707001001	安全文明施工费						
2	011707002001	夜间施工增加费						
3	011707004001	二次搬运费						
4	011707005001	冬雨季施工增加费						
5	011707007001	已完工程及设备保护费						
		......						
		合　计						

7.1.4 招标控制价的编制

1. 招标控制价的概念及依据

招标控制价是指根据国家或省级建设行政主管部门颁发的有关计价依据和办法，依据拟订的招标文件和招标工程量清单，结合工程具体情况发布的招标工程的最高投标限价。根据住房城乡建设部颁布的《建筑工程施工发包与承包计价管理办法》（住建部令第 16

号）规定，国有资金投资的建筑工程招标的，应当设有最高投标限价；非国有资金投资的建筑工程招标的，可以设有最高投标限价或者招标标底。最高投标限价及其成果文件，应当由招标人报工程所在地县级以上地方人民政府住房城乡建设主管部门备案。

根据《招标投标法实施条例》第 27 条的规定，招标人可以自行决定是否编制标底。一个招标项目只能有一个标底。标底必须保密。接受委托编制标底的中介机构不得参加受托编制标底项目的投标，也不得为该项目的投标人编制投标文件或者提供咨询。招标人设有最高投标限价的，应当在招标文件中明确最高投标限价或者最高投标限价的计算方法。招标人不得规定最低投标限价。这里的最高投标限价和招标控制价一致。

2. 编制招标控制价的规定

（1）国有资金投资的工程建设项目必须实行工程量清单招标，并应编制招标控制价。这是因为：国有资金投资的工程进行招标，根据《中华人民共和国招标投标法》的规定，招标人可以设标底。当招标人不设标底时，为有利于客观、合理地评审投标报价和避免哄抬标价，造成国有资产流失，招标人应编制招标控制价，作为招标人能够接受的最高交易价格。

（2）招标控制价超过批准的概算时，招标人应将其报原概算审批部门审核。这是由于我国对国有资金投资项目的投资控制实行的是设计概算审批制度，国有资金投资的工程原则上不能超过批准的设计概算。

（3）投标人的投标报价高于招标控制价的，其投标应予以拒绝。这是因为：国有资金投资的工程，招标人编制并公布的招标控制价相当于招标人的采购预算，同时要求其不能超过批准的概算，因此，招标控制价是招标人在工程招标时能接受投标人报价的最高限价。国有资金中的财政性资金投资的工程在招投标时还应符合《中华人民共和国政府采购法》相关条款的规定。如该法第 36 条规定："在招标采购中，出现下列情形之一的，应予废标……（三）投标人的报价均超过了采购预算，采购人不能支付的……"依据这一精神，规定了国有资金投资的工程，投标人的投标不能高于招标控制价，否则，其投标将被拒绝。

（4）招标控制价应由具有编制能力的招标人或受其委托，具有相应资质的工程造价咨询人编制。这里要注意的是，应由招标人负责编制招标控制价，当招标人不具有编制招标控制价的能力时，根据《工程造价咨询企业管理办法》（建设部令第 149 号）的规定，可委托具有工程造价咨询资质的工程造价咨询企业编制。工程造价咨询人不得同时接受招标人和投标人对同一工程的招标控制价和投标报价的编制。

（5）招标控制价应在招标文件中公布，不应上调或下浮，招标人应将招标控制价及有关资料报送工程所在地工程造价管理机构备查。这里应注意的是，招标控制价的作用决定了招标控制价不同于标底，无须保密。为体现招标的公平、公正，防止招标人有意抬高或压低工程造价，招标人应在招标文件中如实公布招标控制价，不得对所编制的招标控制价进行上浮或下调。招标人在招标文件中公布招标控制价时，应公布招标控制价各组成部分的详细内容，不得只公布招标控制价总价。同时，招标人应将招标控制价报工程所在地的工程造价管理机构备查。

（6）投标人经复核认为招标人公布的招标控制价未按照《建设工程工程量清单计价规范》的规定进行编制的，应在招标控制价公布后 5 天内向招投标监督机构和工程造价管理机构投诉。工程造价管理机构应在不迟于结束审查的次日将是否受理投诉的决定书面通知投诉人、被投诉人以及负责该工程招投标监督的招投标管理机构。工程造价管理机构受理投诉后，应立即对招标控制价进行复查，组织投诉人、被投诉人或其委托的招标控制价编制人等单位人员对投诉问题逐一核对。有关当事人应当予以配合，并应保证所提供资料的真实性。工程造价管理机构应当在受理投诉的 10 天内完成复查，特殊情况下可适当延长，并作出书面结论通知投诉人、被投诉人及负责该工程招投标监督的招投标管理机构。

当招标控制价复查结论与原公布的招标控制价误差超出 ±3％ 时，应当责成招标人改正。招标人根据招标控制价复查结论需要重新公布招标控制价的，其最终公布的时间至招标文件要求提交投标文件截止时间不足 15 天的，应相应延长投标文件的截止时间。

3. 招标控制价的编制依据

（1）《建设工程工程量清单计价规范》（GB 50500—2013）；

（2）国家或省级、行业建设主管部门颁发的计价定额和计价办法；

（3）建设工程设计文件及相关资料；

（4）拟订的招标文件及招标工程量清单；

（5）与建设项目相关的标准、规范、技术资料；

（6）施工现场情况、工程特点及常规施工方案；

（7）工程造价管理机构发布的工程造价信息，当工程造价信息没有发布时，参照市场价；

（8）其他的相关资料。

招标控制价作为评标的重要依据，必须科学，应选择针对本工程特点通常采用的常规施工方案计价，可参考定额水平或定额中考虑的施工工艺和方法进行确定；价格水平主要依据造价管理机构发布的为准，有发布而不采用的要作出说明，没有发布的可参照市场价。当造价主管部门发布的造价信息或指标有上限和下限的，宜取上限。

4. 招标控制价的编制内容

招标控制价的编制内容包括分部分项工程费、措施项目费、其他项目费、规费和税金。各个部分有不同的计价要求。

1）分部分项工程费的编制要求。分部分项工程费应根据招标文件中的分部分项工程量清单及有关要求，应根据拟订的招标文件和招标工程量清单项目中的特征描述及有关要求确定综合单价计算。这里所说的综合单价，是指完成一个规定计量单位的分部分项工程量清单项目（或措施清单项目）所需的人工费、材料费、施工机械使用费和企业管理费与利润，以及一定范围内的风险费用。

综合单价中应包括招标文件中划分的应由投标人承担的风险范围及其费用，招标文件中没有明确的，如是工程造价咨询人编制，应提请招标人明确；如是招标人编制，应予明确。

2）措施项目费的编制要求。

（1）措施项目费中的安全文明施工费应当按照国家或省级、行业建设主管部门的规定标准计价；

（2）措施项目应按招标文件中提供的措施项目清单确定，措施项目采用分部分项工程综合单价形式进行计价的工程量，应按措施项目清单中的工程量，并按与分部分项工程工程量清单单价相同的方式确定综合单价；措施项目中的总价项目应根据拟订的招标文件和常规施工方案编制，包括除规费、税金以外的全部费用。

3）其他项目费的编制要求。

（1）暂列金额应按招标工程量清单中列出的金额填写。

（2）暂估价中的材料、工程设备单价应按招标工程量清单中列出的单价计入综合单价。

（3）暂估价中的专业工程金额应按招标工程量清单中列出的金额填写。

（4）计日工应按招标工程量清单中列出的项目根据工程特点和有关计价依据确定综合单价计算。对计日工中的人工单价和施工机械台班单价应按省级、行业建设主管部门或其授权的工程造价管理机构公布的单价计算；材料应按工程造价管理机构发布的工程造价信息中的材料单价计算，工程造价信息未发布材料单价的材料，其价格应按市场调查确定的单价计算。

（5）总承包服务费应根据招标工程量清单列出的内容和要求估算。总承包服务费应按照省级或行业建设主管部门的规定计算，在计算时可参考以下标准：

① 招标人仅要求对分包的专业工程进行总承包管理和协调时，按分包的专业工程估算造价的1.5%计算；

② 招标人要求对分包的专业工程进行总承包管理和协调，并同时要求提供配合服务时，根据招标文件中列出的配合服务内容和提出的要求，按分包的专业工程估算造价的3%～5%计算；

③ 招标人自行供应材料的，按招标人供应材料价值的1%计算。

4）规费和税金的编制要求。规费和税金必须按国家或省级、行业建设主管部门的规定计算。其中：

税金＝（分部分项工程费＋措施项目费＋其他项目费＋规费）×增值税税率

5. 编制招标控制价时应注意的问题

（1）采用的材料价格应是工程造价管理机构通过工程造价信息发布的材料价格，工程造价信息未发布材料单价的材料，其材料价格应通过市场调查确定。另外，未采用工程造价管理机构发布的工程造价信息时，需在招标文件或答疑补充文件中对招标控制价采用的与造价信息不一致的市场价格予以说明，采用的市场价格则应通过调查、分析确定，有可靠的信息来源。

（2）施工机械设备的选型直接关系到综合单价的水平，应根据工程项目特点和施工条件，本着经济实用、先进高效的原则确定。

（3）应该正确、全面地使用行业和地方的计价定额与相关文件。

（4）不可竞争的措施项目和规费、税金等费用的计算均属于强制性的条款，编制招标控制价时应按国家有关规定计算。

（5）不同工程项目、不同投标人会有不同的施工组织方法，所发生的措施费也会有所不同，因此，对于竞争性的措施费用的确定，招标人应首先编制常规的施工组织设计或施工方案，然后依据经专家论证确认后再合理确定措施项目与费用。

7.2 投标文件与投标报价的编制

投标报价是投标人响应招标人要求所报出的，在已标价工程量清单中标明的总价，它是依据招标工程量清单所提供的工程数量，计算综合单价与合价后所形成的。为使得投标报价更加合理并具有竞争性，通常投标报价的编制应遵循一定的程序，如图 7.2.1所示。

7.2.1 投标报价的前期工作

在取得招标信息后，投标人首先要决定是否参加投标，如果确定参加投标，要进行以下前期工作：

1. 通过资格预审，获取招标文件

为了能够顺利地通过资格预审，承包商申报资格预审时应当注意：

（1）平时对资格预审有关资料注意积累，随时存入计算机内，经常整理，以备填写资格预审表格之用。

（2）填表时应重点突出，除满足资格预审要求外，还应适当地反映出本企业的技术管理水平、财务能力、施工经验和良好业绩。

（3）如果资格预审准备中，发现本公司某些方面难以满足投标要求，则应考虑组成联合体参加资格预审。

2. 组织投标报价班子

组织一个专业水平高、经验丰富、精力充沛的投标报价班子是投标获得成功的基本保证。班子中应包括企业决策层人员、估价人员、工程计量人员、施工计划人员、采购人员、设备管理人员、工地管理人员等。一般来说，班子成员可分为三个层次，即报价决策人员、报价分析人员和基础数据采集和配备人员。各类专业人员之间应分工明确、通力合作配合，协调发挥各自的主动性、积极性和专长，完成既定投标报价工作。另

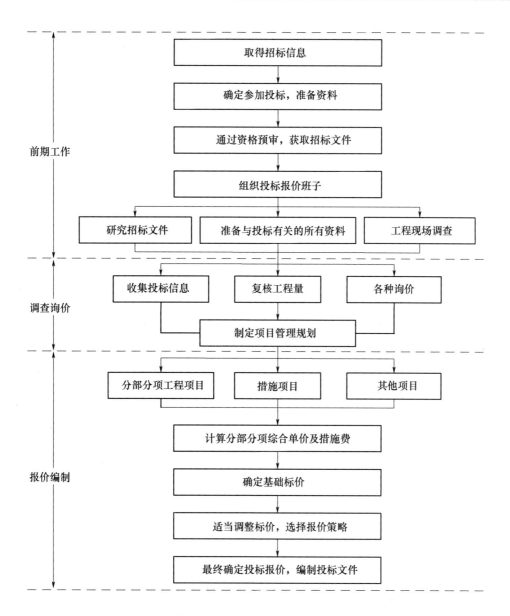

图 7.2.1 投标报价编制流程图

外，还要注意保持报价班子成员的相对稳定，以便积累经验，不断提高其素质和水平，提高报价工作效率。

3. 研究招标文件

投标人取得招标文件后，为保证工程量清单报价的合理性，应对投标人须知、合同条件、技术规范、图纸和工程量清单等重点内容进行分析，深刻而正确地理解招标文件和业主的意图。

（1）投标人须知。反映了招标人对投标的要求，特别要注意项目的资金来源、投标书的编制和递交、投标保证金、更改或备选方案、评标方法等，重点在于防止废标。

（2）合同分析。主要包括：

① 合同背景分析。投标人有必要了解与自己承包的工程内容有关的合同背景，了解监理方式，了解合同的法律依据，为报价和合同实施及索赔提供依据。

② 合同形式分析。主要分析承包方式（如分项承包、施工承包、设计与施工总承包和管理承包等）、计价方式（如固定合同价格、可调合同价格和成本加酬金确定的合同价格等）。

（3）合同条款分析。主要包括：

① 承包商的任务、工作范围和责任。

② 工程变更及相应的合同价款调整。

③ 付款方式、时间。应注意合同条款中关于工程预付款、材料预付款的规定。根据这些规定和预计的施工进度计划，计算出占用资金的数额和时间，从而计算出需要支付的利息数额并计入投标报价。

④ 施工工期。合同条款中关于合同工期、竣工日期、部分工程分期交付工期等的规定，是投标人制定施工进度计划的依据，也是报价的重要依据。要注意合同条款中有无工期奖罚的规定，尽可能做到在工期符合要求的前提下报价有竞争力，或在报价合理的前提下工期有竞争力。

⑤ 业主责任。投标人所制定的施工进度计划和做出的报价，都是以业主履行责任为前提的。所以应注意合同条款中关于业主责任措辞的严密性，以及关于索赔的有关规定。

（4）技术标准和要求分析。工程技术标准是按工程类型来描述工程技术和工艺内容特点，对设备、材料、施工和安装方法等所规定的技术要求，有的是对工程质量进行检验、试验和验收所规定的方法和要求。它们与工程量清单中各子项工作密不可分，报价人员应在准确理解业主要求的基础上对有关工程内容进行报价。任何忽视技术标准的报价都是不完整、不可靠的，有时可能导致工程承包重大失误和亏损。

（5）图纸分析。图纸是确定工程范围、内容和技术要求的重要文件，也是投标者确定施工方法等施工计划的主要依据。

图纸的详细程度取决于招标时所达到的深度和所采用的合同形式。详细的设计图纸可使投标人比较准确地估价，而不够详细的图纸则需要估价人员采用综合估价方法，其结果一般不很精确。

4. 调查工程现场

招标人在招标文件中一般会明确进行工程现场踏勘的时间和地点。投标人对一般区域调查重点注意以下几个方面：

（1）自然条件调查，如气象资料，水文资料，地震、洪水及其他自然灾害情况，地质情况等。

（2）施工条件调查。主要包括：工程现场的用地范围、地形、地貌、地物、高程，地上或地下障碍物，现场的三通一平情况；工程现场周围的道路、进出场条件、有无特殊交通限制；工程现场施工临时设施、大型施工机具、材料堆放场地安排的可能性，是否需要二次搬运；工程现场邻近建筑物与招标工程的间距、结构形式、基础埋深、新旧程度、高度；市政给水及污水、雨水排放管线位置、高程、管径、压力及废水与污水处理方式，市政、消防供水管道管径、压力、位置等；当地供电方式、方位、距离、电压等；当地煤气供应能力，管线位置、高程等；工程现场通信线路的连接和铺设；当地政府有关部门对施工现场管理的一般要求、特殊要求及规定，是否允许节假日和夜间施工等。

（3）其他条件调查。主要包括各种构件、半成品及商品混凝土的供应能力和价格，以及现场附近的生活设施、治安情况等。

7.2.2　询价与工程量复核

投标报价之前，投标人必须通过各种渠道，采用各种手段对工程所需各种材料、设备等的价格、质量、供应时间、供应数量等进行系统全面的调查，同时还要了解分包项目的分包形式、分包范围、分包人报价、分包人履约能力及信誉等。询价是投标报价的基础，它为投标报价提供可靠的依据。询价时要特别注意两个问题：一是产品质量必须可靠，并满足招标文件的有关规定；二是供货方式、时间、地点，有无附加条件和费用。

1. 询价的渠道

（1）直接与生产厂商联系。

（2）了解生产厂商的代理人或从事该项业务的经纪人。

（3）了解经营该项产品的销售商。

（4）向咨询公司进行询价。通过咨询公司所得到的询价资料比较可靠，但需要支付一定的咨询费用，也可向同行了解。

（5）通过互联网查询。

（6）自行进行市场调查或信函询价。

2. 生产要素询价

（1）材料询价。材料询价的内容包括调查对比材料价格、供应数量、运输方式、保险和有效期、不同买卖条件下的支付方式等。询价人员在施工方案初步确定后，立即发出材料询价单，并催促材料供应商及时报价。收到询价单后，询价人员应将从各种渠道所询得的材料报价及其他有关资料汇总整理。对同种材料从不同经销部门所得到的所有资料进行比较分析，选择合适、可靠的材料供应商的报价，提供给工程报价人员使用。

（2）施工机械设备询价。在外地施工需用的机械设备，有时在当地租赁或采购可能更为有利。因此，事前有必要进行施工机械设备的询价。必须采购的机械设备，可向供应厂商询价。对于租赁的机械设备，可向专门从事租赁业务的机构询价，并应详细了解其计价方法。

（3）劳务询价。劳务询价主要有两种情况：一是成建制的劳务公司，相当于劳务分包，一般费用较高，但素质较可靠，工效较高，承包商的管理工作较轻；另一种是劳务市场招募零散劳动力，根据需要进行选择，这种方式虽然劳务价格低廉，但有时素质达不到要求或工效降低，且承包商的管理工作较繁重。投标人应在对劳务市场充分了解的基础上决定采用哪种方式，并以此为依据进行投标报价。

3. 分包询价

总承包商在确定了分包工作内容后，就将分包专业的工程施工图纸和技术说明送交预先选定的分包单位，请他们在约定的时间内报价，以便进行比较选择，最终选择合适的分包人。对分包人询价应注意以下几点：分包标函是否完整；分包工程单价所包含的内容；分包人的工程质量、信誉及可信赖程度；质量保证措施；分包报价。

4. 复核工程量

在实行工程量清单计价的施工工程中，工程量清单应作为招标文件的组成部分，由招标人提供。工程量的多少是投标报价最直接的依据。复核工程量的准确程度，将影响承包商的经营行为：一是根据复核后的工程量与招标文件提供的工程量之间的差距，而考虑相应的投标策略，决定报价尺度；二是根据工程量的大小采取合适的施工方法，选择适用、经济的施工机具设备及投入使用的劳动力数量等，从而影响投标人的询价过程。

复核工程量要与招标文件中所给的工程量进行对比，注意以下几方面：

（1）投标人应认真根据招标说明、图纸、地质资料等招标文件资料，计算主要清单工程量，复核工程量清单。其中特别注意，按一定顺序进行，避免漏算或重算；正确划分分部分项工程项目，与"清单计价规范"保持一致。

（2）复核工程量的目的不是修改工程量清单（即使有误，投标人也不能修改工程量清单中的工程量，因为修改了清单就等于擅自修改了合同）。对工程量清单存在的错误，可以向业主提出，由业主统一修改，并把修改情况通知所有投标人。

（3）针对工程量清单中工程量的遗漏或错误，是否向业主提出修改意见取决于投标策略。投标人可以运用一些报价的技巧提高报价的质量，争取在中标后能获得更大的收益。

（4）通过工程量计算复核还能准确地确定订货及采购物资的数量，防止由于超量或少购等带来的浪费、积压或停工待料。

在核算完全部工程量清单中的细目后，投标人应按大项分类汇总主要工程总量，以便获得对整个工程施工规模的整体概念，并据此研究采用合适的施工方法，选择适用的施工设备等。

7.2.3 投标报价的编制原则和依据

投标报价是在工程招标发包过程中，由投标人按照招标文件的要求，根据工程特点，并结合自身的施工技术、装备和管理水平，依据有关计价规定自主确定的工程造价，是投标人希望达成工程承包交易的期望价格。它不能高于招标人设定的招标控制价。作为投标计算的必要条件，应预先确定施工方案和施工进度。此外，投标计算还必须与采用的合同形式相协调。报价是投标的关键性工作，报价是否合理直接关系到投标的成败。

1. 投标报价的编制原则

（1）自主报价原则。投标报价由投标人自主确定，但必须执行《建设工程工程量清单计价规范》的强制性规定。投标报价应由投标人或受其委托，具有相应资质的工程造价咨询人员编制。

（2）不低于成本原则。投标人的投标报价不得低于工程成本，不得高于招标控制价。

（3）风险分担原则。投标报价要以招标文件中设定的承发包双方责任划分，作为考虑投标报价费用项目和费用计算的基础，承发包双方的责任划分不同，会导致合同风险不同的分摊，从而导致投标人选择不同的报价；根据工程承发包模式考虑投标报价的费用内容和计算深度。

（4）发挥自身优势原则。以施工方案、技术措施等作为投标报价计算的基本条件；以反映企业技术和管理水平的企业定额作为计算人工、材料和机械台班消耗量的基本依据；充分利用现场考察、调研成果、市场价格信息和行情资料，编制基础标价。

（5）科学严谨原则。报价计算方法要科学严谨，简明适用。

（6）投标人必须按招标工程量清单填报价格。项目编码、项目名称、项目特征、计量单位、工程量必须与招标工程量清单一致。

2. 投标报价的编制依据

《建设工程工程量清单计价规范》规定，投标报价应根据下列依据编制：

（1）工程量清单计价规范；

（2）国家或省级、行业建设主管部门颁发的计价办法；

（3）企业定额，国家或省级、行业建设主管部门颁发的计价定额；

（4）招标文件、招标工程量清单及其补充通知、答疑纪要；

（5）建设工程设计文件及相关资料；

（6）施工现场情况、工程特点及投标时拟订的施工组织设计或施工方案；

（7）与建设项目相关的标准、规范等技术资料；

（8）市场价格信息或工程造价管理机构发布的工程造价信息；

（9）其他的相关资料。

7.2.4 投标报价的编制方法和内容

投标报价的编制过程，应首先根据招标人提供的工程量清单编制分部分项工程和

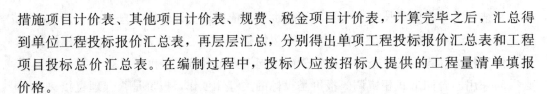

措施项目计价表、其他项目计价表、规费、税金项目计价表，计算完毕之后，汇总得到单位工程投标报价汇总表，再层层汇总，分别得出单项工程投标报价汇总表和工程项目投标总价汇总表。在编制过程中，投标人应按招标人提供的工程量清单填报价格。

1. 分部分项工程和单价措施项目清单与计价表的编制

承包人投标价中的分部分项工程费和以单价计算的措施项目费应按招标文件中分部分项工程和单价措施项目清单与计价表的特征描述确定综合单价计算。因此，确定综合单价是分部分项工程和单价措施项目清单与计价表编制过程中最主要的内容。综合单价包括完成一个规定清单项目所需的人工费、材料和工程设备费、施工机具使用费、企业管理费、利润，并考虑风险费用的分摊。确定分部分项工程综合单价时应注意以下问题：

（1）以项目特征描述为依据。确定分部分项工程量清单项目综合单价的最重要依据之一是该清单项目的特征描述，投标人投标报价时应依据招标文件中分部分项工程量清单项目的特征描述确定清单项目的综合单价。在招投标过程中，当出现招标文件中分部分项工程量清单特征描述与设计图纸不符时，投标人应以分部分项工程量清单的项目特征描述为准，确定投标报价的综合单价。当施工中施工图纸或设计变更与工程量清单项目特征描述不一致时，发承包双方应按实际施工的项目特征，依据合同约定重新确定综合单价。

（2）材料和工程设备暂估价的处理。招标文件中在其他项目清单中提供了暂估单价的材料和工程设备，其中的材料应按其暂估的单价计入清单项目的综合单价中。

（3）考虑合理的风险。招标文件中要求投标人承担的风险费用，投标人应考虑计入综合单价。在施工过程中，当出现的风险内容及其范围（幅度）在招标文件规定的范围（幅度）内时，综合单价不得变动，工程价款不做调整。根据国际管理并结合我国社会主义市场经济条件下工程建设的特点，承发包双方对工程施工阶段的风险宜采用如下分摊原则：

① 对于主要由市场价格波动导致的价格风险，如工程造价中的建筑材料、燃料等价格风险，承发包双方应当在招标文件中或在合同中对此类风险的范围和幅度予以明确约定，进行合理分摊。根据工程特点和工期要求，建议可一般采取的方式是承包人承担5%以内的材料价格风险，10%以内的施工机械使用费风险。

② 对于法律、法规、规章或有关政策出台导致工程税金、规费、人工发生变化，并由省级、行业建设行政主管部门或其授权的工程造价管理机构根据上述变化发布的政策性调整，承包人不应承担此类风险，应按照有关调整规定执行。

③ 对于承包人根据自身技术水平、管理、经营状况能够自主控制的风险，如承包人的管理费、利润的风险，承包人应结合市场情况，根据企业自身的实际合理确定、自主报价，该部分风险由承包人全部承担。

某工程投标报价的"分部分项工程和单价措施项目清单与计价表"见表 7.2.1。

表 7.2.1 分部分项工程和单价措施项目清单与计价表

工程名称：××中学教学楼工程　　　　　　　　　　标段：　　　　　　　　第　页　共　页

| 序号 | 项目编码 | 项目名称 | 项目特征描述 | 计量单位 | 工程量 | 金额（元） | | |
						综合单价	合价	其中 暂估价
			……					
		0105 混凝土及钢筋混凝土工程						
6	010503002001	矩形梁	C30 预拌混凝土	m³	356	690.97	245985.32	
7	010515001001	现浇构件钢筋	HRB335，φ18	t	200	4787.16	957432	800000
			……					
		分部小计						
		0117 措施项目						
16	011701001001	综合脚手架	框架，檐高 22m	m²	12445	20.50	255122.50	
			……					
		分部小计						
		……						
		合　计						

工程量清单综合单价分析表的编制。为表明综合单价的合理性，投标人应对其进行单价分析，以作为评标时的判断依据。综合单价分析表的编制应反映上述综合单价的编制过程，并按照规定的格式进行，见表 7.2.2。

表 7.2.2 综合单价分析表

工程名称：××中学教学楼工程　　　　　　　　　　标段：　　　　　　　　第　页　共　页

项目编码	010515001001	项目名称	现浇构件钢筋	计量单位	t	工程量	200

清单综合单价组成明细

| 定额编号 | 工作内容 | 单位 | 数量 | 单价（元） | | | | 合价（元） | | | |
				人工费	材料费	机械费	管理费和利润	人工费	材料费	机械费	管理费和利润
5-4-22	钢筋 HRB335≤φ18	t	1	294.75	4327.70	62.42	102.29	294.75	4327.70	62.42	102.29
人工单价		小　计						294.75	4327.70	62.42	102.29
80 元/工日		未计价材料费（元）						—			
清单项目综合单价（元）								4787.16			

材料费明细	主要材料名称、规格、型号	单位	数量	单价（元）	合价（元）	暂估单价（元）	暂估合价（元）
	钢筋 HRB335≤φ18	t	1.07	—	—	4000.00	4280.00
	焊条	kg	8.64	4.00	34.56	—	—
	其他材料费				13.14	—	
				—	47.70	—	4280.00

2. 总价措施项目清单与计价表的编制

对于不能精确计量的措施项目，应编制总价措施项目清单与计价表。投标人对措施项目中的总价项目投标报价应遵循以下原则：

（1）措施项目的内容应依据招标人提供的措施项目清单和投标人投标时拟订的施工组织设计或施工方案确定。

（2）措施项目费由投标人自主确定，但其中安全文明施工费必须按照国家或省级、行业建设主管部门的规定计价，不得作为竞争性费用。招标人不得要求投标人对该项费用进行优惠，投标人也不得将该项费用参与市场竞争。

投标报价时总价措施项目清单与计价表的编制，见表 7.2.3。

表 7.2.3　总价措施项目清单与计价表

工程名称：××中学教学楼工程　　　　　　　　　标段：　　　　　　　　　第　页　共　页

序号	项目编码	项目名称	计算基础	费率（%）	金额（元）	调整费率（%）	调整后金额（元）	备注
1	011707001001	安全文明施工费	定额人工费	25	209650.00			
2	011707002001	夜间施工增加费	定额人工费	1.5	12579.00			
3	011707004001	二次搬运费	定额人工费	1	8386.00			
4	011707005001	冬雨季施工增加费	定额人工费	0.6	5032.00			
5	011707007001	已完工程及设备保护费			6000.00			
		......						
合　计					241647.00			

3. 其他项目清单与计价表的编制

其他项目费主要由暂列金额、暂估价、计日工以及总承包服务费组成，见表 7.2.4。

表 7.2.4　其他项目清单与计价汇总表

工程名称：××中学教学楼工程　　　　　　　　　标段：　　　　　　　　　第　页　共　页

序号	项目名称	金额（元）	结算金额（元）	备注
1	暂列金额	350000		明细详见表 7.2.5
2	暂估价	200000		
2.1	材料（工程设备）暂估价/结算价	—		明细详见表 7.2.6
2.2	专业工程暂估价/结算价	200000		明细详见表 7.2.7
3	计日工	26528		明细详见表 7.2.8
4	总承包服务费	20760		明细详见表 7.2.9
	......			
合　计		597288		—

投标人对其他项目费投标报价时应遵循以下原则：

（1）暂列金额应按照招标人提供的其他项目清单中列出的金额填写，不得变动

（表7.2.5）。

（2）暂估价不得变动和更改。暂估价中的材料、工程设备暂估价必须按照招标人提供的暂估单价计入清单项目的综合单价（表7.2.6）；专业工程暂估价必须按照招标人提供的其他项目清单中列出的金额填写（表7.2.7）。材料、工程设备暂估单价和专业工程暂估价均由招标人提供，为暂估价格，在工程实施过程中，对于不同类型的材料与专业工程采用不同的计价方法。

表7.2.5　暂列金额明细表

工程名称：××中学教学楼工程　　　　　　　　　标段：　　　　　　　　　　第　页　共　页

序号	项目名称	计量单位	暂定金额（元）	备注
1	自行车棚工程	项	100000	
2	工程量偏差及设计变更	项	100000	
3	政策性调整和材料价格波动	项	100000	
4	其他	项	50000	
	合计		350000	—

注：此表由招标人填写。如不能详列，也可只列暂定金额总额。投标人应将上述暂列金额计入投标总价中。

表7.2.6　材料与工程设备暂估价表

工程名称：××中学教学楼工程　　　　　　　　　标段：　　　　　　　　　　第　页　共　页

序号	材料（工程设备）名称、规格、型号	计量单位	数量		暂估（元）		确认（元）		差额±（元）		备注
			暂估	确认	单价	合价	单价	合价	单价	合价	
1	钢筋（规格见施工图）	t	200		4000	800000					用于现浇钢筋混凝土项目
2	低压开关柜（CGD190380/220V）	台	1		45000	45000					用于低压开关柜安装项目
	……										
	合计					845000					

表7.2.7　专业工程暂估价表

工程名称：××中学教学楼工程　　　　　　　　　标段：　　　　　　　　　　第　页　共　页

序号	工程名称	工程内容	暂估金额（元）	结算金额（元）	差额±（元）	备注
1	消防工程	合同图纸中表明的以及消防工程规范和技术说明中规定的各系统中的设备、管道、阀门、线缆等的供应、安装和调试工作	200000			
	……					
	合计		200000			

（3）计日工应按照招标人提供的其他项目清单列出的项目和估算的数量，自主确定各项综合单价并计算费用（表7.2.8）。

表7.2.8　计日工表

工程名称：××中学教学楼工程　　　　　　　　标段：　　　　　　　　第　页　共　页

编号	项目名称	单位	暂定数量	实际数量	综合单价（元）	合价（元）	
						暂定	实际
一	人工						
1.1	普工	工日	100		120	12000	
1.2	技工	工日	60		150	9000	
	……						
	人工小计					21000	
二	材料						
2.1	42.5MPa水泥	t	5		520	2600	
2.2	中砂	m³	5		150	750	
	材料小计					3350	
三	机械						
3.1	灰浆搅拌机（400L）	台班	2		40	80	
3.2	自升式吊塔起重机	台班	5		550	2750	
	施工机具小计					2830	
四	企业管理费和利润（按人工费18%计）					3780	
	总计					30960	

（4）总承包服务费应根据招标人在招标文件中列出的分包专业工程内容和供应材料、设备情况，按照招标人提出的协调、配合与服务要求和施工现场管理需要自主确定（表7.2.9）。

表7.2.9　总承包服务费表

工程名称：××中学教学楼工程　　　　　　　　标段：　　　　　　　　第　页　共　页

序号	项目名称	项目价值（元）	服务内容	计算基础	费率（%）	金额（元）
1	发包人发包专业工程	200000	1. 按专业工程承包人的要求提供施工工作面并对施工现场进行统一管理，对竣工资料进行统一整理汇总 2. 为专业工程承包人提供垂直运输机械和焊接电源接入点，并承担垂直运输费和电费	项目价值	7	14000
2	发包人提供材料	845000	对发包人供应的材料进行验收及保管和使用发放	项目价值	0.8	6760
	……					
	合计					20760

4. 规费、税金项目清单与计价表的编制

规费和税金应按国家或省级、行业建设主管部门的规定计算，不得作为竞争性费用。这是由于规费和税金的计取标准是依据有关法律、法规和政策规定制定的，具有强制性。因此，投标人在投标报价时必须按照国家或省级、行业建设主管部门的有关规定计算规费和税金。某投标项目的规费、税金项目计价表见表7.2.10。

表 7.2.10　规费、税金项目计价表

工程名称：　　　　　　　　　　　标段：　　　　　　　　　　第　页　共　页

序号	项目名称	计算基础	费率（%）	金额（元）
1	规费			239001
1.1	社会保险费			188685
（1）	养老保险费	定额人工费	14	117404
（2）	失业保险费	定额人工费	2	16772
（3）	医疗保险费	定额人工费	6	50316
（4）	工伤保险费	定额人工费	0.25	2096.5
（5）	生育保险费	定额人工费	0.25	2096.5
1.2	住房公积金	定额人工费	6	50316
2	税金	分部分项工程费＋措施项目费＋其他项目费＋规费	9	710330
	合计			949331

5. 投标报价的汇总

投标人的投标总价应当与组成工程量清单的分部分项工程费、措施项目费、其他项目费和规费、税金的合计金额相一致，即投标人在进行工程量清单招标的投标报价时，不能进行投标总价优惠（或降价、让利），投标人对投标报价的任何优惠（或降价、让利）均应反映在相应清单项目的综合单价中。某项目单位工程投标报价汇总表见表7.2.11。

表 7.2.11　单位工程投标报价汇总表

工程名称：　　　　　　　　　　　标段：　　　　　　　　　　第　页　共　页

序号	汇总内容	金额（元）	其中：暂估价（元）
1	分部分项工程	6318410	845000
	……		
0105	混凝土及钢筋混凝土工程	2432419	800000
	……		
2	措施项目	738257	
2.1	其中：安全文明施工费	209650	
3	其他项目	601720	
3.1	暂列金额	350000	
3.2	专业工程暂估价	200000	

序号	汇总内容	金额（元）	其中：暂估价（元）
3.3	计日工	30960	
3.4	总承包服务费	20760	
4	规费	239001	
5	税金	710330	
投标报价合计＝1＋2＋3＋4＋5		8607718	845000

7.2.5　编制投标文件

1. 投标文件的内容

投标人应当按照招标文件的要求编制投标文件。投标文件应当包括下列内容：

（1）投标函及投标函附录；

（2）法定代表人身份证明或附有法定代表人身份证明的授权委托书；

（3）联合体协议书（如工程允许采用联合体投标）；

（4）投标保证金；

（5）已标价工程量清单；

（6）施工组织设计；

（7）项目管理机构；

（8）拟分包项目情况表；

（9）资格审查资料；

（10）招标文件要求提供的其他材料。

2. 投标文件编制时应遵循的规定

（1）投标文件应按"投标文件格式"进行编写，如有必要，可以增加附页，作为投标文件的组成部分。其中，投标函附录在满足招标文件实质性要求的基础上，可以提出比招标文件要求更有利于招标人的承诺。

（2）投标文件应当对招标文件有关工期、投标有效期、质量要求、技术标准和要求、招标范围等实质性内容做出响应。

（3）投标文件应由投标人的法定代表人或其委托代理人签字或盖单位章。委托代理人签字的，投标文件应附法定代表人签署的授权委托书。投标文件应尽量避免涂改、行间插字或删除。如果出现上述情况，改动之处应加盖单位章或由投标人的法定代表人或其授权的代理人签字确认。

（4）投标文件正本一份，副本份数按招标文件有关规定。正本和副本的封面上应清楚地标记"正本"或"副本"的字样。投标文件的正本与副本应分别装订成册，并编制目录。当副本和正本不一致时，以正本为准。

（5）除招标文件另有规定外，投标人不得递交备选投标方案。允许投标人递交备选投标方案的，只有中标人所递交的备选投标方案方可予以考虑。评标委员会认为中标人

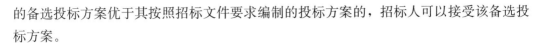

的备选投标方案优于其按照招标文件要求编制的投标方案的，招标人可以接受该备选投标方案。

3. 投标文件的递交

投标人应当在招标文件规定的提交投标文件的截止时间前，将投标文件密封送达投标地点。招标人收到招标文件后，应当向投标人出具标明签收人和签收时间的凭证，在开标前任何单位和个人不得开启投标文件。在招标文件要求提交投标文件的截止时间后送达或未送达指定地点的投标文件，为无效的投标文件，招标人不予受理。有关投标文件的递交还应注意以下问题：

（1）投标人在递交投标文件的同时，当招标文件要求提交投标保证金的，应按规定的日期、金额、担保形式和投标保证金格式递交投标保证金，并作为其投标文件的组成部分。联合体投标的，其投标保证金由牵头人递交，并应符合规定。投标保证金除现金外，可以是银行出具的银行保函、保兑支票、银行汇票或现金支票。依据《招标投标法实施条例》，招标人在招标文件中要求投标人提交投标保证金的，投标保证金不得超过招标项目估算价的 2%，具体标准可遵照各行业规定。投标人不按要求提交投标保证金的，其投标文件应被否决。招标人与中标人签订合同后 5 个工作日内，向未中标的投标人和中标人退还投标保证金。出现下列情况的，投标保证金将不予返还：

① 投标人在规定的投标有效期内撤销或修改其投标文件；

② 中标人在收到中标通知书后，无正当理由拒签合同协议书或未按招标文件规定提交履约担保。

（2）投标有效期。投标有效期是招标人对投标人发出的邀约做出承诺的期限，也是投标人就其提交的投标文件承担相关义务的期限。投标有效期从投标截止时间起计算，主要用于组织评标委员会评标、招标人定标、发出中标通知书，以及签订合同等工作，一般考虑以下因素：

① 组织评标委员会完成评标需要的时间；

② 确定中标人需要的时间；

③ 签订合同需要的时间。

投标有效期的期限可根据项目特点确定，一般项目投标有效期为 60～90 天，大型项目 120 天左右。投标保证金的有效期应与投标有效期保持一致。

出现特殊情况需要延长投标有效期的，招标人以书面形式通知所有投标人延长投标有效期。投标人同意延长的，应相应延长其投标保证金的有效期，但不得要求或被允许修改其投标文件的实质性内容；投标人拒绝延长的，其投标失效，但投标人有权收回其投标保证金。

（3）投标文件的密封和标识。投标文件的正本与副本应分开包装，加贴封条，并在封套上清楚标记"正本"或"副本"字样，于封口处加盖投标人单位章。

（4）投标文件的修改与撤回。在规定的投标截止时间前，投标人可以修改或撤回已递交的投标文件，但应以书面形式通知招标人。在招标文件规定的投标有效期内，投标人不得要求撤销或修改其投标文件。

（5）费用承担与保密责任。投标人准备和参加投标活动发生的费用自理。参与招标投标活动的各方应对招标文件和投标文件中的商业和技术等秘密保密，违者应对由此造成的后果承担法律责任。

4. 联合体投标

两个以上法人或者其他组织可以组成一个联合体，以一个投标人的身份共同投标。联合体投标需遵循以下规定：

（1）联合体各方应按招标文件提供的格式签订联合体协议书，明确联合体牵头人和各方权利义务，牵头人代表联合体成员负责投标和合同实施阶段的主办、协调工作，并应当向招标人提交由所有联合体成员法定代表人签署的授权书。

（2）联合体各方签订共同投标协议后，不得再以自己名义单独投标，也不得组成新的联合体或参加其他联合体在同一项目中投标。联合体各方在同一招标项目中以自己名义单独投标或者参加其他联合体投标的，相关投标均无效。

（3）招标人接受联合体投标并进行资格预审的，联合体应当在提交资格预审申请文件前组成。资格预审后联合体增减、更换成员的，其投标无效。

（4）由同一专业的单位组成的联合体，按照资质等级较低的单位确定资质等级。

（5）联合体投标的，应当以联合体各方或者联合体中牵头人的名义提交投标保证金。以联合体中牵头人名义提交的投标保证金，对联合体各成员具有约束力。

5. 串通投标

在投标过程有串通投标行为的，招标人或有关管理机构可以认定该行为无效。

（1）有下列情形之一的，属于投标人相互串通投标：

① 投标人之间协商投标报价等投标文件的实质性内容；

② 投标人之间约定中标人；

③ 投标人之间约定部分投标人放弃投标或者中标；

④ 属于同一集团、协会、商会等组织成员的投标人按照该组织要求协同投标；

⑤投标人之间为谋取中标或者排斥特定投标人而采取的其他联合行动。

（2）有下列情形之一的，视为投标人相互串通投标：

① 不同投标人的投标文件由同一单位或者个人编制；

② 不同投标人委托同一单位或者个人办理投标事宜；

③ 不同投标人的投标文件载明的项目管理成员为同一人；

④ 不同投标人的投标文件异常一致或者投标报价呈规律性差异；

⑤ 不同投标人的投标文件相互混装；

⑥ 不同投标人的投标保证金从同一单位或者个人的账户转出。

（3）有下列情形之一的，属于招标人与投标人串通投标：

① 招标人在开标前开启投标文件并将有关信息泄露给其他投标人；

② 招标人直接或者间接向投标人泄露标底、评标委员会成员等信息；

③ 招标人明示或者暗示投标人压低或者抬高投标报价；

④ 招标人授意投标人撤换、修改投标文件；

⑤ 招标人明示或者暗示投标人为特定投标人中标提供方便；

⑥ 招标人与投标人为谋求特定投标人中标而采取的其他串通行为。

7.3 中标价及合同价款的约定

在建设工程发承包过程中有两项重要工作：一是对承包人的选择，对于招标承包而言，我国相关法规对于开标的时间和地点、出席开标会议的一系列规定、开标的顺序以及否决投标等，评标原则和评标委员会的组建、评标程序和方法，定标的条件与做法，均做出了明确而清晰的规定。二是通过优选确定承包人后，就必须通过一种法律行为即合同来明确双方当事人的权利义务，其中合同价款的约定是建设工程计价的重要内容。

7.3.1 评标的准备与初步评审

评标活动应遵循公平、公正、科学、择优的原则，招标人应当采取必要的措施，保证评标在严格保密的情况下进行。评标是招标投标活动中一个十分重要的阶段，如果对评标过程不进行保密，则影响公正评标的不正当行为有可能发生。

评标委员会成员名单一般应于开标前确定，而且该名单在中标结果确定前应当保密。评标委员会在评标过程中是独立的，任何单位和个人都不得非法干预、影响评标过程和结果。

1. 清标

清标是指招标人或工程造价咨询人在开标后且在评标前，对投标人的投标报价是否响应招标文件、违反国家有关规定，以及报价的合理性、算术性错误等进行审查并出具意见的活动。清标通过采用核对、比较、筛选等方法，对投标文件进行基础性的数据分析和整理工作。其目的是找出投标文件中可能存在疑义或者显著异常的数据，为初步评审以及详细评审中的质疑工作提供基础。清标工作主要包含以下主要内容：

（1）对招标文件的实质性响应；

（2）错项、漏项、多项的核查与整理；

（3）清单项目综合单价的合理性分析；

（4）措施项目清单的完整性和合理性分析；

（5）其他项目清单的完整性和合理性分析；

（6）不平衡报价的分析；

（7）暂列金额、暂估价正确性复核；

（8）总价与合价的算术性复核及修正建议；

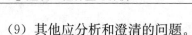

（9）其他应分析和澄清的问题。

2. 初步评审及标准

根据《评标委员会和评标方法暂行规定》和《标准施工招标文件》的规定，我国目前评标中主要采用的方法包括经评审的最低投标价法和综合评估法，两种评标方法在初步评审阶段，其内容和标准是一致的。

（1）初步评审标准。初步评审标准包括以下四方面：

① 形式评审标准。包括：投标人名称与营业执照、资质证书、安全生产许可证一致；投标函上有法定代表人或其委托代理人签字或加盖单位章；投标文件格式符合要求；联合体投标人（如有）已提交联合体协议书，并明确联合体牵头人；报价唯一，即只能有一个有效报价；等等。

② 资格评审标准。如果是未进行资格预审的，应具备有效的营业执照，具备有效的安全生产许可证，并且资质等级、财务状况、类似项目业绩、信誉、项目经理、其他要求、联合体投标人等均符合规定。如果是已进行资格预审的，仍按资格审查办法中详细审查标准来进行。

③ 响应性评审标准。主要的评审内容包括投标报价校核，审查全部报价数据计算的正确性，分析报价构成的合理性，并与招标控制价进行对比分析，还有工期、工程质量、投标有效期、投标保证金、权利义务、已标价工程量清单、技术标准和要求、分包计划等均应符合招标文件的有关要求。也就是说，投标文件应实质上响应招标文件的所有条款、条件，无显著的差异或保留。所谓显著的差异或保留包括以下情况：对工程的范围、质量及使用性能产生实质性影响；偏离了招标文件的要求，而对合同中规定的招标人的权利或者投标人的义务造成实质性的限制；纠正这种差异或者保留将会对提交了实质性响应要求的投标书的其他投标人的竞争地位产生不公正影响。

④ 施工组织设计和项目管理机构评审标准。主要包括施工方案与技术措施、质量管理体系与措施、安全管理体系与措施、环境保护管理体系与措施、工程进度计划与措施、资源配备计划、技术负责人、其他主要人员、施工设备、试验与检测仪器设备等符合有关标准。

（2）投标文件的澄清和说明。评标委员会可以书面方式要求投标人对投标文件中含义不明确的内容作必要的澄清、说明或补正，但是澄清、说明或补正不得超出投标文件的范围或者改变投标文件的实质性内容。对招标文件的相关内容作出澄清、说明或补正，其目的是有利于评标委员会对投标文件的审查、评审和比较。澄清、说明或补正包括投标文件中含义不明确、对同类问题表述不一致或者有明显文字和计算错误的内容。但评标委员会不得向投标人提出带有暗示性或诱导性的问题，或向其明确投标文件中的遗漏和错误。同时，评标委员会不接受投标人主动提出的澄清、说明或补正。

投标文件不响应招标文件的实质性要求和条件的，招标人应当否决，并不允许投标人通过修正或撤销其不符合要求的差异或保留，使之成为具有响应性的投标。

评标委员会对投标人提交的澄清、说明或补正有疑问的，可以要求投标人进一步澄清、说明或补正，直至满足评标委员会的要求。

（3）投标报价有算术错误的修正。投标报价有算术错误的，评标委员会按以下原则对投标报价进行修正，修正的价格经投标人书面确认后具有约束力。投标人不接受修正价格的，其投标被否决。

① 投标文件中的大写金额与小写金额不一致的，以大写金额为准。

② 总价金额与依据单价计算出的结果不一致的，以单价金额为准修正总价，但单价金额小数点有明显错误的除外。

此外，如对不同文字文本投标文件的解释发生异议的，以中文文本为准。

（4）经初步评审后否决投标的情况。评标委员会应当审查每一投标文件是否对招标文件提出的所有实质性要求和条件做出响应。未能在实质上响应的投标，评标委员会应当否决其投标。具体情形包括：

① 不符合招标文件规定"投标人资格要求"中任何一种情形的。

② 投标人以他人名义投标、串通投标、弄虚作假或有其他违法行为的。

③ 不按评标委员会要求澄清、说明或补正的。

④ 评标委员会发现投标人的报价明显低于其他投标报价或者在设有标底时明显低于标底，使得其投标报价可能低于其个别成本的，应当要求该投标人作出书面说明并提供相关证明材料。投标人不能合理说明或者不能提供相关证明材料的，由评标委员会认定该投标人以低于成本报价竞标，其投标应当否决。

⑤ 投标文件无单位盖章并无法定代表人或法定代表人授权的代理人签字或盖章的。

⑥ 投标文件未按规定的格式填写，内容不全或关键字迹模糊、无法辨认的。

⑦ 投标人递交两份或多份内容不同的投标文件，或在一份投标文件中对同一招标项目报有两个或多个报价，且未声明哪一个有效。按招标文件规定提交备选投标方案的除外。

⑧ 投标人名称或组织结构与资格预审时不一致的。

⑨ 未按招标文件要求提交投标保证金的。

⑩ 联合体投标未附联合体各方共同投标协议的。

3. 详细评审标准与方法

经初步评审合格的投标文件，评标委员会应当根据招标文件确定的评标标准和方法，对其技术部分和商务部分做进一步评审、比较。详细评审的方法包括经评审的最低投标价法和综合评估法两种。

1）经评审的最低投标价法。经评审的最低投标价法是指评标委员会对满足招标文件实质要求的投标文件，根据详细评审标准规定的量化因素及量化标准进行价格折算，按照经评审的投标价由低到高的顺序推荐中标候选人，或根据招标人授权直接确定中标人，但投标报价低于其成本的除外。经评审的投标价相等时，投标报价低的优先；投标报价也相等的，优先条件由招标人事先在招标文件中确定。

（1）经评审的最低投标价法的适用范围。按照《评标委员会和评标方法暂行规定》

的规定，经评审的最低投标价法一般适用于具有通用技术、性能标准或者招标人对其技术、性能没有特殊要求的招标项目。

（2）详细评审标准及规定。采用经评审的最低投标价法的，评标委员会应当根据招标文件中规定的量化因素和标准进行价格折算，对所有投标人的投标报价以及投标文件的商务部分做必要的价格调整。根据《标准施工招标文件》的规定，主要的量化因素包括单价遗漏和付款条件等，招标人可以根据项目具体特点和实际需要，进一步删减、补充或细化量化因素和标准。另外，世界银行贷款项目采用此种评标方法时，通常考虑的量化因素和标准包括：一定条件下的优惠（借款国国内投标人有 7.5% 的评标优惠）；工期提前的效益对报价的修正；同时投多个标段的评标修正等。所有的这些修正因素都应当在招标文件中有明确的规定。对同时投多个标段的评标修正，一般的做法是，如果投标人的某一个标段已被确定为中标，则在其他标段的评标中按照招标文件规定的百分比（通常为 4%）乘以报价额后，在评标价中扣减此值。

根据经评审的最低投标价法完成详细评审后，评标委员会应当拟订一份"价格比较一览表"，连同书面评标报告提交招标人。"价格比较一览表"应当载明投标人的投标报价、对商务偏差的价格调整和说明以及已评审的最终投标价。

【例 7.3.1】 某高速公路项目招标采用经评审的最低投标价法评标，招标文件规定对同时投多个标段的评标修正率为 5%。现有投标人甲同时投标 1 号和 2 号标段，其报价依次为 7500 万元、6000 万元。若甲在 1 号标段已被确定为中标，则其在 2 号标段的评标价应为多少万元？

解： 投标人甲在 1 号标段中标后，其在 2 号标段的评标可享受 5% 的评标优惠，具体做法应是将其 2 号标段的投标报价乘以 5%，在评标价中扣减该值。因此有：

投标人甲 2 号标段的评标价 $= 6000 \times (1-5\%) = 5700$（万元）

2）综合评估法。不宜采用经评审的最低投标价法的招标项目，一般应当采取综合评估法进行评审。综合评估法是指评标委员会对满足招标文件实质性要求的投标文件，按照规定的评分标准进行打分，并按得分由高到低顺序推荐中标候选人，或根据招标人授权直接确定中标人，但投标报价低于其成本的除外。综合评分相等时，以投标报价低的优先；投标报价也相等的，优先条件由招标人事先在招标文件中确定。

（1）详细评审中的分值构成与评分标准。综合评估法下评标分值构成分为四个方面，即施工组织设计、项目管理机构、投标报价、其他评分因素。总计分值为 100 分。各方面所占比例和具体分值由招标人自行确定，并在招标文件中明确载明。上述的四个方面标准具体评分因素见表 7.3.1：

表 7.3.1　综合评估法下的评分因素和评分标准

分值构成	评分因素	评分标准
施工组织设计评分标准	内容完整性和编制水平	……
	施工方案与技术措施	……
	质量管理体系与措施	……

续表

分值构成	评分因素	评分标准
施工组织设计评分标准	安全管理体系与措施	……
	环境保护管理体系与措施	……
	工程进度计划与措施	……
	资源配备计划	……
项目管理机构评分标准	项目经理任职资格与业绩	……
	技术责任人任职资格与业绩	……
	其他主要人员	……
投标报价评分标准	偏差率	……
其他因素评分标准	……	……

【例 7.3.2】 各评审因素的权重和标准由招标人自行确定，例如可设定施工组织设计占 25 分，项目管理机构占 10 分，投标报价占 60 分，其他因素占 5 分。施工组织设计部分可进一步细分为：内容完整性和编制水平 2 分，施工方案与技术措施 12 分，质量管理体系与措施 2 分，安全管理体系与措施 3 分，环境保护管理体系与措施 3 分，工程进度计划与措施 2 分，其他因素 1 分等。对施工方案与基础措施可规定如下的评分标准：施工方案及施工方法先进可行，技术措施针对工程质量、工期和施工安全生产有充分保障 11～12 分；施工方案先进，方法可行，技术措施针对工程质量、工期和施工安全生产有保障 8～10 分；施工方案及施工方法可行，技术措施针对工程质量、工期和施工安全生产基本有保障 6～7 分；施工方案及施工方法基本可行，技术措施针对工程质量、工期和施工安全生产基本有保障 1～5 分。

（2）投标报价偏差率的计算。在评标过程中，可以对各个投标文件按下式计算投标报价偏差率：

$$偏差率＝（投标人报价－评标基准价）/评标基准价×100\% \qquad (7.3.1)$$

评标基准价的计算方法应在投标人须知前附表中予以明确。招标人可依据招标项目的特点、行业管理规定给出评标基准价的计算方法，确定时也可适当考虑投标人的投标报价。

（3）详细评审过程。评标委员会按分值构成与评分标准规定的量化因素和分值进行打分，并计算出各标书综合评估得分。

① 按规定的评审因素和标准对施工组织设计计算出得分 A。

② 按规定的评审因素和标准对项目管理机构计算出得分 B。

③ 按规定的评审因素和标准对投标报价计算出得分 C。

④ 按规定的评审因素和标准对其他部分计算出得分 D。

评分分值计算保留小数点后两位，小数点后第三位四舍五入。投标人得分计算公式是：投标人得分＝$A+B+C+D$。由评委对各投标人的标书进行评分后加以比较，最后以总得分最高的投标人为中标候选人。

根据综合评估法完成评标后，评标委员会应当拟订一份"综合评估比较表"，连同书面评标报告提交招标人。"综合评估比较表"应当载明投标人的投标报价、所做的任何修正、对商务偏差的调整、对技术偏差的调整、对各评审因素的评估以及对每一投标的最终评审结果。

7.3.2　中标人的确定

1. 评标报告的内容及提交

除招标人授权直接确定中标人外，评标委员会按照经评审的价格由低到高的顺序推荐中标候选人。评标委员会完成评标后，应当向招标人提交书面评标报告，并抄送有关行政监督部门。评标报告应当如实记载以下内容：

（1）基本情况和数据表。

（2）评标委员会成员名单。

（3）开标记录。

（4）符合要求的投标一览表。

（5）废标情况说明。

（6）评标标准、评标方法或者评标因素一览表。

（7）经评审的价格或者评分比较一览表。

（8）经评审的投标人排序。

（9）推荐的中标候选人名单与签订合同前要处理的事宜。

（10）澄清、说明、补正事项纪要。

评标报告由评标委员会全体成员签字。对评标结论持有异议的评标委员会成员可以书面方式阐述其不同意见和理由。评标委员会成员拒绝在评标报告上签字且不陈述其不同意见和理由的，视为同意评标结论。评标委员会应当对此做出书面说明并记录在案。

2. 公示中标候选人

为维护公开、公平、公正的市场环境，鼓励各招投标当事人积极参与监督，按照《招标投标法实施条例》的规定，依法必须进行招标的项目，招标人需对中标候选人进行公示。对中标候选人的公示需明确以下几个方面：

（1）公示范围。公示的项目范围是依法必须进行招标的项目，其他招标项目是否公示中标候选人由招标人自主决定。

（2）公示媒体。招标人在确定中标人之前，应当将中标候选人在交易场所和指定媒体上公示。

（3）公示时间（公示期）。招标人应当自收到评标报告之日起3日内公示中标候选人，公示期不得少于3日。

（4）公示内容。招标人需对中标候选人全部名单及排名进行公示，而不是只公示排名第一的中标候选人。同时，对有业绩信誉条件的项目，在投标报名或开标时提供的作为资格条件或业绩信誉情况，应一并进行公示，但不含投标人的各评分要素的得分情况。依法必须招标项目的中标候选人公示应当载明以下内容：中标候选人排序、名称、投标报价、质量、工期（交货期），以及评标情况；中标候选人按照招标文件要求承诺的项目负责人姓名及其相关证书名称和编号；中标候选人响应招标文件要求的资格能力条件；提出异议的渠道和方式；招标文件规定公示的其他内容。

（5）异议处置。投标人或者其他利害关系人对依法必须进行招标的项目的评标结果有异议的，应当在中标候选人公示期间提出。招标人应当自收到异议之日起 3 日内做出答复；做出答复前，应当暂停招标投标活动。经核查后发现在招投标过程中确有违反相关法律法规且影响评标结果公正性的，招标人应当重新组织评标或招标。招标人拒绝自行纠正或无法自行纠正的，则根据《招标投标法实施条例》第 60 条的规定向有关行政监督部门投诉。对于故意虚构事实，扰乱招投标市场秩序的，则按照有关规定进行处理。

3. 确定中标人

除招标文件中特别规定了授权评标委员会直接确定中标人外，招标人应依据评标委员会推荐的中标候选人确定中标人，评标委员会推荐中标候选人的人数应符合招标文件的要求，应当不超过 3 人，并标明排列顺序。中标人的投标应当符合下列条件之一：

（1）能够最大限度满足招标文件中规定的各项综合评价标准。

（2）能够满足招标文件的实质性要求，并且经评审的投标价格最低。但是投标价格低于成本的除外。

对国有资金占控股或者主导地位的项目，招标人应当确定排名第一的中标候选人为中标人。排名第一的中标候选人放弃中标、因不可抗力提出不能履行合同，或者招标文件规定应当提交履约保证金而在规定的期限内未能提交，或者被查实存在影响中标结果的违法行为等情形，不符合中标条件的，招标人可以按照评标委员会提出的中标候选人名单排序依次确定其他中标候选人为中标人。依次确定其他中标候选人与招标人预期差距较大，或者对招标人明显不利的，招标人可以重新招标。

招标人可以授权评标委员会直接确定中标人。

招标人不得向中标人提出压低报价、增加工作量、缩短工期或其他违背中标人意愿的要求，以此作为发出中标通知书和签订合同的条件。

4. 中标通知及签约准备

（1）发出中标通知书。中标人确定后，招标人应当向中标人发出中标通知书，并同时将中标结果通知所有未中标的投标人。中标通知书对招标人和中标人具有法律效力。中标通知书发出后，招标人改变中标结果，或者中标人放弃中标项目的，应当依法承担法律责任。依据《招标投标法》的规定，依法必须进行招标的项目，招标人应当自确定中标人之日起 15 日内，向有关行政监督部门提交招标投标情况的书面报告。书面报告中至少应包括下列内容：

① 招标范围。

② 招标方式和发布招标公告的媒介。

③ 招标文件中投标人须知、技术条款、评标标准和方法、合同主要条款等内容。

④ 评标委员会的组成和评标报告。

⑤ 中标结果。

（2）履约担保。在签订合同前，招标文件要求中标人提交履约保证金的，中标人应当提交。履约保证金属于中标人向招标人提供用以保障其履行合同义务的担保。中标人以及联合体的中标人应按招标文件有关规定的金额、担保形式和提交时间，向招标人提交履约担保。履约担保有现金、支票、汇票、履约担保书和银行保函等形式，可以选择其中的一种作为招标项目的履约保证金，一般采用银行保函和履约担保书。履约保证金金额最高不得超过中标合同金额的 10%。中标人不能按要求提交履约保证金的，视为放弃中标，其投标保证金不予退还。给招标人造成的损失超过投标保证金数额的，中标人还应当对超过部分予以赔偿。履约保证金的有效期自合同生效之日起至合同约定的中标人主要义务履行完毕止。

招标人要求中标人提供履约保证金或其他形式履约担保的，招标人应当同时向中标人提供工程款支付担保。中标后的承包人应保证其履约担保在发包人颁发工程接收证书前一直有效。发包人应在工程接收证书颁发后 28 天内把履约保证金退还给承包人。

7.3.3 合同价款的约定

合同价款是合同文件的核心要素，建设项目不论是招标发包还是直接发包，合同价款的具体数额均在"合同协议书"中载明。

1. 签约合同价与中标价的关系

签约合同价是指合同双方签订合同时在协议书中列明的合同价格，对于以单价合同形式招标的项目，工程量清单中各种价格的总计即为合同价。合同价就是中标价，因为中标价是指评标时经过算术修正的，并在中标通知书中载明招标人接受的投标价格。法理上，经公示后招标人向投标人发出中标通知书（投标人向招标人回复确认中标通知书已收到），中标人的中标价就受到法律保护，招标人不得以任何理由反悔。这是因为，中标价格属于招投标活动中的核心内容，根据《招标投标法》第 46 条第 1 款有关"招标人和中标人应当……按照招标文件和中标人的投标文件订立书面合同。招标人和中标人不得再行订立背离合同实质性内容的其他协议"之规定，发包人应根据中标通知书确定的价格签订合同。

2. 合同签订的时间及规定

招标人和中标人应当在投标有效期内并在自中标通知书发出之日起 30 天内，按照招标文件和中标人的投标文件订立书面合同。中标人无正当理由拒签合同的，招标人取消其中标资格，其投标保证金不予退还；给招标人造成的损失超过投标保证金数额的，中标人还应当对超过部分予以赔偿。发出中标通知书后，招标人无正当理由拒签合同的，招标人向中标人退还投标保证金；给中标人造成损失的，还应当赔偿损失。招标人最迟应当在与中标人签订合同后 5 日内，向中标人和未中标的投标人退还投标保证金及银行同期存款利息。

3. 合同价款类型的选择

实行招标的工程合同价款应由发承包双方依据招标文件和中标人的投标文件在书面合同中约定。合同约定不得违背招投标文件中关于工期、造价、质量等方面的实质性内容。招标文件与中标人投标文件不一致的地方，以投标文件为准。不实行招标的工程合同价款，在发承包双方认可的合同价款基础上，由发承包双方在合同中约定。

根据《建设工程工程量清单计价规范》（GB 50500—2013），实行工程量清单计价的工程，应采用单价合同；建设规模较小，技术难度较低，工期较短，且施工图设计已审查批准的建设工程可采用总价合同；紧急抢险、救灾以及施工技术特别复杂的建设工程可采用成本加酬金合同。可见，常见的合价计价方式有单价合同、总价合同和成本加酬金合同，采用清单计价的应采用单价合同，但并不排除总价合同。

（1）单价合同。单价合同是指合同当事人约定以工程量清单及其综合单价进行合同价格计算、调整和确认的建设工程施工合同，在约定的范围内合同单价不作调整。合同当事人应在专用合同条款中约定综合单价包含的风险范围和风险费用的计算方法，并约定风险范围以外的合同价格的调整方法，其中因市场价格波动引起的调整按市场价格波动引起的调整约定执行；因法律变化引起的调整按法律变化引起的调整约定执行。

单价合同的特点是单价优先。标价的工程量清单中的工程量是暂定的工程量，结算时需要重新计量工程量，要重新根据实际情况确认工程量进行结算；综合单价是否调整主要看合同约定的范围和幅度，当出现了综合单价调整的因素并达到约定范围和幅度的，调整综合单价。主要适用于在招标前，工程范围不完整，需要由招标人、发包人对招标范围、招标工程量清单等承担相应的责任。其特点如图 7.3.1 所示。

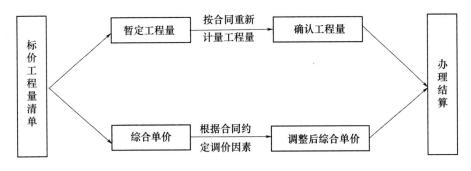

图 7.3.1　单价合同特点

（2）总价合同。总价合同是指合同当事人约定以施工图、已标价工程量清单或预算书及有关条件进行合同价格计算、调整和确认的建设工程施工合同，在约定的范围内合同总价不做调整。合同当事人应在专用合同条款中约定总价包含的风险范围和风险费用的计算方法，并约定风险范围以外的合同价格的调整方法，其中因市场价格波动引起的调整按市场价格波动引起的调整；因法律变化引起的调整按法律变化引起的调整约定执行。

总价合同的特点是总价优先，在总价的基础上进行结算，不需要重新计量工程量，即总价加变更加调整结算。当采用施工图及预算书签订的总价合同，发包人对预算书中的工程量不承担责任，仅对图纸包括的工程范围承担责任，当图纸包括的工程范围没有发生变化，总价的调整主要考虑市场因素。总价合同特点如图 7.3.2 所示。

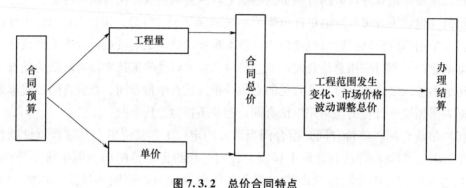

图 7.3.2　总价合同特点

（3）成本加酬金合同。成本加酬金合同也称成本补偿合同，发承包双方约定以施工工程成本再加合同约定酬金进行合同价款计算、调整和确认的建设工程施工合同。换句话说，施工工程成本由发包人完全承担，承包人赚取酬金。成本加酬金合同的形式主要有以下几种：

① 成本加固定费用合同。根据双方讨论同意的工程规模、估计工期、技术要求、工作性质及复杂性、所涉及的风险等来考虑确定一笔固定数目的报酬金额作为管理费及利润，对人工、材料、机械台班等直接成本则实报实销。如果设计变更或增加新项目，当直接费超过原估算成本的一定比例（10%）时，固定的报酬也要增加。在工程总成本一开始估计不准，可能变化不大的情况下，可采用此合同形式，有时可分几个阶段谈判付给的固定报酬。

② 成本加固定比例费用合同。工程成本中直接费加一定比例的报酬费，报酬部分的比例在签订合同时由双方确定。这种方式的报酬费用总额随成本加大而增加，不利于缩短工期和降低成本。一般在工程初期很难描述工作范围和性质，或工期紧迫，无法按常规编制招标文件招标时采用。

③ 成本加奖金合同。奖金是根据报价书中的成本估算指标制定的，在合同中对这个估算指标规定一个底点和顶点，分别为工程成本的 60%～75% 和 110%～135%。承包人在估算指标的顶点以下完成工程则可得到奖金，超过顶点则要对超出部分支付罚

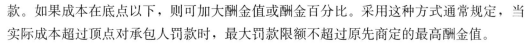

款。如果成本在底点以下，则可加大酬金值或酬金百分比。采用这种方式通常规定，当实际成本超过顶点对承包人罚款时，最大罚款限额不超过原先商定的最高酬金值。

在招标时，当图纸、规范等准备不充分，不能据以确定合同价格，而仅能制定一个估算指标时可采用这种形式。

④ 最大成本加费用合同。在工程成本总价基础上加固定酬金费用方式，即当设计深度达到可以报总价的深度，投标人报一个工程成本总价和一个固定的酬金（包括各项管理费、风险费和利润）。如果实际成本超过合同规定的工程成本总价，由承包人承担所有的额外费用，若实施过程中节约了成本，节约的部分归发包人，或者由发包人与承包人分享，在合同中要确定节约分成比例。在非代理型（风险型）CM 模式的合同中就采用这种方式。

（4）三种合同价格的选择及注意事项。不同的合同计价方式具有不同的特点和应用范围，对设计尝试的要求也是不同的，其比较见表 7.3.2。

表 7.3.2　三种合同比较

	总价合同	单价合同	成本加酬金合同
应用范围	广泛	工程量暂不确定的工程	紧急工程、保密工程等
发包人的投资控制工作	容易	工作量较大	难度大
发包人的风险	较小	较大	很大
承包人的风险	大	较小	无
设计深度要求	施工图设计	初步设计或施工图设计	各设计阶段

4. 合同价款约定的内容

合同价款的有关事项由发承包双方约定，一般包括合同价款约定方式，预付工程款、工程进度款、工程竣工价款的支付和结算方式，以及合同价款的调整情形等。发承包双方应在合同条款中对下列事项进行约定：

（1）预付工程款的数额、支付时间及抵扣方式；

（2）安全文明施工措施的支付计划、使用要求等；

（3）工程计量与支付工程进度款的方式、数额及时间；

（4）工程价款的调整因素、方法、程序、支付及时间；

（5）施工索赔与现场签证的程序、金额确认与支付时间；

（6）承担计价风险的内容、范围以及超出约定内容、范围的调整办法；

（7）工程竣工价款结算编制与核对、支付及时间；

（8）工程质量保证金的数额、扣留方式及时间；

（9）违约责任以及发生工程价款争议的解决方法及时间；

（10）与履行合同、支付价款有关的其他事项等。

本章小结:

　　施工招标文件包括招标公告（或投标邀请书）、投标人须知、评标办法、合同条款及格式、工程量清单（招标控制价）、图纸、技术标准和要求、投标文件格式、投标人须知前附表规定的其他材料。招标工程量清单的编制内容包括分部分项工程量清单、措施项目清单、其他项目清单、规费和税金项目清单。招标控制价的编制内容包括分部分项工程费、措施项目费、其他项目费、规费和税金，各个部分有不同的计价要求。投标报价的编制过程，应首先根据招标人提供的工程量清单编制分部分项工程和措施项目计价表、其他项目计价表、规费、税金项目计价表，计算完毕之后，汇总得到单位工程投标报价汇总表，再层层汇总，分别得出单项工程投标报价汇总表和工程项目投标总价汇总表。在编制过程中，投标人应按招标人提供的工程量清单填报价格。我国目前评标中主要采用的方法包括经评审的最低投标价法和综合评估法。根据《建设工程工程量清单计价规范》，实行工程量清单计价的工程，应采用单价合同；建设规模较小，技术难度较低，工期较短，且施工图设计已审查批准的建设工程可采用总价合同；紧急抢险、救灾以及施工技术特别复杂的建设工程可采用成本加酬金合同。

思考与练习

　　1. 何为招标工程量清单、招标控制价、投标价？
　　2. 简述项目招标投标的一般程序。
　　3. 简述招标控制价的编制方法。
　　4. 简述招标控制编制与投标价编制区别。
　　5. 简述合同价款约定的内容。
　　6. 简述常见的合同价格形式及其区别。

建设项目施工阶段计量与计价

本章导读：

建设项目具有多次性计价的特点，本章介绍了建设项目在施工阶段的计量、价款调整及结算内容。施工过程中很多因素将会引起合同价款的调整，本章根据2013版《建设工程工程量清单计价规范》列举的14个可调事项划分为五大类，分别为法规变化类、工程变更类、物价变化类、工程索赔类和其他类。工程合同价款的支付和结算包括预付款的支付与扣回，进度款的支付，结算款的支付，质量保证金的处理和最终结清。施工过程中难免会出现合同价款纠纷，本章还介绍了纠纷的解决途径，并根据最高人民法院的司法解释阐述了合同价款纠纷的处理原则。本章的学习注意与实际情况相结合，学以致用。

学习目标：

1. 熟悉工程计量的方法，掌握工程计量的原则；
2. 掌握工程变更类合同价款、物价变化类合同价款、工程索赔类合同价款调整事项；
3. 熟悉预付款担保，掌握预付款的支付与扣回；
4. 了解安全文明施工费的支付，掌握进度款的结算支付；
5. 熟悉工程价款纠纷的解决途径，掌握合同价款纠纷的处理原则；
6. 熟悉竣工结算文件的审核和竣工结算款的支付。

思想政治教育的融入点：

介绍建设项目施工阶段计量与计价，引入案例——装配式建筑。

装配式建筑规划自2015年以来密集出台，2015年发布《工业化建筑评价标准》，决定于2016年在全国全面推广装配式建筑，并取得突破性进展；2015年11月14日住房城乡建设部出台《建筑产业现代化发展纲要》，计划到2020年装配式建筑占新建建筑的比例达到20％以上，到2025年装配式建筑占新建建筑的比例达到50％以上；2016年2月22日国务院出台《关于大力发展装配式建筑的指导意见》，要求因地制宜发展装配式混凝土结构、钢结构和现代木结构等装配式建筑，力争用10年左右的时间，使装配式建筑占新建建筑面积的比例达到30％；2016年3月5日政府工作报告提出要大力发展钢结构和装配式建筑，提高建筑工程标准和质量；2016年7月5日住房城乡建设部印发《住房城乡建设部2016年科学技术项目计划装配式建筑科技示范项目名单》；2016年9月14日国务院召开国务院常务会议，提出要大力发展装配式建筑，推动产业结构调整升级；2016年9月27日国务院出台《国务院办公厅关于大力发展装配式建筑的指导意见》，对大力发展装配式建筑和钢结构重点区域、未来装配式建筑占比新建建筑目标、重点发展城市进行了明确。

2020年8月28日，住房城乡建设部、教育部、科技部、工业和信息化部等九部门联合印发《关于加快新型建筑工业化发展的若干意见》。意见提出：要大力发展钢结构建筑、推广装配式混凝土建筑，培养新型建筑工业化专业人才，壮大设计、生产、施工、管理等方面人才队伍，加强新型建筑工业化专业技术人员继续教育；培育技能型产业工人，深化建筑用工制度改革，完善建筑业从业人员技能水平评价体系，促进学历证书与职业技能等级证书融通衔接。打通建筑工人职业化发展道路，弘扬工匠精神，加强职业技能培训，大力培育产业工人队伍；全面贯彻新发展理念，推动城乡建设绿色发展和高质量发展，以新型建筑工业化带动建筑业全面转型升级，打造具有国际竞争力的"中国建造"品牌。

预期教学成效：

培养学生职业理想和职业道德，帮助学生了解相关专业和行业领域的发展态势，了解国家发展战略和行业需求，增强职业责任感，教育引导学生准确理解并自觉践行本行业的职业精神和职业规范。

8.1 工程计量

对承包人已经完成的合格工程进行计量并予以确认，是发包人支付工程价款的前提工作。因此，工程计量不仅是发包人控制施工阶段工程造价的关键环节，也是约束承包人履行合同义务的重要手段。

8.1.1 工程计量的原则与范围

1. 工程计量的概念

所谓工程计量，就是发承包双方根据合同约定，对承包人完成合同工程的数量进行的计算和确认。具体地说，就是双方根据设计图纸、技术规范以及施工合同约定的计量方式和计算方法，对承包人已经完成的质量合格的工程实体数量进行测量与计算，并以物理计量单位或自然计量单位进行标识、确认的过程。

招标工程量清单中所列的数量，通常是根据设计图纸计算的数量，是对合同工程的估计工程量。工程施工过程中，通常会由于一些原因导致承包人实际完成工程量与工程量清单中所列工程量的不一致。比如：招标工程量清单缺项或项目特征描述与实际不符；工程变更；现场施工条件的变化；现场签证；暂估价中的专业工程发包；等等。因此，在工程合同价款结算前，必须对承包人履行合同义务所完成的实际工程进行准确的计量。

2. 工程计量的原则

工程计量的原则包括下列三个方面：

（1）不符合合同文件要求的工程不予计量。即工程必须满足设计图纸、技术规范等合同文件对其在工程质量上的要求，同时有关的工程质量验收资料齐全、手续完备，满足合同文件对其在工程管理上的要求。

（2）按合同文件所规定的方法、范围、内容和单位计量。工程计量的方法、范围、内容和单位受合同文件约束，其中工程量清单（说明）、技术规范、合同条款均会从不同角度、不同侧面涉及这方面的内容。在计量中要严格遵循这些文件的规定，并且一定要结合起来使用。

（3）因承包人原因造成的超出合同工程范围施工或返工的工程量，发包人不予计量。

3. 工程计量的范围与依据

（1）工程计量的范围。工程计量的范围包括：工程量清单及工程变更所修订的工程量清单的内容；合同文件中规定的各种费用支付项目，如费用索赔、各种预付款、价格调整、违约金等。

（2）工程计量的依据。工程计量的依据包括：工程量清单及说明、合同图纸、工程变更令及其修订的工程量清单、合同条件、技术规范、有关计量的补充协议、质量合格证书等。

8.1.2 工程计量的方法

工程量必须按照相关工程现行国家工程量计算规范规定的工程量计算规则计算。工程计量可选择按月或按工程形象进度分段计量，具体计量周期在合同中约定。通常区分单价合同和总价合同规定不同的计量方法，成本加酬金合同按照单价合同的计量规定进行计量。

1. 单价合同计量

单价合同工程量必须以承包人完成合同工程应予计量的且按照国家现行工程量计算规则计算得到的工程量确定。施工中工程计量时，若发现招标工程量清单中出现缺项、工程量偏差，或因工程变更引起工程量的增减，应按承包人在履行合同义务中完成的工程量计算。

2. 总价合同计量

采用工程量清单方式招标形成的总价合同，工程量应按照与单价合同相同的方式计算。采用经审定批准的施工图纸及其预算方式发包形成的总价合同，除按照工程变更规定引起的工程量增减外，总价合同各项目的工程量是承包人用于结算的最终工程量。总价合同约定的项目计量应以合同工程经审定批准的施工图纸为依据，发承包双方应在合同中约定工程计量的形象目标或时间节点。

8.2 合同价款调整

发承包双方应当在施工合同中约定合同价款，实行招标工程的合同价款由合同双方依据中标通知书的中标价款在合同协议书中约定，不实行招标工程的合同价款由合同双方依据双方确定的施工图预算的总造价在合同协议书中约定。在工程施工阶段，由于项目实际情况的变化，发承包双方在施工合同中约定的合同价款可能会出现变动。为合理分配双方的合同价款变动风险，有效地控制工程造价，发承包双方应当在施工合同中明确约定合同价款的调整事件、调整方法及调整程序。

发承包双方按照合同约定调整合同价款的若干事项，大致包括五大类：①法规变化类，主要包括法律法规变化事件。②工程变更类，主要包括工程变更、项目特征不符、工程量清单缺项、工程量偏差、计日工等事件。③物价变化类，主要包括物价波动、暂估价事件。④工程索赔类，主要包括不可抗力、提前竣工（赶工补偿）、误期赔偿、索赔等事件。⑤其他类，主要包括现场签证以及发承包双方约定的其他调整事项，现场签证根据签证内容，有的可归于工程变更类，有的可归于工程索赔类，有的可能不涉及合同价款调整。经发承包双方确认调整的合同价款，作为追加（减）合同价款，应与工程进度款或结算款同期支付。

8.2.1 法规变化类合同价款调整事项

因国家法律、法规、规章和政策发生变化影响合同价款的风险，发承包双方应在合同中约定由发包人承担。

1. 基准日的确定

为了合理划分发承包双方的合同风险，施工合同中应当约定一个基准日，对于基准日之后发生的、作为一个有经验的承包人在招标投标阶段不可能合理预见的风险，应当由发包人承担。对于实行招标的建设工程，一般以施工招标文件中规定的提交投标文件的截止时间前的第 28 天作为基准日；对于不实行招标的建设工程，一般以建设工程施工合同签订前的第 28 天作为基准日。

2. 合同价款的调整方法

施工合同履行期间，国家颁布的法律、法规、规章和有关政策在合同工程基准日之后发生变化，且因执行相应的法律、法规、规章和政策引起工程造价发生增减变化的，合同双方当事人应当依据法律、法规、规章和有关政策的规定调整合同价款。但是，如果有关价格（如人工、材料和工程设备等价格）的变化已经包含在物价波动事件的调价公式中，则不再予以考虑。

3. 工期延误期间的特殊处理

如果由于承包人的原因导致的工期延误，按不利于承包人的原则调整合同价款。在工程延误期间国家的法律、行政法规和相关政策发生变化引起工程造价变化的，造成合同价款增加的，合同价款不予调整；造成合同价款减少的，合同价款予以调整。

8.2.2　工程变更类合同价款调整事项

1. 工程变更

工程变更是合同实施过程中由发包人提出或由承包人提出，经发包人批准的对合同工程的工作内容、工程数量、质量要求、施工顺序与时间、施工条件、施工工艺或其他特征及合同条件等的改变。工程变更指令发出后，应当迅速落实指令，全面修改相关的各种文件。承包人也应当抓紧落实，如果承包人不能全面落实变更指令，则扩大的损失应当由承包人承担。

1）工程变更的范围。根据《建设工程施工合同（示范文本）》（GF—2017—0201）的规定，工程变更的范围和内容包括：

（1）增加或减少合同中任何工作，或追加额外的工作；

（2）取消合同中任何工作，但转由他人实施的工作除外；

（3）改变合同中任何工作的质量标准或其他特性；

（4）改变工程的基线、标高、位置和尺寸；

（5）改变工程的时间安排或实施顺序。

2）工程变更的价款调整方法。

（1）分部分项工程费的调整。工程变更引起分部分项工程项目发生变化的，应按照下列规定调整：

① 已标价工程量清单中有适用于变更工程项目的，且工程变更导致的该清单项目的工程数量变化不足 15％时，采用该项目的单价。直接采用适用的项目单价的前提是其采用的材料、施工工艺和方法相同，也不因此增加关键线路上工程的施工时间。

② 已标价工程量清单中没有适用但有类似于变更工程项目的，可在合理范围内参照类似项目的单价或总价调整。采用类似的项目单价的前提是其采用的材料、施工工艺和方法基本相似，不增加关键线路上工程的施工时间，可仅就其变更后的差异部分，参考类似的项目单价由发承包双方协商新的项目单价。

③ 已标价工程量清单中没有适用也没有类似于变更工程项目的，由承包人根据变更工程资料、计量规则和计价办法、工程造价管理机构发布的信息（参考）价格和承包

人报价浮动率，提出变更工程项目的单价或总价，报发包人确认后调整。承包人报价浮动率可按下列公式计算：

$$实行招标的工程：承包人报价浮动率 L=\left(1-\frac{中标价}{招标控制价}\right)\times100\%$$

$$不实行招标的工程：承包人报价浮动率 L=\left(1-\frac{报价值}{施工图预算}\right)\times100\%$$

【例 8.2.1】 对某招标工程进行报价分析，承包人中标价为 1500 万元，招标控制价为 1600 万元，设计院编制的施工图预算为 1550 万元，承包人认为的合理报价值为 1540 万元，则承包人的报价浮动率是多少？

解： 实行招标的工程承包人报价浮动率 $L=(1-中标价/招标控制价)\times100\%$
$$=(1-1500/1600)\times100\%=6.25\%$$

④ 已标价工程量清单中没有适用也没有类似于变更工程项目，且工程造价管理机构发布的信息（参考）价格缺价的，由承包人根据变更工程资料、计量规则、计价办法和通过市场调查等有合法依据的市场价格提出变更工程项目的单价或总价，报发包人确认后调整。

（2）措施项目费的调整。工程变更引起措施项目发生变化的，承包人提出调整措施项目费的，应事先将拟实施的方案提交发包人确认，并详细说明与原方案措施项目相比的变化情况。拟实施的方案经发承包双方确认后执行。并应按照下列规定调整措施项目费：

① 安全文明施工费，按照实际发生变化的措施项目调整，不得浮动。

② 采用单价计算的措施项目费，按照实际发生变化的措施项目按前述分部分项工程费的调整方法确定单价。

③ 按总价（或系数）计算的措施项目费，除安全文明施工费外，按照实际发生变化的措施项目调整，但应考虑承包人报价浮动因素，即调整金额按照实际调整金额乘以承包人报价浮动率计算。

如果承包人未事先将拟实施的方案提交给发包人确认，则视为工程变更不引起措施项目费的调整或承包人放弃调整措施项目费的权利。

（3）删减工程或工作的补偿。如果发包人提出的工程变更，因非承包人原因删减了合同中的某项原定工作或工程，致使承包人发生的费用或（和）得到的收益不能被包括在其他已支付或应支付的项目中，也未被包含在任何替代的工作或工程中，则承包人有权提出并得到合理的费用及利润补偿。

2. 项目特征不符

（1）项目特征描述。项目特征描述是确定综合单价的重要依据之一，承包人在投标报价时应依据发包人提供的招标工程量清单中的项目特征描述，确定其清单项目的综合单价。发包人在招标工程量清单中对项目特征的描述，应被认为是准确的和全面的，并且与实际施工要求相符合。承包人应按照发包人提供的招标工程量清单，根据其项目特

征描述的内容及有关要求实施合同工程，直到其被改变为止。

（2）合同价款的调整方法。承包人应按照发包人提供的设计图纸实施合同工程，若在合同履行期间，出现设计图纸（含设计变更）与招标工程量清单任一项目的特征描述不符，且该变化引起该项目的工程造价增减变化的，发承包双方应当按照实际施工的项目特征，重新确定相应工程量清单项目的综合单价，调整合同价款。

3. 工程量清单缺项

（1）清单缺项、漏项的责任。招标工程量清单必须作为招标文件的组成部分，其准确性和完整性由招标人负责。因此，招标工程量清单是否准确和完整，其责任应当由提供工程量清单的发包人负责，作为投标人的承包人不应承担因工程量清单的缺项、漏项以及计算错误带来的风险与损失。

（2）合同价款的调整方法。

① 分部分项工程费的调整。施工合同履行期间，由于招标工程量清单中分部分项工程出现缺项、漏项，造成新增工程清单项目的，应按照工程变更事件中关于分部分项工程费的调整方法，调整合同价款。

② 措施项目费的调整。新增分部分项工程项目清单后，引起措施项目发生变化的，应当按照工程变更事件中关于措施项目费的调整方法，在承包人提交的实施方案被发包人批准后，调整合同价款；由于招标工程量清单中措施项目缺项，承包人应将新增措施项目实施方案提交发包人批准后，按照工程变更事件中的有关规定调整合同价款。

4. 工程量偏差

1）工程量偏差的概念。工程量偏差是指承包人根据发包人提供的图纸（包括由承包人提供经发包人批准的图纸）进行施工，按照现行国家工程量计算规范规定的工程量计算规则，计算得到的完成合同工程项目应予计量的工程量与相应的招标工程量清单项目列出的工程量之间出现的量差。

2）合同价款的调整方法。施工合同履行期间，若应予计算的实际工程量与招标工程量清单列出的工程量出现偏差，或者因工程变更等非承包人原因导致工程量偏差，该偏差对工程量清单项目的综合单价将产生影响，是否调整综合单价以及如何调整，发承包双方应当在施工合同中约定。如果合同中没有约定或约定不明的，可以按以下原则办理：

（1）综合单价的调整原则。当应予计算的实际工程量与招标工程量清单出现偏差（包括因工程变更等原因导致的工程量偏差）超过 15% 时，对综合单价的调整原则为：当工程量增加 15% 以上时，其增加部分的工程量的综合单价应予调低；当工程量减少 15% 以上时，减少后剩余部分的工程量的综合单价应予调高。至于具体的调整方法，可参见下列公式：

① 当 $Q_1 > 1.15Q_0$ 时：$S = 1.15Q_0 \times P_0 + (Q_1 - 1.15Q_0) \times P_1$

② 当 $Q_1 < 0.85Q_0$ 时：$S = Q_1 \times P_1$

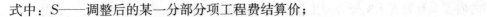

式中：S——调整后的某一分部分项工程费结算价；

Q_1——最终完成的工程量；

Q_0——招标工程量清单中列出的工程量；

P_1——按照最终完成工程量重新调整后的综合单价；

P_0——承包人在工程量清单中填报的综合单价。

③ 新综合单价 P_1 的确定方法。新综合单价 P_1 的确定，一是发承包双方协商确定，二是与招标控制价相联系，当工程量偏差项目出现承包人在工程量清单中填报的综合单价与发包人招标控制价相应清单项目的综合单价偏差超过 15% 时，工程量偏差项目综合单价的调整可参考下列公式：

a. 当 $Q_1 > 1.15Q_0$ 时，若 $P_0 > P_2 \times (1+15\%)$，该类项目的综合单价 $P_1 = P_2 \times (1+15\%)$；若 $P_0 \leqslant P_2 \times (1+15\%)$，该类项目的综合单价 $P_1 = P_0$。

b. 当 $Q_1 < 0.85Q_0$ 时，若 $P_0 < P_2 \times (1-L) \times (1-15\%)$，该类项目的综合单价 $P_1 = P_2 \times (1-L) \times (1-15\%)$；若 $P_0 \geqslant P_2 \times (1-L) \times (1-15\%)$，$P_1 = P_0$。

式中：P_0——承包人在工程量清单中填报的综合单价；

P_2——发包人招标控制价相应项目的综合单价；

L——承包人报价浮动率。

【例 8.2.2】 某分项工程招标工程量清单数量为 1600m³，施工中由于设计变更调增为 1700m³，该项目招标控制价综合单价为 470 元/m³，投标报价为 440 元/m³，该分项工程费结算价为多少？

解： $1600 \times (1+15\%) = 1840\text{m}^3 > 1700\text{m}^3$，工程量变化在 15% 以内，综合单价不做调整，分项工程费结算价 $= 1700 \times 440 = 74.8$ 万元。

【例 8.2.3】 某分项工程招标工程量清单数量为 3800m³，施工中由于设计变更调减为 3340m³，该项目招标控制价综合单价为 370 元/m³，投标报价为 290 元/m³。合同约定实际工程量与招标工程量偏差超过 ±15% 时，综合单价以招标控制价为基础调整。若承包人报价浮动率为 6%，该分项工程费结算价为多少？

解： $3800 \times (1-15\%) = 3230\text{m}^3 < 3340\text{m}^3$，工程量变化在 15% 以内，综合单价不做调整，分项工程费结算价 $= 3340 \times 290 = 96.86$ 万元。

【例 8.2.4】 某分项工程招标工程量清单数量为 1520m³，施工中由于设计变更调增为 1824m³，该项目招标控制价综合单价为 350 元，投标报价为 406 元，该分项工程费结算价为多少？

解： $1520 \times (1+15\%) = 1748\text{m}^3 < 1824\text{m}^3$，工程量增加超过 15%，需对单价做调整。$P_2 \times (1+15\%) = 350 \times (1+15\%) = 402.50$ 元 < 406 元，该项目变更后的综合单价应调整为 402.50 元，该分项工程结算价 $= 1520 \times (1+15\%) \times 406 + (1824 - 1520 \times 1.15) \times 402.50 = 709688 + 76 \times 402.50 = 740278$ 元。

【例 8.2.5】 某分项工程招标工程量清单数量为 2000m³，施工中由于设计变更调增为 2450m³，该项目招标控制价综合单价为 320 元，投标报价为 360 元，该分项工程费结算价为多少？

解： 2000×（1+15%）=2300m³＜2450m³，320×（1+15%）=368 元/m³＞360 元/m³，新的综合单价不做调整，该分项工程费结算价=2300×360+（2450−2300）×360=2450×360=88.2 万元。

【例 8.2.6】 某分项工程招标工程量清单数量为 3000m³，施工中由于设计变更调减为 2300m³，该项目招标控制价综合单价为 500 元/m³，投标报价为 370 元/m³。合同约定实际工程量与招标工程量偏差超过±15%时，综合单价以招标控制价为基础调整。若承包人报价浮动率为 12%，该分项工程费结算价为多少？

解： 3000×（1−15%）=2550m³＞2300m³，500×（1−12%）×（1−15%）=374 元/m³＞370 元/m³，综合单价调整为 374 元/m³，该分项工程费结算价=2300×374=86.02 万元。

【例 8.2.7】 某分项工程招标工程量清单数量为 1800m³，施工中由于设计变更调减为 1500m³，该项目招标控制价综合单价为 300 元/m³，投标报价为 255 元/m³。合同约定实际工程量与招标工程量偏差超过±15%时，综合单价以招标控制价为基础调整。若承包人报价浮动率为 8%，该分项工程费结算价为多少？

解： 1800×（1−15%）=1530m³＞1500m³，300×（1−8%）×（1−15%）=234.6 元/m³＜255 元/m³，综合单价不做调整，该分项工程费结算价=1500×255=38.25 万元。

（2）总价措施项目费的调整。当应予计算的实际工程量与招标工程量清单出现偏差（包括因工程变更等原因导致的工程量偏差）超过 15%，且该变化引起措施项目相应发生变化，如该措施项目是按系数或单一总价方式计价的，对措施项目费的调整原则为：工程量增加的，措施项目费调增；工程量减少的，措施项目费调减。至于具体的调整方法，则应由双方当事人在合同专用条款中约定。

5. 计日工

（1）计日工费用的产生。发包人通知承包人以计日工方式实施的零星工作，承包人应予执行。采用计日工计价的任何一项变更工作，承包人应在该项变更的实施过程中，按合同约定提交以下报表和有关凭证送发包人复核：

① 工作名称、内容和数量；

② 投入该工作所有人员的姓名、工种、级别和耗用工时；

③ 投入该工作的材料名称、类别和数量；

④ 投入该工作的施工设备型号、台数和耗用台时；

⑤ 发包人要求提交的其他资料和凭证。

（2）计日工费用的确认和支付。任一计日工项目实施结束，承包人应按照确认的计日工现场签证报告核实该类项目的工程数量，并根据核实的工程数量和承包人已标价工程量清单中的计日工单价计算，提出应付价款；已标价工程量清单中没有该类计日工单价的，由发承包双方按工程变更的有关的规定商定计日工单价计算。

每个支付期末，承包人应与进度款同期向发包人提交本期间所有计日工记录的签证汇总表，以说明本期间自己认为有权得到的计日工金额，调整合同价款，列入进度款支付。

8.2.3 物价变化类合同价款调整事项

1. 物价波动

施工合同履行期间，因人工、材料、工程设备和施工机具台班等价格波动影响合同价款时，发承包双方可以根据合同约定的调整方法，对合同价款进行调整。因物价波动引起的合同价款调整方法有两种：一种是采用价格指数调整价格差额，另一种是采用造价信息调整价格差额。承包人采购材料和工程设备的，应在合同中约定主要材料、工程设备价格变化的范围或幅度，如没有约定，则材料、工程设备单价变化超过 5%，超过部分的价格按两种方法之一进行调整。

1) 采用价格指数调整价格差额。采用价格指数调整价格差额的方法，主要适用于施工中所用的材料品种较少，但每种材料使用量较大的土木工程，如公路、水坝等。

(1) 价格调整公式。因人工、材料、工程设备和施工机具台班等价格波动影响合同价款时，根据投标函附录中的价格指数和权重表约定的数据，按以下价格调整公式计算差额并调整合同价款：

$$\Delta P = P_0 \left[A + \left(B_1 \times \frac{F_{t1}}{F_{01}} + B_2 \times \frac{F_{t2}}{F_{02}} + B_3 \times \frac{F_{t3}}{F_{03}} + \cdots + B_n \times \frac{F_{tn}}{F_{0n}} \right) - 1 \right]$$

式中：
ΔP——需调整的价格差额；

P_0——根据进度付款、竣工付款和最终结清等付款证书中，承包人应得到的已完成工程量的金额，此项金额应不包括价格调整、不计质量保证金的扣留和支付、预付款的支付和扣回，变更及其他金额已按现行价格计价的，也不计在内；

A——定值权重（不调部分的权重）；

$B_1，B_2，B_3，\cdots，B_n$——各可调因子的变值权重（可调部分的权重）为各可调因子在投标函投标总报价中所占的比例；

$F_{t1}，F_{t2}，F_{t3}，\cdots，F_{tn}$——各可调因子的现行价格指数，指根据进度付款、竣工付款和最终结清等约定的付款证书相关周期最后一天的前 42 天的各可调因子的价格指数；

$F_{01}，F_{02}，F_{03}，\cdots F_{0n}$——各可调因子的基本价格指数，指基准日的各可调因子的价格指数。

以上价格调整公式中的各可调因子、定值和变值权重，以及基本价格指数及其来源在投标函附录价格指数和权重表中约定。价格指数应首先采用工程造价管理机构提供的价格指数，缺乏上述价格指数时，可采用工程造价管理机构提供的价格代替。在计算调整差额时得不到现行价格指数的，可暂用上一次价格指数计算，并在以后的付款中再按实际价格指数进行调整。

（2）权重的调整。按变更范围和内容所约定的变更，导致原定合同中的权重不合理时，由承包人和发包人协商后进行调整。

（3）工期延误后的价格调整。由于发包人原因导致工期延误的，则对于计划进度日期（或竣工日期）后续施工的工程，在使用价格调整公式时，应采用计划进度日期（或竣工日期）与实际进度日期（或竣工日期）的两个价格指数中较高者作为现行价格指数。

由于承包人原因导致工期延误的，则对于计划进度日期（或竣工日期）后续施工的工程，在使用价格调整公式时，应采用计划进度日期（或竣工日期）与实际进度日期（或竣工日期）的两个价格指数中较低者作为现行价格指数。

【例 8.2.8】 某施工合同约定采用价格指数及价格调整公式调整价格差额，调价因素及有关数据见表 8.2.1。某月完成进度款为 1500 万元，则该月应当支付给承包人的价格调整金额为多少？

表 8.2.1

	人工	钢材	水泥	砂石料	施工机具使用费	定值
权重系数	0.10	0.10	0.15	0.15	0.20	0.30
基准日价格或指数	80 元/日	100	110	120	115	—
现行价格或指数	90 元/日	102	120	110	120	—

解： 该月应当支付给承包人的价格调整金额 $=1500\times(0.3+0.1\times90/80+0.1\times102/100+0.15\times120/110+0.15\times110/120+0.2\times120/115-1)=36.50$ 万元。

【例 8.2.9】 某项目合同约定使用调值公式法进行结算，合同价为 100 万元，并约定合同价的 80% 为可调部分，其中，人工费占 30%，材料费占 50%，其余占 20%，结算时，人工费、材料费、其他的价格指数分别增长了 10%、15%、5%，则该工程实际结算款为多少？

解： 该工程实际结算款 $=100\times[0.2+0.8\times(0.3\times1.1+0.5\times1.15+0.2\times1.05)]=109.2$ 万元。

2）采用造价信息调整价格差额。采用造价信息调整价格差额的方法，主要适用于使用的材料品种较多，相对而言每种材料使用量较小的房屋建筑与装饰工程。

施工合同履行期间，因人工、材料、工程设备和施工机具台班价格波动影响合同价格时，人工、施工机具使用费按照国家或省、自治区、直辖市建设行政管理部门、行业建设管理部门或其授权的工程造价管理机构发布的人工成本信息、施工机具台班单价或施工机具使用费系数进行调整；需要进行价格调整的材料，其单价和采购数应由发包人复核，发包人确认需调整的材料单价及数量，作为调整合同价款差额的依据。

（1）人工单价的调整。人工单价发生变化时，发承包双方应按省级或行业建设主管部门或其授权的工程造价管理机构发布的人工成本文件调整合同价款。

（2）材料和工程设备价格的调整。材料、工程设备价格变化的价款调整，按照承包人提供的主要材料和工程设备一览表，根据发承包双方约定的风险范围，按以下规定进行调整。

① 如果承包人投标报价中材料单价低于基准单价，工程施工期间材料单价涨幅以基准单价为基础超过合同约定的风险幅度值时，或材料单价跌幅以投标报价为基础超过合同约定的风险幅度值时，其超过部分按实调整。

② 如果承包人投标报价中材料单价高于基准单价，工程施工期间材料单价跌幅以基准单价为基础超过合同约定的风险幅度值时，或材料单价涨幅以投标报价为基础超过合同约定的风险幅度值时，其超过部分按实调整。

③ 如果承包人投标报价中材料单价等于基准单价，工程施工期间材料单价涨跌幅以基准单价为基础超过合同约定的风险幅度值时，其超过部分按实调整。

④ 承包人应当在采购材料前将采购数量和新的材料单价报发包人核对，确认用于本合同工程时，发包人应当确认采购材料的数量和单价。发包人在收到承包人报送的确认资料后3个工作日不答复的，视为已经认可，作为调整合同价款的依据。如果承包人未报经发包人核对即自行采购材料，再报发包人确认调整合同价款的，如发包人不同意，则不做调整。

【例8.2.10】某项目施工合同约定，承包人承租的水泥价格风险幅度为±5%，超出部分采用造价信息法调差，已知投标人投标价格、基准期发布价格为440元/t、450元/t，2018年3月的造价信息发布价为430元/t，则该月水泥的实际结算价格为多少？

解： $440 \times (1-5\%) = 418$ 元/t < 430 元/t，所以投标报价不需要调整，该月水泥的实际结算价格仍为440元/t。

【例8.2.11】施工合同中约定，承包人承担的钢筋价格风险幅度为±5%，超出部分依据《建设工程工程量清单计价规范》（GB 50500—2013）造价信息法调差。已知投标人投标价格、基准期发布价格分别为2400元/t、2200元/t，2015年12月、2016年7月的造价信息发布价分别为2000元/t、2600元/t，则该两月钢筋的实际结算价格应分别为多少？

解：（1）2015年12月信息价下降，应以较低的基准价基础计算合同约定的风险幅度值。

$2200 \times (1-5\%) = 2090$（元/t）

钢筋每吨应下浮价格 $= 2090 - 2000 = 90$（元/t）

2015年12月实际结算价格 $= 2400 - 90 = 2310$（元/t）

（2）2016年7月信息价上涨，应以较高的投标价格为基础计算合同约定的风险幅度值。

$2400 \times (1+5\%) = 2520$（元/t）

钢筋每吨应上调价格 $= 2600 - 2520 = 80$（元/t）

2016 年 7 月实际结算价格＝2400＋80＝2480（元/t）

【例 8.2.12】某建筑工程钢筋综合用量 1000t。施工合同中约定，结算时对钢筋综合价格涨幅±5％以上部分依据造价处发布的基准价调整价格差额。承包人投标报价2400 元/t，投标期、施工期间造价管理机构发布的钢筋综合基准价格为 2500 元/t、2800 元/t，则需调增钢筋材料费用共为多少万元？

解：施工期间造价管理机构发布的信息价上涨，应以较高的投标期的信息价为基础计算合同约定的风险幅度值。2500×（1＋5％）＝2625 元/t，因此钢筋每吨应上调价格＝2800－2625＝175 元/t，需调增钢筋材料费用＝1000×175＝17.5 万元。

（3）施工机具台班单价的调整。施工机具台班单价或施工机具使用费发生变化超过省级或行业建设主管部门或其授权的工程造价管理机构规定的范围时，按照其规定调整合同价款。

2. 暂估价

暂估价是指招标人在工程量清单中提供的用于支付必然发生但暂时不能确定价格的材料、工程设备的单价以及专业工程的金额。

1）给定暂估价的材料、工程设备。

（1）不属于依法必须招标的项目。发包人在招标工程量清单中给定暂估价的材料和工程设备不属于依法必须招标的，由承包人按照合同约定采购，经发包人确认后以此为依据取代暂估价，调整合同价款。

（2）属于依法必须招标的项目。发包人在招标工程量清单中给定暂估价的材料和工程设备属于依法必须招标的，由发承包双方以招标的方式选择供应商。依法确定中标价格后，以此为依据取代暂估价，调整合同价款。

2）给定暂估价的专业工程。

（1）不属于依法必须招标的项目。发包人在工程量清单中给定暂估价的专业工程不属于依法必须招标的，应按照前述工程变更事件的合同价款调整方法，确定专业工程价款，并以此为依据取代专业工程暂估价，调整合同价款。

（2）属于依法必须招标的项目。发包人在招标工程量清单中给定暂估价的专业工程，依法必须招标的，应当由发承包双方依法组织招标选择专业分包人，并接受建设工程招标投标管理机构的监督。

① 除合同另有约定外，承包人不参加投标的专业工程，应由承包人为招标人，但拟订的招标文件、评标方法、评标结果应报送发包人批准。与组织招标工作有关的费用应当被认为已经包括在承包人的签约合同价（投标总报价）中。

② 承包人参加投标的专业工程，应由发包人作为招标人，与组织招标工作有关的费用由发包人承担。同等条件下，应优先选择承包人中标。

③ 专业工程依法进行招标后，以中标价为依据取代专业工程暂估价，调整合同价款。

8.2.4 工程索赔类合同价款调整事项

1. 不可抗力

1）不可抗力的范围。不可抗力是指合同双方在合同履行中出现的不能预见、不能避免并不能克服的客观情况。不可抗力的范围一般包括因战争、敌对行动（无论是否宣战）、入侵、外敌行为、军事政变、恐怖主义、骚乱、暴动、空中飞行物坠落或其他非合同双方当事人责任或原因造成的罢工、停工、爆炸、火灾等，以及当地气象、地震、卫生等部门规定的情形。双方当事人应当在合同专用条款中明确约定不可抗力的范围以及具体的判断标准。

2）不可抗力造成损失的承担。

（1）费用损失的承担原则。因不可抗力事件导致的人员伤亡、财产损失及其费用增加，发承包双方应按施工合同的约定进行分担并调整合同价款和工期，若没有约定，按以下原则分别承担：

① 合同工程本身的损害、因工程损害导致第三方人员伤亡和财产损失以及运至施工场地用于施工的材料和待安装的设备的损害，由发包人承担；

② 发包人、承包人人员伤亡由其所在单位负责，并承担相应费用；

③承包人的施工机械设备损坏及停工损失，由承包人承担；

④ 停工期间，承包人应发包人要求留在施工场地的必要的管理人员及保卫人员的费用由发包人承担；

⑤ 工程所需清理、修复费用，由发包人承担；

（2）工期的处理。因发生不可抗力事件导致工期延误的，工期相应顺延。发包人要求赶工的，承包人应采取赶工措施，赶工费用由发包人承担。

2. 提前竣工（赶工补偿）与误期赔偿

1）提前竣工（赶工补偿）。

（1）赶工费用。发包人应当依据相关工程的工期定额合理计算工期，压缩的工期天数不得超过定额工期的20%，超过的，应在招标文件中明示增加赶工费用。赶工费用的主要内容包括：

① 人工费的增加，例如新增加投入人工的报酬，不经济使用人工的补贴等；

② 材料费的增加，例如可能造成不经济使用材料而损耗过大，材料提前交货可能增加的费用、材料运输费的增加等；

③ 机械费的增加，例如可能增加机械设备投入，不经济的使用机械等。

（2）提前竣工奖励。发承包双方可以在合同中约定提前竣工的奖励条款，明确每日历天应奖励额度。约定提前竣工奖励的，如果承包人的实际竣工日期早于计划竣工日期，承包人有权向发包人提出并得到提前竣工天数和合同约定的每日历天应奖励额度的乘积计算的提前竣工奖励。一般来说，双方还应当在合同中约定提前竣工奖励的最高限额（如合同价款的 5%）。提前竣工奖励列入竣工结算文件中，与结算款一并支付。

发包人要求合同工程提前竣工，应征得承包人同意后与承包人商定采取加快工程进度的措施，并修订合同工程进度计划。发包人应承担承包人由此增加的提前竣工（赶工补偿）费。发承包双方应在合同中约定每日历天的赶工补偿额度，此项费用作为增加合同价款，列入竣工结算文件中，与结算款一并支付。

2）误期赔偿。承包人未按照合同约定施工，导致实际进度迟于计划进度的，承包人应加快进度，实现合同工期。合同工程发生误期，承包人应赔偿发包人由此造成的损失，并应按照合同约定向发包人支付误期赔偿费。即使承包人支付误期赔偿费，也不能免除承包人按照合同约定应承担的任何责任和应履行的任何义务。

发承包双方应在合同中约定误期赔偿费，明确每日历天应赔偿额度。如果承包人的实际进度迟于计划进度，发包人有权向承包人索取并得到实际延误天数和合同约定的每日历天应赔偿额度的乘积计算的误期赔偿费。一般来说，双方还应当在合同中约定误期赔偿费的最高限额（如合同价款的 5%）。误期赔偿费列入竣工结算文件中，并应在结算款中扣除。

如果在工程竣工之前，合同工程内的某单项（或单位）工程已通过了竣工验收，且该单项（或单位）工程接收证书中表明的竣工日期并未延误，而是合同工程的其他部分产生了工期延误，则误期赔偿费应按照已颁发工程接收证书的单项（或单位）工程造价占合同价款的比例幅度予以扣减。

3. 索赔

1）索赔的概念及分类。工程索赔是指在工程合同履行过程中，当事人一方因非己方的原因而遭受经济损失或工期延误，按照合同约定或法律规定，应由对方承担责任，而向对方提出工期和（或）费用补偿要求的行为。

（1）按索赔的当事人分类。工根据索赔的合同当事人不同，可以将工程索赔分为：

① 承包人与发包人之间的索赔。该类索赔发生在建设工程施工合同的双方当事人之间，既包括承包人向发包人的索赔，也包括发包人向承包人的索赔。但是在工程实践中，经常发生的索赔事件，大都是承包人向发包人提出的，本教材中所提及的索赔，如果未作特别说明，即指此类情形。

② 总承包人和分包人之间的索赔。在建设工程分包合同履行过程中，索赔事件发生后，无论是发包人的原因还是总承包人的原因所致，分包人都只能向总承包人提出索赔要求，而不能直接向发包人提出。

（2）按索赔目的和要求分类。根据索赔的目的和要求不同，可以将工程索赔分为工期索赔和费用索赔。

① 工期索赔。工期索赔一般是指工程合同履行过程中，由于非因自身原因造成工期延误，按照合同约定或法律规定，承包人向发包人提出合同工期补偿要求的行为。工期顺延的要求获得批准后，不仅可以免除承包人承担拖期违约赔偿金的责任，而且承包人还有可能因工期提前获得赶工补偿（或奖励）。

② 费用索赔。费用索赔是指工程承包合同履行中，当事人一方因非己方原因而遭受费用损失，按合同约定或法律规定应由对方承担责任，而向对方提出增加费用要求的行为。

(3) 按索赔事件的性质分类。根据索赔事件的性质不同，可以将工程索赔分为：

① 工程延误索赔。因发包人未按合同要求提供施工条件，或因发包人指令工程暂停或不可抗力事件等原因造成工期拖延的，承包人可以向发包人提出索赔；如果由于承包人原因导致工期拖延，发包人可以向承包人提出索赔。

② 加速施工索赔。这是指由于发包人指令承包人加快施工速度，缩短工期，引起承包人的人力、物力、财力的额外开支，承包人提出的索赔。

③ 工程变更索赔。由于发包人指令增加或减少工程量或增加附加工程、修改设计、变更工程顺序等，造成工期延长和（或）费用增加，承包人就此提出索赔。

④ 合同终止的索赔。由于发包人违约或发生不可抗力事件等原因造成合同非正常终止，承包人因其遭受经济损失而提出索赔。如果由于承包人的原因导致合同非正常终止，或者合同无法继续履行，发包人可以就此提出索赔。

⑤ 不可预见的不利条件索赔。承包人在工程施工期间，施工现场遇到一个有经验的承包人通常不能合理预见的不利施工条件或外界障碍，例如地质条件与发包人提供的资料不符，出现不可预见的地下水、地质断层、溶洞、地下障碍物等，承包人可以就因此遭受的损失提出索赔。

⑥ 不可抗力事件的索赔。工程施工期间，因不可抗力事件的发生而遭受损失的一方，可以根据合同中对不可抗力风险分担的约定，向对方当事人提出索赔。

⑦ 其他索赔。如因货币贬值、汇率变化、物价上涨、政策法令变化等原因引起的索赔。

2）索赔的依据和前提条件。

(1) 索赔的依据。提出索赔和处理索赔都要依据下列文件或凭证：

① 工程施工合同文件。工程施工合同是工程索赔中最关键和最主要的依据。工程施工期间，发承包双方关于工程的洽商、变更等书面协议或文件，也是索赔的重要依据。

② 国家法律、法规。国家制定的相关法律、行政法规，是工程索赔的法律依据。工程项目所在地的地方性法规或地方政府规章，也可以作为工程索赔的依据，但应当在施工合同专用条款中约定为工程合同的适用法律。

③ 国家、部门和地方有关的标准、规范和定额。对于工程建设的强制性标准，是合同双方必须严格执行的；对于非强制性标准，必须在合同中有明确规定的情况下，才能作为索赔的依据。

④ 工程施工合同履行过程中与索赔事件有关的各种凭证。这是承包人因索赔事件所遭受费用或工期损失的事实依据，它反映了工程的计划情况和实际情况。

(2) 索赔成立的条件。承包人工程索赔成立的基本条件包括：

① 索赔事件已造成了承包人直接经济损失或工期延误；

② 造成费用增加或工期延误的索赔事件是因非承包人的原因发生的；

③ 承包人已经按照工程施工合同规定的期限和程序提交了索赔意向通知、索赔报告及相关证明材料。

3）费用索赔的计算方法。索赔费用的计算应以赔偿实际损失为原则，包括直接损失和间接损失。索赔费用的计算方法通常有三种，即实际费用法、总费用法和修正的总费用法。

（1）实际费用法。实际费用法又称分项法，即根据索赔事件所造成的损失或成本增加，按费用项目逐项进行分析、计算索赔金额的方法。这种方法比较复杂，但能客观地反映施工单位的实际损失，比较合理，易于被当事人接受，在国际工程中被广泛采用。

由于索赔费用组成的多样化，不同原因引起的索赔，承包人可索赔的具体费用内容有所不同，必须具体问题具体分析。由于实际费用法所依据的是实际发生的成本记录或单据，因此在施工过程中，系统而准确地积累记录资料是非常重要的。

（2）总费用法。总费用法，也被称为总成本法，就是当发生多次索赔事件后，重新计算工程的实际总费用，再从该实际总费用中减去投标报价时的估算总费用，即为索赔金额。总费用法计算索赔金额的公式如下：

索赔金额＝实际总费用－投标报价估算总费用

但是，在总费用法的计算方法中，没有考虑实际总费用中可能包括由于承包商的原因（如施工组织不善）而增加的费用，投标报价估算总费用也可能由于承包人为谋取中标而导致过低的报价，因此，总费用法并不十分科学。只有在难以精确地确定某些索赔事件导致的各项费用增加额时，总费用法才得以采用。

（3）修正的总费用法。修正的总费用法是对总费用法的改进，即在总费用计算的原则上，去掉一些不合理的因素，使其更为合理。修正的内容如下：

① 将计算索赔款的时段局限于受到索赔事件影响的时间，而不是整个施工期；

② 只计算受到索赔事件影响时段内的某项工作所受影响的损失，而不是计算该时段内所有施工工作所受的损失；

③ 与该项工作无关的费用不列入总费用中；

④ 对投标报价费用重新进行核算，即按受影响时段内该项工作的实际单价进行核算，乘以实际完成的该项工作的工程量，得出调整后的报价费用。

按修正的总费用法计算索赔金额的公式如下：

索赔金额＝某项工作调整后的实际总费用－该项工作的报价费用

修正的总费用法与总费用法相比，有了实质性的改进，它的准确程度已接近于实际费用法。

【例8.2.13】某施工合同约定，施工现场主导施工机械一台，由施工企业租得，台班单价为300元/台班，租赁费为100元/台班，人工工资为40元/工日，窝工补贴为10元/工日，以人工费为基数的综合费率为35%。在施工过程中，发生了如下事件：

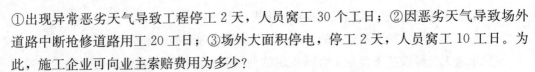

①出现异常恶劣天气导致工程停工 2 天，人员窝工 30 个工日；②因恶劣天气导致场外道路中断抢修道路用工 20 日；③场外大面积停电，停工 2 天，人员窝工 10 工日。为此，施工企业可向业主索赔费用为多少？

解： 各事件处理结果如下：

（1）异常恶劣天气导致的停工通常不能进行费用索赔。

（2）抢修道路用工的索赔额＝20×40×（1＋35％）＝1080 元。

（3）停电导致的索赔额＝2×100＋10×10＝300 元。

总索赔费用＝1080＋300＝1380 元

4）工期索赔的计算方法。

（1）直接法。如果某干扰事件直接发生在关键线路上，造成总工期的延误，可以直接将该干扰事件的实际干扰时间（延误时间）作为工期索赔值。

（2）比例计算法。如果某干扰事件仅仅影响某单项工程、单位工程或分部分项工程的工期，要分析其对总工期的影响，可以采用比例计算法。

① 已知受干扰部分工程的延期时间：

$$工期索赔值＝受干扰部分工期拖延时间×\frac{受干扰部分工程的合同价格}{原合同总价}$$

② 已知额外增加工程量的价格：

$$工期索赔值＝原合同总工期×\frac{额外增加的工程量的价格}{原合同总价}$$

比例计算法虽然简单方便，但有时不符合实际情况，而且比例计算法不适用于变更施工顺序、加速施工、删减工程量等事件的索赔。

（3）网络图分析法。网络图分析法是利用进度计划的网络图，分析其关键线路。如果延误的工作为关键工作，则延误的时间为索赔的工期；如果延误的工作为非关键工作，当该工作由于延误超过时差限制而成为关键工作时，可以索赔延误时间与总时差的差值；若该工作延误后仍为非关键工作，则不存在工期索赔问题。

该方法通过分析干扰事件发生前和发生后网络计划的计算工期之差来计算工期索赔值，可以用于各种干扰事件和多种干扰事件共同作用所引起的工期索赔。

【例 8.2.14】 某工程施工过程中发生如下事件：①因恶劣气候条件导致工程停工 2 天，人员窝工 20 个工作日；②遇到不利地质条件导致工程停工 1 天，人员窝工 10 个工作日，处理不利地质条件用工 15 个工作日。若人工工资为 200 元/工日，窝工补贴为 100 元/工日，不考虑其他因素。根据《标准施工招标文件》（2007 版）通用合同条款，施工企业主索赔的工期和费用分别是多少？

解： 恶劣气候条件只能索赔工期 2 天，费用索赔不成立。不利地质条件可以索赔工期 1 天，索赔费用＝10×100＋200×15＝4000 元。合计工期可以索赔 3 天，费用索赔 4000 元。

5）共同延误的处理。在实际施工过程中，工期拖期很少是只由一方造成的，往往是两三种原因同时发生（或相互作用）而形成的，故称为"共同延误"。在这种情况下，要具体分析哪一种情况延误是有效的，应依据以下原则：

（1）首先判断造成拖期的哪一种原因是最先发生的，即确定初始延误者，它应对工程拖期负责。在初始延误发生作用期间，其他并发的延误者不承担拖期责任。

（2）如果初始延误者是发包人原因，则在发包人原因造成的延误期内，承包人既可得到工期延长，又可得到经济补偿。

（3）如果初始延误者是客观原因，则在客观因素发生影响的延误期内，承包人可以得到工期延长，但很难得到费用补偿。

（4）如果初始延误者是承包人原因，则在承包人原因造成的延误期内，承包人既不能得到工期补偿，也不能得到费用补偿。

【例 8.2.15】在一个关键工作面上又发生了 4 起临时停工事件：

事件 1：5 月 20 日至 5 月 26 日承包商的施工设备出现了从未出现过的故障。

事件 2：应于 5 月 24 日交给承包商的后续图纸直到 6 月 10 日才交给承包商。

事件 3：6 月 7 日到 6 月 12 日施工现场下了罕见的特大暴雨。

事件 4：6 月 11 日到 6 月 14 日该地区的供电全面中断。

试计算承包商应得到的工期和费用索赔（如果费用索赔成立，则业主按 2 万元/天补偿给承包商）。

解：事件 1：工期和费用索赔均不成立。

事件 2：5 月 27 日至 6 月 9 日，工期索赔 14 天，费用索赔 14 天×2 万/天＝28 万元。

事件 3：6 月 10 日至 6 月 12 日，工期索赔 3 天。

事件 4：6 月 13 日至 6 月 14 日，工期索赔 2 天，费用索赔 2 天×2 万/天＝4 万元。

合计：工期索赔 19 天，费用索赔 32 万元。

8.2.5 其他类合同价款调整事项

其他类合同价款调整事项主要指现场签证。现场签证是指发包人或其授权现场代表（包括工程监理人、工程造价咨询人）与承包人或其授权现场代表就施工过程中涉及的责任事件所做的签认证明。施工合同履行期间出现现场签证事件的，发承包双方应调整合同价款。

1. 现场签证的提出

承包人应发包人要求完成合同以外的零星项目、非承包人责任事件等工作的，发包人应及时以书面形式向承包人发出指令，提供所需的相关资料；承包人在收到指令后，应及时向发包人提出现场签证要求。承包人在施工过程中，若发现合同工程内容因场地条件、地质水文、发包人要求等不一致，应提供所需的相关资料，提交发包人签证认可，作为合同价款调整的依据。

2. 现场签证的价款计算

（1）现场签证的工作如果已有相应的计日工单价，现场签证报告中仅列明完成该签

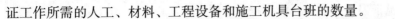

证工作所需的人工、材料、工程设备和施工机具台班的数量。

（2）如果现场签证的工作没有相应的计日工单价，应当在现场签证报告中列明完成该签证工作所需的人工、材料、工程设备和施工机具台班的数量及其单价。

承包人应按照现场签证内容计算价款，报送发包人确认后，作为增加合同价款，与进度款同期支付。

8.3 工程合同价款支付与结算

8.3.1 预付款

工程预付款是由发包人按照合同约定，在正式开工前由发包人预先支付给承包人，用于购买工程施工所需的材料和组织施工机械和人员进场的价款。

1. 预付款的支付

工程预付款额度，各地区、各部门的规定不完全相同，主要是保证施工所需材料和构件的正常储备。工程预付款额度一般根据施工工期、建安工作量、主要材料和构件费用占建安工程费的比例以及材料储备周期等因素经测算来确定。

（1）百分比法。发包人根据工程的特点、工期长短、市场行情、供求规律等因素，招标时在合同条件中约定工程预付款的百分比。包工包料工程的预付款的支付比例不得低于签约合同价（扣除暂列金额）的 10%，不宜高于签约合同价（扣除暂列金额）的 30%。

（2）公式计算法。公式计算法是根据主要材料（含结构件等）占年度承包工程总价的比重、材料储备定额天数和年度施工天数等因素，通过公式计算预付款额度的一种方法。

其计算公式为：

$$工程预付款数额 = \frac{年度工程总价 \times 材料比例（\%）}{年度施工天数} \times 材料储备定额天数$$

式中：年度施工天数按 365 天日历天计算；材料储备定额天数由当地材料供应的在途天数、加工天数、整理天数、供应间隔天数、保险天数等因素决定。

【例 8.3.1】某年度工程总价为 3000 万元，合同工期为 200 天，材料费所占比例为 60%，材料加工天数为 5 天，整理天数为 5 天，材料储备定额天数为 20 天，则用公式计算法求该工程的预付款。

解：工程预付款数额 = 年度工程总价 × 材料比例/年度施工天数 × 材料储备定额天数 = 3000×60%/200×20 = 180 万元，注意材料储备定额天数中包括了材料的加工天数、整理天数等时间。

2. 预付款的扣回

发包人支付给承包人的工程预付款属于预支性质，随着工程的逐步实施，原已支付的预付款应以充抵工程价款的方式陆续扣回，抵扣方式应当由双方当事人在合同中明确约定。扣款的方法主要有以下两种：

（1）按合同约定扣款。预付款的扣款方法由发包人和承包人通过洽商后在合同中予以确定，一般是在承包人完成金额累计达到合同总价的一定比例后，由承包人开始向发包人还款，发包人从每次应付给承包人的金额中扣回工程预付款，发包人至少在合同规定的完工期前将工程预付款的总金额逐次扣回。国际工程中的扣款方法一般为：当工程进度款累计金额超过合同价格的 $10\%\sim20\%$ 时起扣，每月从进度款中按一定比例扣回。

（2）起扣点计算法。从未施工工程尚需的主要材料及构件的价值相当于工程预付款数额时起扣，此后每次结算工程价款时，按材料所占比重扣减工程价款，至工程竣工前全部扣清。起扣点的计算公式如下：

$$T=P-\frac{M}{N}$$

式中：T——起扣点（工程预付款开始扣回时）的累计完成工程金额；

$\quad\quad P$——承包工程合同总额；

$\quad\quad M$——工程预付款总额；

$\quad\quad N$——主要材料及构件所占比重。

该方法对承包人比较有利，最大限度地占用了发包人的流动资金。但是，显然不利于发包人资金使用。

【例 8.3.2】某工程合同总价为 3000 万元，主要材料及构件费用为合同价款的 62.5%，合同规定预付款为合同总价的 25%，请计算起扣点及每月应扣还的预付款。各月的结算额如表 8.3.1 所示。

表 8.3.1　各月结算额

月份	1 月	2 月	3 月	4 月	5 月	6 月
结算额	300	400	500	800	600	400
累计结算额	300	700	1200	2000	2600	3000

解：预付款＝3000×25%＝750 万元。

起扣点＝3000－750÷62.5%＝1800 万元。即当累计结算工程价款为 1800 万元时，应开始抵扣备料款。此时，未完工程价值为 1200 万元。

当累计到第 4 个月，累计结算额为 2000 万元＞1800 万元，所以，第 4 个月开始扣还预付款。

第 4 个月扣还预付款数额：

$a_1=$（2000－1800）×62.5%＝125 万元。

第 5 个月扣还预付款数额：

$a_2=600×62.5\%＝375$ 万元。

第 6 个月扣还预付款数额：

$a_3 = 400 \times 62.5\% = 250$ 万元。

总计扣还预付款数额：$125+375+250=750$ 万元。

3. 预付款担保

(1) 预付款担保的概念及作用。预付款担保是指承包人与发包人签订合同后领取预付款前，承包人正确、合理使用发包人支付的预付款而提供的担保。其主要作用是保证承包人能够按合同规定的目的使用并及时偿还发包人已支付的全部预付金额。如果承包人中途毁约，中止工程，使发包人不能在规定期限内从应付工程款中扣除全部预付款，则发包人有权从该项担保金额中获得补偿。

(2) 预付款担保的形式。预付款担保的主要形式为银行保函。预付款担保的担保金额通常与发包人的预付款是等值的。预付款一般逐月从工程进度款中扣除，预付款担保的担保金额也相应逐月减少。承包人的预付款保函的担保金额根据预付款扣回的数额相应扣减，但在预付款全部扣回之前一直保持有效。预付款担保也可以采用发承包双方约定的其他形式，如由担保公司提供担保，或采取抵押等担保形式。

4. 安全文明施工费

发包人应在工程开工后的 28 天内预付不低于当年施工进度计划的安全文明施工费总额的 60%，其余部分按照提前安排的原则进行分解，与进度款同期支付。

发包人没有按时支付安全文明施工费的，承包人可催告发包人支付；发包人在付款期满后的 7 天内仍未支付的，若发生安全事故，发包人应承担连带责任。

8.3.2 期中支付

合同价款的期中支付，是指发包人在合同工程施工过程中，按照合同约定对付款周期内承包人完成的合同价款给予支付的款项，也就是工程进度款的结算支付。发承包双方应按照合同约定的时间、程序和方法，根据工程计量结果，办理期中价款结算，支付进度款。进度款支付周期，应与合同约定的工程计量周期一致。

1. 期中支付价款的计算

(1) 已完工程的结算价款。已标价工程量清单中的单价项目，承包人应按工程计量确认的工程量与综合单价计算。如综合单价发生调整的，以发承包双方确认调整的综合单价计算进度款。

已标价工程量清单中的总价项目，承包人应按合同中约定的进度款支付分解，分别列入进度款支付申请中的安全文明施工费和本周期应支付的总价项目的金额中。

(2) 结算价款的调整。承包人现场签证和得到发包人确认的索赔金额列入本周期应增加的金额中。由发包人提供的材料、工程设备金额，应按照发包人签约提供的单价和数量从进度款支付中扣出，列入本周期应扣减的金额中。

(3) 进度款的支付比例。进度款的支付比例按照合同约定，按期中结算价款总额计，不低于 60%，不高于 90%。

2. 期中支付的文件

1）进度款支付申请。承包人应在每个计量周期到期后向发包人提交已完工程进度款支付申请一式四份，详细说明此周期认为有权得到的款额，包括分包人已完工程的价款。

支付申请的内容包括：

（1）期初累计已完成的合同价款。

（2）期初累计已实际支付的合同价款。

（3）本周期合计完成的合同价款。包括：①本周期已完成单价项目的金额；②本周期应支付的总价项目的金额；③本周期已完成的计日工价款；④本周期应支付的安全文明施工费；⑤本周期应增加的金额，如变更、索赔、签证、调价等。

（4）本周期合计应扣减的金额。包括：①本周期应扣回的预付款；②本周期应扣减的金额，如质量保证金、发包人提供的材料等。

（5）本周期实际应支付的合同价款。

则（5）＝（1）－（2）＋（3）－（4）。

2）进度款支付证书。发包人应在收到承包人进度款支付申请后，根据计量结果和合同约定对申请内容予以核实，确认后向承包人出具进度款支付证书。若发承包双方对有的清单项目的计量结果存在争议，发包人应对无争议部分的工程计量结果向承包人出具进度款支付证书。

3）支付证书的修正。发现已签发的任何支付证书有错漏或重复的数额，发包人有权予以修正，承包人也有权提出修正申请。经发承包双方复核同意修正的，应在本次到期的进度款中支付或扣除。

8.3.3 竣工结算

工程竣工结算是指工程项目完工并经竣工验收合格后，发承包双方按照施工合同的约定对所完成的工程项目进行的合同价款的计算、调整和确认。工程竣工结算分为单位工程竣工结算、单项工程竣工结算和建设项目竣工总结算。其中，单位工程竣工结算和单项工程竣工结算也可看作分阶段结算。

1. 竣工结算的计价原则

在采用工程量清单计价的方式下，工程竣工结算的编制应当规定的计价原则如下：

（1）分部分项工程和措施项目中的单价项目应依据双方确认的工程量与已标价工程量清单的综合单价计算；如发生调整的，以发承包双方确认调整的综合单价计算。

（2）措施项目中的总价项目应依据合同约定的项目和金额计算；如发生调整的，以发承包双方确认调整的金额计算，其中安全文明施工费必须按照国家或省级、行业建设主管部门的规定计算。

（3）其他项目应按下列规定计价：

① 计日工应按发包人实际签证确认的事项计算；

② 暂估价应按发承包双方按照《建设工程工程量清单计价规范》（GB 50500—2013）的相关规定计算；

③ 总承包服务费应依据合同约定金额计算，如发生调整的，以发承包双方确认调整的金额计算；

④ 施工索赔费用应依据发承包双方确认的索赔事项和金额计算；

⑤ 现场签证费用应依据发承包双方签证资料确认的金额计算；

⑥ 暂列金额减去工程价款调整（包括索赔、现场签证）金额计算，如有余额归发包人。

（4）规费和税金应按照国家或省级、行业建设主管部门的规定计算。

此外，发承包双方在合同工程实施过程中已经确认的工程计量结果和合同价款，在竣工结算办理中应直接进入结算。

采用总价合同的，应在合同总价基础上，对合同约定能调整的内容及超过合同约定范围的风险因素进行调整；采用单价合同的，在合同约定风险范围内的综合单价应固定不变，并应按合同约定进行计量，且应按实际完成的工程量进行计量。

2. 竣工结算的审核

（1）竣工结算文件审核的委托。国有资金投资建设工程的发包人，应当委托具有相应资质的工程造价咨询企业对竣工结算文件进行审核，并在收到竣工结算文件后的约定期限内向承包人提出由工程造价咨询企业出具的竣工结算文件审核意见；逾期未答复的，按照合同约定处理，合同没有约定的，竣工结算文件视为已被认可。

非国有资金投资的建筑工程发包人，应当在收到竣工结算文件后的约定期限内予以答复，逾期未答复的，按照合同约定处理，合同没有约定的，竣工结算文件视为已被认可；发包人对竣工结算文件有异议的，应当在答复期内向承包人提出，并可以在提出异议之日起的约定期限内与承包人协商；发包人在协商期内未与承包人协商或者经协商未能与承包人达成协议的，应当委托工程造价咨询企业进行竣工结算审核，并在协商期满后的约定期限内向承包人提出由工程造价咨询企业出具的竣工结算文件审核意见。

（2）工程造价咨询机构的审核。接受委托的工程造价咨询机构从事竣工结算审核工作通常应包括下列三个阶段：

① 准备阶段。准备阶段应包括收集、整理竣工结算审核项目的审核依据资料，做好送审资料的交验、核实、签收工作，并应对资料的缺陷向委托方提出书面意见及要求。

② 审核阶段。审核阶段应包括现场踏勘核实，召开审核会议，澄清问题，提出补充依据性资料和必要的弥补性措施，形成会商纪要，进行计量、计价审核与确定工作，完成初步审核报告。

③ 审定阶段。审定阶段应包括就竣工结算审核意见与承包人和发包人进行沟通，

召开协调会议，处理分歧事项，形成竣工结算审核成果文件，签认竣工结算审定签署表，提交竣工结算审核报告等工作。

竣工结算审核应采用全面审核法，除委托咨询合同另有约定外，不得采用重点审核法、抽样审核法或类比审核法等其他方法。

竣工结算审核的成果文件应包括竣工结算审核书封面、签署页、竣工结算审核报告、竣工结算审定签署表、竣工结算审核汇总对比表、单项工程竣工结算审核汇总对比表、单位工程竣工结算审核汇总对比表等。

（3）承包人异议的处理。发包人委托工程造价咨询机构核对竣工结算的，工程造价咨询机构应在规定期限内核对完毕，核对结论与承包人竣工结算文件不一致的，应提交给承包人复核，承包人应在规定期限内将同意核对结论或不同意见的说明提交工程造价咨询机构。工程造价咨询机构收到承包人提出的异议后，应再次复核，复核无异议的，发承包双方应在规定期限内在竣工结算文件上签字确认，竣工结算办理完毕；复核后仍有异议的，对于无异议部分办理不完全竣工结算；有异议部分由发承包双方协商解决，协商不成的，按照合同约定的争议解决方式处理。

承包人逾期未提出书面异议的，视为工程造价咨询机构核对的竣工结算文件已经承包人认可。

（4）竣工结算文件的确认。工程竣工结算文件经发承包双方签字确认的，应当作为工程结算的依据，未经对方同意，另一方不得就已生效的竣工结算文件委托工程造价咨询企业重复审核。发包人应当按照竣工结算文件及时支付竣工结算款。

3. 质量争议工程的竣工结算

发包人对工程质量有异议，拒绝办理工程竣工结算的，按以下情形分别处理：

（1）已经竣工验收或已竣工未验收但实际投入使用的工程，其质量争议按该工程保修合同执行，竣工结算按合同约定办理；

（2）已竣工未验收且未实际投入使用的工程以及停工、停建工程的质量争议，双方应就有争议的部分委托有资质的检测鉴定机构进行检测，根据检测结果确定解决方案，或按工程质量监督机构的处理决定执行后办理竣工结算，无争议部分的竣工结算按合同约定办理。

4. 竣工结算的支付

（1）承包人提交竣工结算款支付申请。承包人应根据办理的竣工结算文件，向发包人提交竣工结算款支付申请。该申请应包括下列内容：

① 竣工结算合同价款总额；

② 累计已实际支付的合同价款；

③ 应扣留的质量保证金；

④ 实际应支付的竣工结算款金额。

（2）发包人签发竣工结算支付证书。发包人应在收到承包人提交的竣工结算款支付申请后规定时间内予以核实，向承包人签发竣工结算支付证书。

（3）支付竣工结算款。发包人签发竣工结算支付证书后的规定时间内，按照竣工结算支付证书列明的金额向承包人支付结算款。

发包人在收到承包人提交的竣工结算款支付申请后规定时间内不予核实，不向承包人签发竣工结算支付证书的，视为承包人的竣工结算款支付申请已被发包人认可；发包人应在收到承包人提交的竣工结算款支付申请规定时间内，按照承包人提交的竣工结算款支付申请列明的金额向承包人支付结算款。

发包人未按照规定的程序支付竣工结算款的，承包人可催告发包人支付，并有权获得延迟支付的利息。发包人在竣工结算支付证书签发后或者在收到承包人提交的竣工结算款支付申请规定时间内仍未支付的，除法律另有规定外，承包人可与发包人协商将该工程折价，也可直接向人民法院申请将该工程依法拍卖。承包人就该工程折价或拍卖的价款优先受偿。

8.3.4 质量保证金的处理

1. 缺陷责任期的概念和期限

1）缺陷责任期与保修期的概念。

（1）缺陷责任期。缺陷是指建设工程质量不符合工程建设强制标准、设计文件，以及承包合同的约定。缺陷责任期是指承包人按照合同约定承担缺陷修复义务，且发包人预留质量保证金（已缴纳履约保证金的除外）的期限。

（2）保修期。建设工程保修期是指在正常使用条件下，建设工程的最低保修期限。其期限长短由《建设工程质量管理条例》规定。

2）缺陷责任期与保修期的期限。

（1）缺陷责任期的期限。缺陷责任期从工程通过竣工验收之日起计。缺陷责任期一般为1年，最长不超过2年，由发承包双方在合同中约定。由于承包人原因导致工程无法按规定期限进行竣工验收的，缺陷责任期从实际通过竣工验收之日起计。由于发包人原因导致工程无法按规定期限进行竣工验收的，在承包人提交竣工验收报告90天后，工程自动进入缺陷责任期。

（2）保修期的期限。保修期自实际竣工日期起计算。按照《建设工程质量管理条例》的规定，最低保修期限如下：

① 地基基础工程和主体结构工程，为设计文件规定的该工程的合理使用年限；

② 屋面防水工程、有防水要求的卫生间、房间和外墙面的防渗漏为5年；

③ 供热与供冷系统为2个采暖期和供冷期；

④ 电气管线、给排水管道、设备安装和装修工程为2年。

2. 质量保证金的使用和返还

（1）质量保证金的含义。根据《建设工程质量保证金管理办法》（建质〔2017〕138

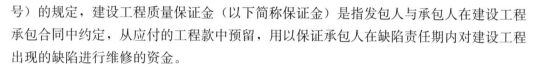

号）的规定，建设工程质量保证金（以下简称保证金）是指发包人与承包人在建设工程承包合同中约定，从应付的工程款中预留，用以保证承包人在缺陷责任期内对建设工程出现的缺陷进行维修的资金。

（2）质量保证金的预留。发包人应按照合同约定方式预留质量保证金，质量保证金总预留比例不得高于工程价款结算总额的 3%。合同约定由承包人以银行保函替代预留质量保证金的，保函金额不得高于工程价款结算总额的 3%。在工程项目竣工前，已经缴纳履约保证金的，发包人不得同时预留工程质量保证金。采用工程质量保证担保、工程质量保险等其他方式的，发包人不得再预留质量保证金。

（3）质量保证金的使用。缺陷责任期内，实行国库集中支付的政府投资项目，质量保证金的管理应按国库集中支付的有关规定执行。其他政府投资项目，质量保证金可以预留在财政部门或发包方。缺陷责任期内，如发包方被撤销，质量保证金随交付使用资产一并移交使用单位，由使用单位代行发包人职责。社会投资项目采用预留质量保证金方式的，发承包双方可以约定将质量保证金交由金融机构托管。

缺陷责任期内，由承包人原因造成的缺陷，承包人应负责维修，并承担鉴定及维修费用。如承包人不维修也不承担费用，发包人可按合同约定从质量保证金或银行保函中扣除，费用超出质量保证金额的，发包人可按合同约定向承包人进行索赔。承包人维修并承担相应费用后，不免除对工程的损失赔偿责任。由他人及不可抗力原因造成的缺陷，发包人负责组织维修，承包人不承担费用，且发包人不得从质量保证金中扣除费用。发承包双方就缺陷责任有争议时，可以请有资质的单位进行鉴定，责任方承担鉴定费用并承担维修费用。

（4）质量保证金的返还。缺陷责任期内，承包人认真履行合同约定的责任，到期后，承包人向发包人申请返还质量保证金。

发包人在接到承包人返还质量保证金申请后，应于 14 天内会同承包人按照合同约定的内容进行核实。如无异议，发包人应当按照约定将质量保证金返还给承包人。对返还期限没有约定或者约定不明确的，发包人应当在核实后 14 天内将质量保证金返还承包人，逾期未返还的，依法承担违约责任。发包人在接到承包人返还质量保证金申请后 14 天内不予答复，经催告后 14 天内仍不予答复，视同认可承包人的返还保证金申请。

8.3.5 最终结清

所谓最终结清，是指合同约定的缺陷责任期终止后，承包人已按合同规定完成全部剩余工作且质量合格的，发包人与承包人结清全部剩余款项的活动。

1. 最终结清申请单

缺陷责任期终止后，承包人已按合同规定完成全部剩余工作且质量合格的，发包人签发缺陷责任期终止证书，承包人可按合同约定的份数和期限向发包人提交最终结清申请单，并提供相关证明材料，详细说明承包人根据合同规定已经完成的全部工程价款金额以及承包人认为根据合同规定应进一步支付的其他款项。发包人对最终结清申请单内容有异议的，有权要求承包人进行修正和提供补充资料，由承包人向发包人提交修正后的最终结清申请单。

2. 最终支付证书

发包人收到承包人提交的最终结清申请单后的规定时间内予以核实，向承包人签发最终支付证书。发包人未在约定时间内核实，又未提出具体意见的，视为承包人提交的最终结清申请单已被发包人认可。

3. 最终结清付款

发包人应在签发最终结清支付证书后的规定时间内，按照最终结清支付证书列明的金额向承包人支付最终结清款。承包人按合同约定接受了竣工结算支付证书后，应被认为已无权再提出在合同工程接收证书颁发前所发生的任何索赔。承包人在提交的最终结清申请中，只限于提出工程接收证书颁发后发生的索赔。提出索赔的期限自接收最终支付证书时终止。发包人未按期支付的，承包人可催告发包人在合理的期限内支付，并有权获得延迟支付的利息。

最终结清时，如果承包人被扣留的质量保证金不足以抵减发包人工程缺陷修复费用的，承包人应承担不足部分的补偿责任。

最终结清付款涉及政府投资资金的，按照国库集中支付等国家相关规定和专用合同条款的约定办理。

承包人对发包人支付的最终结清款有异议的，按照合同约定的争议解决方式处理。

【例 8.3.3】 某施工单位承包某工程项目。施工与建设单位签订的关于工程价款的合同内容有：

(1) 工程签约合同价 660 万元，建筑材料及设备费占施工产值的比重为 60%；

(2) 工程预付款为签约合同价的 20%，工程实施后工程预付款从未施工工程尚需的建筑材料及设备费相当于工程预付款数额时起扣，从每次结算工程价款中按材料和设备占施工产值的比重扣抵工程预付款，竣工前全部扣清；

(3) 工程进度款逐月计算；

(4) 工程质量保证金为建筑安装工程造价的 3%，竣工结算月一次扣留；

(5) 当地工程造价管理部门规定，上半年材料和设备价差上调 10%，在竣工结算时一次性调整。

工程各月实际完成产值（不包括调整部分）见表 8.3.2。

表 8.3.2　各月实际完成产值

月份	2	3	4	5	6	合计
完成产值	55	110	165	220	110	660

问题：

(1) 通常工程竣工结算的前提是什么？

(2) 工程价款结算的方式有哪几种？

（3）该工程的工程预付款、起扣点为多少？

（4）该工程 2 月至 5 月每月拨付工程款为多少？累计工程款为多少？

（5）6 月份办理竣工结算，该工程结算总造价为多少？甲方应付工程结算款为多少？

解：

（1）工程竣工结算的前提条件是承包商按照合同规定的内容全部完成所承包的工程，并符合合同要求，经相关部门联合验收质量合格。

（2）工程价款的结算方式分为：按月结算、按形象进度分段结算、竣工后一次结算、目标结算和双方约定的其他结算方式。

（3）工程预付款：660×20% = 132（万元）。起扣点：660−132/60% = 440（万元）。

（4）各月拨付工程款为：

2 月：工程款 55 万元，累计工程款 55 万元。

3 月：工程款 110 万元，累计工程款 = 55+110 = 165（万元）。

4 月：工程款 165 万元，累计工程款 = 165+165 = 330（万元）。

5 月：工程款 220−（220+330−440）×60% = 154（万元）。

累计工程款 = 330+154 = 484（万元）

（5）工程结算总造价：

660+660×60%×10% = 660+39.6 = 699.6（万元）

甲方应付工程结算款：

699.6−484−699.60×3%−132 = 62.612（万元）

或：110×（1−60%）+660×60%×10%−699.60×3% = 62.612（万元）

【例 8.3.4】 某工程项目业主与承包商签订了工程施工承包合同。合同中估算工程量为 5300m³，全费用单价为 180 元/m³，合同工期为 6 个月。有关付款条款如下：

（1）开工前业主应向承包商支付估算合同总价 20% 的工程预付款；

（2）业主自第 1 个月起，从承包商的工程款中，按 5% 的比例扣留质量保证金；

（3）当实际完成工程量增减幅度超过估算工程量的 15% 时可进行调价，调价系数为 0.9（或 1.1）；

（4）每月支付工程款最低金额为 15 万元；

（5）工程预付款从累计已完工程款超过估算合同价 30% 以后的下 1 个月起，至第 5 个月均匀扣除。

承包商每月实际完成并经签证确认的工程量见表 8.3.3。

表 8.3.3　每月实际完成工程量

月份	1	2	3	4	5	6
完成工程量（m³）	800	1000	1200	1200	1200	800
累计完成工程量（m³）	800	1800	3000	4200	5400	6200

问题：

（1）估算合同总价为多少？

（2）工程预付款为多少？工程预付款从哪个月起扣留？每月应扣工程预付款为多少？

（3）每月工程量价款为多少？业主应支付给承包商的工程款为多少？

解：

（1）估算合同总价：$5300 \times 180 = 95.4$（万元）。

（2）工程预付款：$95.4 \times 20\% = 19.08$（万元）。工程预付款应从第 3 个月起扣留，因为第 1、2 两个月累计已完工程款：$1800 \times 180 = 32.4$（万元）$> 95.4 \times 30\% = 28.62$（万元）。每月应扣工程预付款：$19.08/3 = 6.36$（万元）。

（3）第 1 个月工程量价款：$800 \times 180 = 14.40$（万元）。应扣留质量保证金：$14.40 \times 5\% = 0.72$（万元）。本月应支付工程款：$14.40 - 0.72 = 13.68$（万元）< 15 万元，第 1 个月不予支付工程款。

第 2 个月工程量价款：$1000 \times 180 = 18.00$（万元）。应扣留质量保证金：$18.00 \times 5\% = 0.9$（万元）。本月应支付工程款：$18.00 - 0.9 = 17.10$（万元），$13.68 + 17.10 = 30.78$（万元）> 15 万元，第 2 个月业主应支付给承包商的工程款为 30.78 万元。

第 3 个月工程量价款：$1200 \times 180 = 21.60$（万元）。应扣留质量保证金：$21.60 \times 5\% = 1.08$（万元）。应扣工程预付款：6.36 万元。本月应支付工程款：$21.60 - 1.08 - 6.36 = 14.16$（万元）$< 15$ 万元，第 3 个月不予支付工程款。

第 4 个月工程量价款：$1200 \times 180 = 21.60$（万元）。应扣留质量保证金：1.08 万元。应扣工程预付款：6.36 万元。本月应支付工程款：14.16 万元，$14.16 + 14.16 = 28.32$（万元）> 15 万元，第 4 个月业主应支付给承包商的工程款为 28.32 万元。

第 5 个月累计完成工程量为 5400m^3，比原估算工程量超出 100m^3，但未超出估算工程量的 15%，所以仍按原单价结算。本月工程量价款：$1200 \times 180 = 21.60$（万元）。应扣留质量保证金：1.08 万元。应扣工程预付款：6.36 万元。本月应支付工程款：14.16 万元 < 15 万元，第 5 个月不予支付工程款。

第 6 个月累计完成工程量为 6200m^3，比原估算工程量超出 900m^3，已超出估算工程量的 15%，对超出的部分应调整单价，应按调整后的单价结算工程量。超出 15% 的工程量：$6200 - 5300 \times (1 + 15\%) = 105$（$\text{m}^3$）。本月工程量价款：$105 \times 180 \times 0.9 + (800 - 105) \times 180 = 14.211$（万元）。应扣留质量保证金：$14.211 \times 5\% = 0.711$（万元）。本月应支付工程款：$14.211 - 0.711 = 13.50$（万元）。第 6 个月业主应支付给承包商的工程款为 $14.16 + 13.50 = 27.66$（万元）。

8.4 合同价款纠纷的处理

建设工程合同价款纠纷，是指发承包双方在建设工程合同价款的约定、调整以及结算等过程中所发生的争议。按照争议合同的类型不同，可以把工程合同价款纠纷分为总价合同价款纠纷、单价合同价款纠纷以及成本加酬金合同价款纠纷；按照纠纷发生的阶

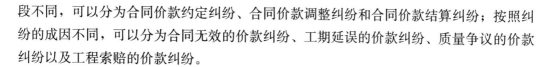

段不同，可以分为合同价款约定纠纷、合同价款调整纠纷和合同价款结算纠纷；按照纠纷的成因不同，可以分为合同无效的价款纠纷、工期延误的价款纠纷、质量争议的价款纠纷以及工程索赔的价款纠纷。

8.4.1 合同价款纠纷的解决途径

建设工程合同价款纠纷的解决途径主要有四种：和解、调解、仲裁和诉讼。建设工程合同发生纠纷后，当事人可以通过和解或者调解解决合同争议。当事人不愿和解、调解或者和解、调解不成的，可以根据仲裁协议向仲裁机构申请仲裁。当事人没有订立仲裁协议或者仲裁协议无效的，可以向人民法院起诉。当事人应当履行发生法律效力的法院判决或裁定、仲裁裁决、法院或仲裁调解书；拒不履行的，对方当事人可以请求人民法院执行。

1. 和解

和解是指当事人在自愿互谅的基础上，就已经发生的争议进行协商并达成协议，自行解决争议的一种方式。发生合同争议时，当事人应首先考虑通过和解解决争议。合同争议和解解决方式简便易行，能经济、及时地解决纠纷，同时有利于维护合同双方的友好合作关系，使合同能更好地得到履行。根据《建设工程工程量清单计价规范》（GB 50500—2013）的规定，双方可通过以下方式进行和解：

（1）协商和解。合同价款争议发生后，发承包双方任何时候都可以进行协商。协商达成一致的，双方应签订书面和解协议，和解协议对发承包双方均有约束力。如果协商不能达成一致协议，发包人或承包人都可以按合同约定的其他方式解决争议。

（2）监理或造价工程师暂定。若发包人和承包人之间就工程质量、进度、价款支付与扣除、工期延期、索赔、价款调整等发生任何法律上、经济上或技术上的争议，首先应根据已签约合同的规定，提交合同约定职责范围内的总监理工程师或造价工程师解决，并抄送另一方。总监理工程师或造价工程师在收到此提交件后14天内应将暂定结果通知发包人和承包人。发承包双方对暂定结果认可的，应以书面形式予以确认，暂定结果成为最终决定。

发承包双方在收到总监理工程师或造价工程师的暂定结果通知之后的14天内，未对暂定结果予以确认也未提出不同意见的，视为发承包双方已认可该暂定结果。

发承包双方或一方不同意暂定结果的，应以书面形式向总监理工程师或造价工程师提出，说明自己认为正确的结果，同时抄送另一方，此时该暂定结果成为争议。在暂定结果不实质影响发承包双方当事人履约的前提下，发承包双方应实施该结果，直到其按照发承包双方认可的争议解决办法被改变为止。

2. 调解

调解是指双方当事人以外的第三人应纠纷当事人的请求，依据法律规定或合同约定，对双方当事人进行疏导、劝说，促使他们互相谅解、自愿达成协议解决纠纷的一种

途径。《建设工程工程量清单计价规范》（GB 50500—2013）规定了以下调解方式：

（1）管理机构的解释或认定。合同价款争议发生后，发承包双方可就工程计价依据的争议以书面形式提请工程造价管理机构对争议以书面文件进行解释或认定。工程造价管理机构应在收到申请的 10 个工作日内就发承包双方提请的争议问题进行解释或认定。

发承包双方或一方在收到工程造价管理机构书面解释或认定后，仍可按照合同约定的争议解决方式提请仲裁或诉讼。除工程造价管理机构的上级管理部门做出了不同的解释或认定，或在仲裁裁决或法院判决中不予采信的外，工程造价管理机构做出的书面解释或认定是最终结果，对发承包双方均有约束力。

（2）双方约定争议调解人进行调解。通常按照以下程序进行：

① 约定调解人。发承包双方应在合同中约定或在合同签订后共同约定争议调解人，负责双方在合同履行过程中发生争议的调解。合同履行期间，发承包双方可以协议调换或终止任何调解人，但发包人或承包人都不能单独采取行动。除非双方另有协议，在最终结清支付证书生效后，调解人的任期即终止。

② 争议的提交。如果发承包双方发生了争议，任何一方可以将该争议以书面形式提交调解人，并将副本抄送另一方，委托调解人调解。发承包双方应按照调解人提出的要求，给调解人提供所需要的资料、现场进入权及相应设施。调解人应被视为不是在进行仲裁人的工作。

③ 进行调解。调解人应在收到调解委托后 28 天内，或由调解人建议并经发承包双方认可的其他期限内，提出调解书，发承包双方接受调解书的，经双方签字后作为合同的补充文件，对发承包双方具有约束力，双方都应立即遵照执行。

④ 异议通知。如果发承包任一方对调解人的调解书有异议，应在收到调解书后 28 天内向另一方发出异议通知，并说明争议的事项和理由。但除非并直到调解书在协商和解或仲裁裁决、诉讼判决中做出修改，或合同已经解除，承包人应继续按照合同实施工程。

如果调解人已就争议事项向发承包双方提交了调解书，而任一方在收到调解书后 28 天内，均未发出表示异议的通知，则调解书对发承包双方均具有约束力。

3. 仲裁

仲裁是当事人根据在纠纷发生前或纠纷发生后达成的有效仲裁协议，自愿将争议事项提交双方选定的仲裁机构进行裁决的一种纠纷解决方式。

（1）仲裁方式的选择。在民商事仲裁中，有效的仲裁协议是申请仲裁的前提，没有仲裁协议或仲裁协议无效的，当事人就不能提请仲裁机构仲裁，仲裁机构也不能受理。因此，发承包双方如果选择仲裁方式解决纠纷，必须在合同中订立有仲裁条款或者以书面形式在纠纷发生前或者纠纷发生后达成了请求仲裁的协议。

仲裁协议的内容应当包括：

① 请求仲裁的意思表示；

② 仲裁事项；

③ 选定的仲裁委员会。

前述三项内容必须同时具备，仲裁协议方为有效。

（2）仲裁裁决的执行。仲裁裁决做出后，当事人应当履行裁决。一方当事人不履行的，另一方当事人可以向被执行人所在地或者被执行财产所在地的中级人民法院申请执行。

（3）关于通过仲裁方式解决合同价款争议，《建设工程工程量清单计价规范》（GB 50500—2013）做出了如下规定：

① 如果发承包双方的协商和解或调解均未达成一致意见，其中一方已就此争议事项根据合同约定的仲裁协议申请仲裁的，应同时通知另一方。

② 仲裁可在竣工之前或之后进行，但发包人、承包人、调解人各自的义务不得因在工程实施期间进行仲裁而有所改变。当仲裁是在仲裁机构要求停止施工的情况下进行时，承包人应对合同工程采取保护措施，由此增加的费用由败诉方承担。

③ 在双方通过和解或调解形成的有关的暂定或和解协议或调解书已经有约束力的情况下，当发承包中一方未能遵守暂定或和解协议或调解书时，另一方可在不损害他可能具有的任何其他权利的情况下，将未能遵守暂定或不执行和解协议或调解书达成的事项提交仲裁。

4. 诉讼

民事诉讼是指当事人请求人民法院行使审判权，通过审理争议事项并做出具有强制执行效力的裁判，从而解决民事纠纷的一种方式。在建设工程合同中，发承包双方在履行合同时发生争议，双方当事人不愿和解、调解或者和解，调解未能达成一致意见，又没有达成仲裁协议或者仲裁协议无效的，可依法向人民法院提起诉讼。

关于建设工程施工合同纠纷的诉讼管辖，根据《最高人民法院关于适用〈中华人民共和国民事诉讼法〉的解释》（法释〔2015〕5号）的规定，建设工程施工合同纠纷按照不动产纠纷确定管辖。根据《中华人民共和国民事诉讼法》的规定，因不动产纠纷提起的诉讼，由不动产所在地人民法院管辖。因此，因建设工程合同纠纷提起的诉讼，应当由工程所在地人民法院管辖。

8.4.2 合同价款纠纷的处理原则

建设工程合同履行过程中会产生大量的纠纷，有些纠纷并不容易直接适用现有的法律条款予以解决。针对这些纠纷，可以通过相关司法解释的规定进行处理，这些司法解释和批复为人民法院审理建设工程合同纠纷提供了明确的指导意见，同样为建设工程实践中出现的合同纠纷指明了解决的办法。司法解释中关于施工合同价款纠纷的处理原则和方法，更可以为发承包双方在工程合同履行过程中出现的类似纠纷的处理，提供参考性极强的借鉴。

1. 施工合同无效的价款纠纷处理

（1）建设工程施工合同无效的认定。建设工程施工合同具有下列情形之一的，应当根据合同法的规定，认定无效：

① 承包人未取得建筑施工企业资质或者超越资质等级的；

② 没有资质的实际施工人借用有资质的建筑施工企业名义的；

③ 建设工程必须进行招标而未招标或者中标无效的。

(2) 建设工程施工合同无效的处理方式。建设工程施工合同无效，但建设工程经竣工验收合格，承包人请求参照合同约定支付工程价款的，应予支持。建设工程施工合同无效，且建设工程经竣工验收不合格的，按照以下情形分别处理：

① 修复后的建设工程经竣工验收合格，发包人请求承包人承担修复费用的，应予支持；

② 修复后的建设工程经竣工验收不合格，承包人请求支付工程价款的，不予支持。

因建设工程不合格造成的损失，发包人有过错的，也应承担相应的民事责任。

承包人非法转包、违法分包建设工程或者没有资质的实际施工人借用有资质的建筑施工企业名义与他人签订建设工程施工合同的行为无效。人民法院可以根据相关法律的规定，收缴当事人已经取得的非法所得。

承包人超越资质等级许可的业务范围签订建设工程施工合同，在建设工程竣工前取得相应资质等级，当事人请求按照无效合同处理的，不予支持。

2. 垫资施工合同的价款纠纷处理

对于发包人要求承包人垫资施工的项目，对于垫资施工部分的工程价款结算，《最高人民法院关于审理建设工程施工合同纠纷案件适用法律问题的解释》提出了处理意见：

(1) 当事人对垫资和垫资利息有约定，承包人请求按照约定返还垫资及其利息的，应予支持，但是约定的利息计算标准高于中国人民银行发布的同期同类贷款利率的部分除外。

(2) 当事人对垫资没有约定的，按照工程欠款处理。

(3) 当事人对垫资利息没有约定，承包人请求支付利息的，不予支持。

3. 施工合同解除后的价款纠纷处理

(1) 承包人具有下列情形之一，发包人请求解除建设工程施工合同的，应予支持：

① 明确表示或者以行为表明不履行合同主要义务的；

② 合同约定的期限内没有完工，且在发包人催告的合理期限内仍未完工的；

③ 已经完成的建设工程质量不合格，并拒绝修复的；

④ 将承包的建设工程非法转包、违法分包的。

(2) 发包人具有下列情形之一，致使承包人无法施工，且在催告的合理期限内仍未履行相应义务，承包人请求解除建设工程施工合同的，应予支持：

① 未按约定支付工程价款的；

② 提供的主要建筑材料、建筑构配件和设备不符合强制性标准的；

③ 不履行合同约定的协助义务的。

（3）建设工程施工合同解除后，已经完成的建设工程质量合格的，发包人应当按照约定支付相应的工程价款。

（4）已经完成的建设工程质量不合格的：

① 修复后的建设工程经验收合格，发包人请求承包人承担修复费用的，应予支持；

② 修复后的建设工程经验收不合格，承包人请求支付工程价款的，不予支持。

4. 发包人提前占用的价款纠纷处理

建设工程未经竣工验收，发包人擅自使用后，又以使用部分质量不符合约定为由主张权利的，不予支持。但是承包人应当在建设工程的合理使用寿命内对地基基础工程和主体结构质量承担民事责任。

5. 工程欠款的利息支付

（1）利率标准。当事人对欠付工程价款利息计付标准有约定的，按照约定处理；没有约定的，按照中国人民银行发布的同期同类贷款利率计息。

（2）计息日。利息从应付工程价款之日计付。当事人对付款时间没有约定或者约定不明的，下列时间视为应付款时间：

① 建设工程已实际交付的，为交付之日；

② 建设工程没有交付的，为提交竣工结算文件之日；

③ 建设工程未交付，工程价款也未结算的，为当事人起诉之日。

6. 其他工程结算价款纠纷的处理

（1）阴阳合同的结算依据。招标人和中标人另行签订的建设工程施工合同约定的工程范围、建设工期、工程质量、工程价款等实质性内容与中标合同不一致，一方当事人请求按照中标合同确定权利义务的，人民法院应予支持。

（2）对承包人竣工结算文件的认可。当事人约定，发包人收到竣工结算文件后，在约定期限内不予答复，视为认可竣工结算文件的，按照约定处理。承包人请求按照竣工结算文件结算工程价款的，应予支持。

（3）当事人对工程量有争议的，按照施工过程中形成的签证等书面文件确认。承包人能够证明发包人同意其施工，但未能提供签证文件证明工程量发生的，可以按照当事人提供的其他证据确认实际发生的工程量。

（4）计价方法与造价鉴定。当事人对建设工程的计价标准或者计价方法有约定的，按照约定结算工程价款。因设计变更导致建设工程的工程量或者质量标准发生变化，当事人对该部分工程价款不能协商一致的，可以参照签订建设工程施工合同时当地建设行政主管部门发布的计价方法或者计价标准结算工程价款。当事人约定按照固定价结算工程价款，一方当事人请求人民法院对建设工程造价进行鉴定的，不予支持。

本章小结：

　　发承包人签订的合同价只是计划价格，在施工阶段即合同履行过程中，引起合同价款的调整因素有很多，建设项目实际价款的调整和结算关系到发承包双方的切身利益，如果考虑不全面就会引起合同价款的纠纷，只有正确计量与调价，准确计算实际结算价，才能减少争议，提高合同履约效力，保证工程的顺利进行。

思考与练习

　　1. 工程计量的原则是什么？

　　2. 简述引起合同价款调整的主要因素。

　　3. 分部分项工程变更价款的调整方法是什么？

　　4. 工程量发生偏差时综合单价的调整原则是什么？

　　5. 物价波动引起合同价款的调整方法及适用条件是什么？

　　6. 给定暂估价的专业工程价款如何调整？

　　7. 简述不可抗力造成损失的承担原则。

　　8. 赶工费用和赶工补偿有何不同？

　　9. 根据索赔事件的性质不同，工程索赔如何分类？

　　10. 索赔成立的条件是什么？

　　11. 简述费用索赔和工期索赔的计算方法。

　　12. 共同延误的处理原则是什么？

　　13. 工程预付款的扣回方法有哪些？

　　14. 发包人对工程质量有异议如何处理？

　　15. 缺陷责任期与质量保修期有何不同？

　　16. 合同价款纠纷的解决途径有哪些？

　　17. 施工合同无效的价款纠纷如何处理？

　　18. 垫资施工合同的价款纠纷如何处理？

　　19. 工程欠款的利息如何支付？

　　20. 某工程项目招标工程量清单数量为 1500m³，施工中由于设计变更调整为 1900m³，该项目招标控制价综合单价为 360 元，投标报价为 390 元，该分项工程费结算价为多少？

　　21. 某分项工程招标工程量清单数量为 3000m³，施工中由于设计变更调增为 3600m³，该项目招标控制价综合单价为 220 元，投标报价为 265 元，该分项工程费结算价为多少？

　　22. 某分项工程招标工程量清单数量为 4500m³，施工中由于设计变更调减为 3800m³，该项目招标控制价综合单价为 400 元/m³，投标报价为 305 元/m³。合同约定实际工程量与招标工程量偏差超过 ±15% 时，综合单价以招标控制价为基础调整。若承

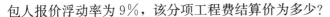

包人报价浮动率为 9%，该分项工程费结算价为多少？

23. 某项目施工合同约定，承包人承租的水泥价格风险幅度为 ±5%，超出部分采用造价信息法调差，已知投标人投标价格、基准期发布价格为 320 元/t、300 元/t，2018 年 3 月的造价信息发布价为 290 元/t，则该月水泥的实际结算价格为多少？

24. 施工合同中约定，结算时对钢筋综合价格涨幅 ±6% 以上部分依据造价处发布的基准价调整价格差额。承包人投标报价 320 元/t，投标期、施工期间造价管理机构发布的钢筋综合基准价格为 3300 元/t、3000 元/t，则施工期每吨钢筋的实际结算价格为多少元？

25. 某承包商于某年承包某外资工程项目施工任务，该工程施工时间从当年 5 月开始至 9 月，与造价相关的合同内容有：

（1）工程合同价 2000 万元，工程价款采用调值公式动态结算。该工程的不调值部分价款占合同价的 15%，5 项可调值部分价款分别占合同价的 35%、23%、12%、8%、7%。

（2）开工前业主向承包商支付合同价 20% 的工程预付款，在工程最后两个月平均扣回。

（3）工程款逐月结算。

（4）业主自第 1 个月起，从给承包商的工程款中按 3% 的比例扣留质量保证金。工程质量缺陷责任期为 12 个月。

该合同的原始报价日期为当年 3 月 1 日。结算各月份可调值部分的价格指数如表 1 所示。

表 1　可调值部分的价格指数

代号	F_{01}	F_{02}	F_{03}	F_{04}	F_{05}
3 月指数	100	153.4	154.4	160.3	144.4
代号	F_{t1}	F_{t2}	F_{t3}	F_{t4}	F_{t5}
5 月指数	110	156.2	154.4	162.2	160.2
6 月指数	108	158.2	156.2	162.2	162.2
7 月指数	108	158.4	158.4	162.2	164.2
8 月指数	110	160.2	158.4	164.2	162.4
9 月指数	110	160.2	160.2	164.2	162.8

未调值前各月完成的工程情况为：

5 月份完成工程 200 万元，本月业主供料部分材料费为 5 万元。

6 月份完成工程 300 万元。

7 月份完成工程 400 万元，另外由于业主方设计变更，导致工程局部返工，造成拆除材料费损失 0.15 万元，人工费损失 0.10 万元，重新施工费用合计 1.5 万元。

8 月份完成工程 600 万元，另外由于施工中采用的模板形式与定额不同，造成模板增加费用 0.30 万元。

9 月份完成工程 500 万元，另有批准的工程索赔款 1 万元。

问题：

（1）工程预付款是多少？工程预付款从哪个月起扣，每月扣留多少？

（2）确定每月业主应支付给承包商的工程款。

（3）工程在竣工半年后，发生屋面漏水，业主应如何处理此事？

26. 某业主与承包商签订了某建筑安装工程项目总包施工合同。承包范围包括土建工程和水、电、通风设备安装工程，合同总价为 4800 万元。工期为 2 年，第 1 年已完成 2600 万元，第二年应完成 2200 万元。承包合同规定：

（1）业主应向承包商支付当年合同价 25% 的工程预付款。

（2）工程预付款应从未施工工程所需的主要材料及构配件价值相当于工程预付款时起扣，每月以抵充工程款的方式陆续扣留，竣工前全部扣清；主要材料及设备费占工程款的比重按 62.5% 考虑。

（3）工程质量保证金为承包合同总价的 3%，经双方协商，业主每月从承包商的工程款中按 3% 的比例扣留。在缺陷责任期满后，工程质量保证金及其利息扣除已支出费用后的剩余部分退还给承包商。

（4）除设计变更和其他不可抗力因素外，合同价格不做调整。

（5）由业主直接提供的材料和设备在发生当月的工程款中扣回其费用。

经业主的工程师代表签认的承包商在第 2 年各月计划和实际完成的建安工作量以及业主直接提供的材料、设备价值如表 2 所示。

表 2　工程结算数据表　　　　　　　　　单位：万元

月份	1—6	7	8	9	10	11	12
计划完成建安工作量	1100	200	200	200	190	190	120
实际完成建安工作量	1110	180	210	205	195	180	120
业主直供材料设备的价值	90.56	35.5	24.2	10.5	21	10.5	5.5

问题：

（1）工程预付款是多少？

（2）工程预付款从几月份起扣？

（3）1 月至 6 月以及其他各月业主应支付给承包商的工程款是多少？

参考文献

［1］全国造价工程师执业资格考试培训教材编审委员会．建设工程计价［M］．北京：中国计划出版社，2019.

［2］中华人民共和国住房和城乡建设部．建设工程工程量清单计价规范：GB 50500—2013［S］．北京：中国计划出版社，2013.

［3］山东省住房和城乡建设厅．山东省建设工程费用项目组成及计算规则［M］．北京：中国计划出版社，2016.

［4］严玲，尹贻林．工程计价学［M］．北京：机械工业出版社，2017.

［5］汪和平，王付宇，李艳．工程造价管理［M］．北京：机械工业出版社，2019.

［6］山东省住房和城乡建设厅．山东省建筑工程消耗量定额［M］．北京：中国计划出版社，2016.

［7］韩国波．建设工程项目管理［M］．2版．重庆：重庆大学出版社，2017.

［8］张毅．工程项目建设程序［M］．2版．北京：中国建筑工业出版社，2018.

［9］王正芬，陈桂珍．建设工程项目经济分析与评价［M］．成都：西南交通大学出版社，2016.

［10］胡鹏，郭庆军．工程项目管理［M］．北京：北京理工大学出版社，2017.

［11］杨强．建设工程造价管理［M］．北京：中国城市出版社，2019.

［12］赵春红，贾松林．建设工程造价管理［M］．北京：北京理工大学出版社，2018.

［13］刘汉章．建设工程项目评估［M］．北京：北京理工大学出版社，2017.

［14］陈建国．工程计量与造价管理［M］．4版．上海：同济大学出版社，2017.

［15］夏清东．建设工程计价与应用［M］．北京：北京理工大学出版社，2019.

［16］李云春，李敬民．工程计价基础［M］．成都：西南交通大学出版社，2016.

［17］全国一级建造师执业资格考试试题分析小组．2017全国一级建造师执业资格考试　考点速记——建设工程经济［M］．北京：机械工业出版社，2017.

［18］张玲玲，刘霞，程晓慧．BIM全过程造价管理实训［M］．重庆：重庆大学出版社，2018.

［19］孙琳琳．建设工程计价考点解析［M］．北京：中国城市出版社，2019.

［20］潘彤．工程项目建设投资估算分析［J］．住宅与房地产，2019（36）.

［21］肖潇．工程投资估算的新方法分析［J］．经济技术协作信息，2018（21）.

［22］孙琳琳，刘建新．工程量偏差引起综合单价调整的计算方法解析研究［J］．建筑经济，2019（12）：78—81.

［23］孙秀江．浅谈设计概算编制［J］．现代经济信息，2019（3）.

［24］吕军杰．初步设计概算编制质量问题及对策［J］．建筑工程技术与设计，2019（28）.

［25］林志强．基于BIM与大数据的工程造价管理探析［J］．建筑与预算，2018（7）.